国家卫生健康委员会"十四五"规划教材

全国高等学校**制药工程专业第二轮**规划教材

供制药工程专业用

制药工程综合实训

主　编　王　凯

副主编　张洪斌　巩　凯

编　委（以姓氏笔画为序）

王　凯（湖北大学健康科学与工程学院）　　江　峰（中国药科大学）

王　晗（上海工程技术大学）　　　　　　　孙庆宽（上海馨正信息科技有限公司）

王　磊（东富龙科技集团股份有限公司）　　张丽华（陕西中医药大学）

巩　凯（江南大学药学院）　　　　　　　　张洪斌（合肥工业大学）

朱艳华（黑龙江中医药大学）　　　　　　　承　强（四川大学化学工程学院）

刘睦利（浙江中控科教仪器设备有限公司）　葛燕丽（武汉工程大学）

人民卫生出版社

·北京·

图书在版编目（CIP）数据

制药工程综合实训 / 王凯主编. -- 北京：人民卫
生出版社，2025. 2. -- ISBN 978-7-117-36945-9

Ⅰ. TQ46

中国国家版本馆 CIP 数据核字第 2024WP1063 号

人卫智网	www.ipmph.com	医学教育、学术、考试、健康，购书智慧智能综合服务平台
人卫官网	www.pmph.com	人卫官方资讯发布平台

制药工程综合实训

Zhiyao Gongcheng Zonghe Shixun

主　　编：王　凯
出版发行：人民卫生出版社（中继线 010-59780011）
地　　址：北京市朝阳区潘家园南里 19 号
邮　　编：100021
E - mail：pmph @ pmph.com
购书热线：010-59787592　010-59787584　010-65264830
印　　刷：人卫印务（北京）有限公司
经　　销：新华书店
开　　本：850×1168　1/16　印张：19
字　　数：450 千字
版　　次：2025 年 2 月第 1 版
印　　次：2025 年 2 月第 1 次印刷
标准书号：ISBN 978-7-117-36945-9
定　　价：79.00 元
打击盗版举报电话：010-59787491　E-mail：WQ @ pmph.com
质量问题联系电话：010-59787234　E-mail：zhiliang @ pmph.com
数字融合服务电话：4001118166　E-mail：zengzhi @ pmph.com

出版说明

随着社会经济水平的增长和我国医药产业结构的升级,制药工程专业发展迅速,融合了生物、化学、医学等多学科的知识与技术,更呈现出了相互交叉、综合发展的趋势,这对新时期制药工程人才的知识结构、能力、素养方面提出了新的要求。党的二十大报告指出,要"加强基础学科、新兴学科、交叉学科建设,加快建设中国特色、世界一流的大学和优势学科。"教育部印发的《高等学校课程思政建设指导纲要》指出,"落实立德树人根本任务,必须将价值塑造、知识传授和能力培养三者融为一体、不可割裂。"通过课程思政实现"培养有灵魂的卓越工程师",引导学生坚定政治信仰,具有强烈的社会责任感与敬业精神,具备发现和分析问题的能力、技术创新和工程创造的能力、解决复杂工程问题的能力,最终使学生真正成长为有思想、有灵魂的卓越工程师。这同时对教材建设也提出了更高的要求。

全国高等学校制药工程专业规划教材首版于2014年,共计17种,涵盖了制药工程专业的基础课程和专业课程,特别是与药学专业教学要求差别较大的核心课程,为制药工程专业人才培养发挥了积极作用。为适应新形势下制药工程专业教育教学、学科建设和人才培养的需要,助力高等学校制药工程专业教育高质量发展,推动"新医科"和"新工科"深度融合,人民卫生出版社经广泛、深入的调研和论证,全面启动了全国高等学校制药工程专业第二轮规划教材的修订编写工作。

此次修订出版的全国高等学校制药工程专业第二轮规划教材共21种,在上一轮教材的基础上,充分征求院校意见,修订8种,更名1种,为方便教学将原《制药工艺学》拆分为《化学制药工艺学》《生物制药工艺学》《中药制药工艺学》,并新编教材9种,其中包含一本综合实训,更贴近制药工程专业的教学需求。全套教材均为国家卫生健康委员会"十四五"规划教材。

本轮教材具有如下特点:

1. 专业特色鲜明,教材体系合理 本套教材定位于普通高等学校制药工程专业教学使用,注重体现具有药物特色的工程技术性要求,秉承"精化基础理论、优化专业知识、强化实践能力、深化素质教育、突出专业特色"的原则来合理构建教材体系,具有鲜明的专业特色,以实现服务新工科建设,融合体现新医科的目标。

2. 立足培养目标,满足教学需求 本套教材编写紧紧围绕制药工程专业培养目标,内容构建既有别于药学和化工相关专业的教材,又充分考虑到社会对本专业人才知识、能力和素质的要求,确保学生掌握基本理论、基本知识和基本技能,能够满足本科教学的基本要求,进而培养出能适应规范化、规模化、现代化的制药工业所需的高级专业人才。

3. 深化思政教育，坚定理想信念 以习近平新时代中国特色社会主义思想为指导，将"立德树人"放在突出地位，使教材体现的教育思想和理念、人才培养的目标和内容，服务于中国特色社会主义事业。各门教材根据自身特点，融入思想政治教育，激发学生的爱国主义情怀以及敢于创新、勇攀高峰的科学精神。

4. 理论联系实际，注重理工结合 本套教材遵循"三基、五性、三特定"的教材建设总体要求，理论知识深入浅出，难度适宜，强调理论与实践的结合，使学生在获取知识的过程中能与未来的职业实践相结合。注重理工结合，引导学生的思维方式从以科学、严谨、抽象、演绎为主的"理"与以综合、归纳、合理简化为主的"工"结合，树立用理论指导工程技术的思维观念。

5. 优化编写形式，强化案例引入 本套教材以"实用"作为编写教材的出发点和落脚点，强化"案例教学"的编写方式，将理论知识与岗位实践有机结合，帮助学生了解所学知识与行业、产业之间的关系，达到学以致用的目的。并多配图表，让知识更加形象直观，便于教师讲授与学生理解。

6. 顺应"互联网＋教育"，推进纸数融合 在修订编写纸质教材内容的同时，同步建设以纸质教材内容为核心的多样化的数字化教学资源，通过在纸质教材中添加二维码的方式，"无缝隙"地链接视频、动画、图片、PPT、音频、文档等富媒体资源，将"线上""线下"教学有机融合，以满足学生个性化、自主性的学习要求。

本套教材在编写过程中，众多学术水平一流和教学经验丰富的专家教授以高度负责、严谨认真的态度为教材的编写付出了诸多心血，各参编院校对编写工作的顺利开展给予了大力支持，在此对相关单位和各位专家表示诚挚的感谢！教材出版后，各位教师、学生在使用过程中，如发现问题请反馈给我们（发消息给"人卫药学"公众号），以便及时更正和修订完善。

人民卫生出版社

2023 年 3 月

前　言

制药工程综合实训是以化学药物、中药、生物药及其制剂生产为实训对象，以药物的工艺和设备为载体，实现药物生产中所涉及的设备原理、单元操作、工艺流程和过程控制的综合实践训练的一种方式，是制药工程专业人才培养中实践教学的重要组成部分之一，是理论知识和实际应用相融合的必不可少的实践环节。

2017年2月以来，教育部积极推进新工科建设，先后形成了"复旦共识"、"天大行动"和"北京指南"，并发布了《教育部高等教育司关于开展新工科研究与实践的通知》与《教育部办公厅关于推荐新工科研究与实践项目的通知》，全力探索形成领跑全球工程教育的中国模式、中国经验，助力高等教育强国建设。在这样的背景之下，我们从制药工程专业综合实训课程出发编写了本教材，力求在注重实践能力培养的同时，兼顾知识、能力和素质的协调发展，以满足医药行业的工科人才需求，培养全面发展的社会主义建设者和接班人。

本书共七章，包括综合实训课程概述、化学原料药生产综合实训、中药生产综合实训、生物药生产综合实训、药物制剂生产综合实训、虚拟仿真综合实训和制药过程测量仪表与自动控制，全面系统地阐述了药物制造所需的常用设备与原理、典型单元操作、工艺流程和过程控制等工程设计知识，并以药物生产为实例，帮助学生更加明晰工艺与设备之间的关联性特征，并借助于虚拟仿真方式和自动化过程控制手段，达到能设计、能动手、能实践的综合训练效果，为药物生产中所涉及的系列复杂工程问题的工程能力培养提供指导基础。此外，也为高校师生综合实训项目的设计和实施提供适宜的项目指导。

本书由湖北大学、合肥工业大学、江南大学、中国药科大学、四川大学、上海工程技术大学、武汉工程大学、黑龙江中医药大学、陕西中医药大学、东富龙科技集团股份有限公司、浙江中控科教仪器设备有限公司、上海馨正信息科技有限公司等单位的学者和专家共同编写而成。王凯任主编，张洪斌、巩凯任副主编。参加编写的人员有：第一章王凯；第二章葛燕丽、王凯；第三章朱艳华、张丽华；第四章巩凯、江峰；第五章张洪斌、王磊；第六章王晗、孙庆宽；第七章承强、刘睦利、王凯。全书由王凯、张洪斌、巩凯统稿。

本书可作为高等院校制药工程专业、药物制剂专业、生物工程专业的本科生或生物与医药、材料与化工等硕士研究生的实习实训教材，也可供制药与化工行业从事设计、研究、生产的工程技术人员参考。

由于编者水平所限,加之时间仓促,书中纰漏之处,热切希望专家和广大读者不吝赐教,批评指正。

王　凯

2024 年 3 月于武汉

目 录

第一章　综合实训课程概述

制药工程是综合运用化学、药学(含中药学)、化学工程与技术、生物工程等相关学科的原理与方法,研究解决药品规范化生产过程中的工艺、工程、质量与管理等问题的工学学科。制药工程专业是适应药品生产需求,以培养从事药品制造的高素质工程技术人才为目标的工科专业。

制药工程专业综合实训是制药工程专业人才培养中实践教学的重要组成部分,是理论知识和实际运用相融合的必不可少的实践环节,也是培养学生的分析问题能力、实际操作能力和创新能力的重要训练教学环节。

本章主要对"制药工程综合实训"内容进行简要介绍,从制药工程专业综合实训课程出发,在制药工程综合实训的教学地位与作用、实验实习与综合实训的比较、制药工程专业教学的地位以及综合实训对医药行业的意义等方面进行了叙述,注重在实践能力培养的同时,兼顾知识、能力和素质的协调发展,培养全面发展的社会主义的建设者和接班人。

第一节　制药工程综合实训的内容与要求

制药工程综合实训是以化学药物、中药、生物药及药物制剂为实训对象,以药物的工艺和设备为载体,实现药物生产中所涉及的设备原理、单元操作、工艺流程和过程控制综合实践训练的一种方式(图 1-1)。本课程的学习目的是使制药工程专业学生能够牢固掌握和运用药物制造所需的常用设备与原理、典型单元操作流程等工程设计知识,以药物生产为实例,帮助学生更加明晰工艺与设备之间的关联性特征,借助虚拟仿真和自动化过程控制的方法,达到能

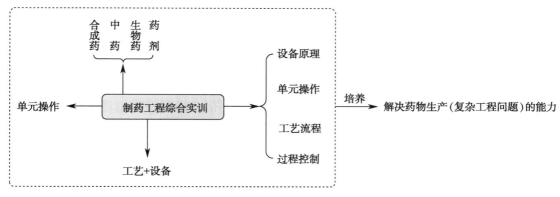

图 1-1　制药工程综合实训教材编写思路导图

动手实践的综合训练效果,并具备解决药物生产中系列复杂工程问题的能力,为培养工程创新意识与实践能力奠定基础。

一、制药工程综合实训的内容

1. **教学内容** 在制药工程专业人才培养计划中,综合实训应设置为一门独立课程,其应属于专业实践模块课程,可分为知识模块、实例模块、仿真模块和自控模块四个部分,且模块之间也应具有特定的关联性,具体如图1-2所示。

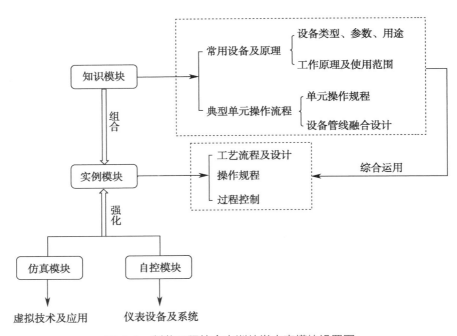

图 1-2 制药工程综合实训教学内容模块设置图

综合实训的教学内容主要以化学药物、中药、生物药及药剂的生产制造为对象,覆盖了药物制造所需的典型设备、单元操作、工艺流程及过程控制相关内容,将分散的知识点串联起来,并结合虚拟仿真实现生产场景的呈现、自动化控制系统提升药物生产的智能制造,全面地、系统地实现药物生产过程。通过设备拆装、工段搭建、流程操作、虚拟模拟、自控流程设计等不同教学手段和方式,进行制药工程综合实训。

以药物来源或类型,将综合实训内容又分为六个部分,分别是化学原料药生产综合实训、中药生产综合实训、生物药生产综合实训、药物制剂生产综合实训、虚拟仿真综合实训和制药过程测量仪表与自动化控制,提供实训所需的工艺设计、操作规程等,为学生后续进行工程实训学习提供一定的参考和借鉴。

(1)化学原料药生产综合实训:以化学药物生产所涉及的典型设备为知识点,以化学原料药生产所需的反应设备、分离设备和纯化设备为类别,从间歇式反应罐、连续反应器,到固相的非均相/液液的非均相分离器,再到结晶罐、精馏等进行详细的说明,介绍这些设备的设备类型、原理和工作参数以及条件。同时,也介绍了典型单元操作所涉及的工艺流程,如回流、过滤、蒸发和干燥等。此外,也进一步介绍了特定的原料药制备工艺与操作的实例。

（2）中药生产综合实训:以中药生产所涉及的典型设备为知识点,着重介绍中药前处理与生产所需的纯水设备、前处理设备(如粉碎、混合、提取、浓缩等)和丸剂生产等设备类型、原理和工作参数以及条件。同时,也介绍了典型单元操作所涉及的纯水制备和中药前处理等。此外,也介绍了常用的中药口服液和丸剂的制备工艺与操作的实例。

（3）生物药生产综合实训:以生物药生产所涉及的典型设备为知识点,从发酵、离子交换、盐析、膜过滤、冷冻干燥这些常见的单元操作过程出发,介绍这些过程所需的设备类型、原理和工作参数以及条件,以及典型单元操作的流程设计和操作规程等。此外,以特定的生物药的生产为例,介绍其制备工艺与操作,实现设备与单元操作的相互融合。

（4）药物制剂生产综合实训:以药物制剂生产所涉及的典型设备为知识点,从造粒、压片、包衣、灌装、熔封、包装等常见的单元操作过程出发,介绍这些过程所需的设备类型、原理和工作参数以及条件。并以典型剂型(如口服固体制剂、大输液制剂和冻干粉针剂)的单元操作流程为例,介绍流程设计和操作规程等。此外,以常规的药物剂型(口服溶液剂、片剂)的生产为例,介绍其制备工艺与操作。

（5）虚拟仿真综合实训:结合虚拟现实技术,将生产车间的三维构象呈现出来,让操作者身临其境,使之具有沉浸性、交互性和构想性,超越其上,出入自然,形成具有交互效能多维化的信息环境。从虚拟仿真的意义出发,强化了药物生产的情景性,并介绍了其分类以及如何实现仿真工艺的搭建,为学生的操作提供一些技术层面的准备。此外,也以工程化集成装置、不同类型药物的生产实操软件和特殊岗位或工段的虚拟实例,增加学生真实的生产过程感受。

（6）制药过程测量仪表与自动化控制:引入自动化控制系统的概念,使得医药生产迈入智能制造的行列,强化药物生产过程。从自动化生产的意义出发,结合自控的分类、原理和应用,阐述控制器和控制对象的关联,介绍仪表和设备的类型和原理以及控制系统或软件在现实生产中的运用,为工艺的自动化设计和运用奠定基础。此外,也介绍了一些自动化过程控制的设计实例。

通过点、线、面的三维体系来构建综合实训教学内容,从装备到单元操作,再到全流程生产工艺,并引入虚拟仿真和自动化控制系统,从理论到实践相互支撑,能有效地提高学生发现、分析、解决药品相关实际工程问题的能力。辅以药品典型实例,可以引导老师们结合自身特点设计实训项目,在教学中让学生主动参与实训设计,激发学生对实训的热情和积极性,培养学生的动手能力,观察能力,发现、分析与解决问题的能力,理论联系实际的能力及团队协作能力。

2. 教学过程　与理论教学相比,实训教学过程具有不可替代的作用。经过综合创新性实训项目的开设,不仅可加深学生对专业知识的理解,训练学生的专业技能,调动学生学习的积极性,还在培养学生的动手能力、观察能力、创新能力、分析与解决问题的能力、理论联系实际的能力以及团队协作能力方面起到非常重要的作用。

制药工程专业综合实训课程教学是培养学生上述能力的重要环节。指导老师以教材为指南,可设计实训项目,精心指导学生完成每个单元操作。实训结束后学生撰写实验报告,指导教师根据实训前、实训中、实训后三个阶段考查学生对知识的掌握情况。要求学生在规定时间内，根据自己的方案设计、实训操作过程、实训内容及结果分析等，准备汇报课件，在答辩会上现场汇报并回答教师的提问。教师根据学生实训的准备工作、操作规范性或正确性、答辩表现及实训报告、协作能力等对学生进行综合考核。这种教学过程形式能全方位考查学生对实训项目有关知识点的理解和掌握程度，真实检验学生提出问题、分析问题和解决问题的能力。

进行综合实训教学中，设计实训项目是前提，具有核心地位。结合自身专业特色，通过设计不同类型实训项目，独立或联合地进行综合实训教学工作。

（1）设备拆装实训项目：通过一些设备零部件，借助于设备装配图纸，来完成设备的组装实训。锻炼学生识图读图能力，熟悉每个零部件在设备整体中的功能，从而达到整体设备工作原理的理解和运用。如安全阀、列管式换热器、三足式离心机等设备的拆装。

（2）单元操作工艺的设计和搭建实训项目：结合教材中的典型单元操作工艺流程，指导老师可以设计一个或两个单元操作组合的工艺流程设计，并结合小型设备和仪表，来搭建一个简要的工段岗位。这样能有效地锻炼学生单元操作的初步设计能力，以及运用设备和管线之间的组合能力。如回流浓缩工段的设计与搭建、尾气吸收工段的设计与搭建、膜分离工段的设计与搭建等。

（3）流程实操实训项目：结合教材内容，选择适合自身专业特点的单元操作流程或生产工艺流程，自己设计或购买成套实训装置来让学生在结合知晓工艺描述的基础上，直接动手操作，真实感受整个装置运行的状态以及设备、仪表与管线的功能和作用。

（4）虚拟仿真实训项目：通过购买不同类型药物生产或危险岗位操作的虚拟仿真软件，让学生在电脑上，如同身临其境般操作药物生产过程，了解和认识设备、工艺以及过程控制的相关内容，有可能存在问题的解决方案等，通过人机交互体验，达到综合运用知识的实践能力。

（5）自控系统设计和组装实训项目：结合自控仪表或原理知识，配合自控系统的讲解，引导学生可以在前述药物生产过程或单元操作环节，实现一个自控系统的小设计，并在有条件的情况下组装成型和检验运行效果。如反应罐控温系统与加热冷却系统的连锁设计并组装、减压浓缩系统中接收罐的自动排放设计并组装、自动加料称量系统设计并组装等。这些都能给予学生更多的自动化思维，使得药物生产智能制造成为可能，并提升学生的创新意识和能力。

二、制药工程综合实训对工艺过程设计的要求

1. **必备的工程知识** 制药工程综合实训在实训实践中贯彻以药品生产所涉及的工程问题为导向，以体现教学内容的科学性、前沿性和开放性，培养学生解决药品生产相关实际工程问题能力为目的。制药工程工艺设计属于综合实训中重要的工程知识，是实训环节不可缺少的专业知识理论。在工程工艺设计中，工艺流程图和工艺说明书是必备内容。

2. **工艺流程图** 工艺流程图是药品生产过程实质的图形体现，可有效地展示原辅料流向、工艺参数、单元操作过程、设备仪表和套用回收等，对制药工程综合实训起到十分重要的指示作用。工艺流程图主要包括工艺流程框图、设备工艺流程图和带控制点的工艺流程图。

（1）工艺流程框图：在设计生产工艺流程框图时，首先要弄清楚原料变成产品要经过哪些操作单元。其次要研究确定生产线（或生产系统），即根据生产规模、产品品种、设备能力等因素决定采用一条生产线还是几条生产线进行生产。最后还要考虑采用的操作方式，是采用连续生产方式，还是采用间歇生产方式。还要研究某些相关问题，例如，进料、出料方式，进料和出料是否需要预热或冷却，以及是否需要洗涤等。总之，在设计生产工艺流程框图时，要根据生产要求，从建设投资、生产运行费用、利于安全、方便操作、简化流程、减少"三废"排放等角度进行综合考虑，反复比较，以确定生产的具体步骤，优化单元操作和设备，从而达到技术先进、安全适用、经济合理、"三废"得以治理的预期效果。

综合实训中，一定要明确工艺流程描述过程，并绘制工艺流程框图，才能更好地理解和明晰产品的路线、单元操作的次序关系以及主要设备情况，为正确的实操提供流程支撑。以盐酸地尔硫䓬的工艺过程为例，构建其工艺流程框图（图1-3）。

反应式：

工艺描述：向反应罐中，依次加入丙酮、中间体（3）、N,N-二甲氨基氯乙烷盐酸盐、研磨过的碳酸钾、纯化水、少量碘化钾，升温60℃回流，反应4小时，反应完毕，冷却至室温，压滤，滤液浓缩，得到中间体（2），不经纯化，直接投入下一步反应。加入甲苯和乙酸酐混合液，110℃回流反应2小时。反应完毕，加入活性炭脱色0.5小时，压滤。滤液减压浓缩，回收溶剂，得到无色油状物，加入氯化氢/1,4-二氧六环溶液，0～5℃搅拌2小时，逐渐析出白色固体，离心过滤，经甲醇重结晶，得到盐酸地尔硫䓬（1），收率85%～92%，熔点为210～212℃，比旋度为+118°（水，10mg/ml）。

（2）设备工艺流程图：确定最优方案后，经过物料和能量衡算，对整个生产过程中投入和产出的各种物流，以及采用设备的台数、结构和主要尺寸都已明确后，便可正式开始设备工艺流程图的设计。设备工艺流程图是以设备的外形、设备的名称、设备间的相对位置、物料流向及文字的形式定性地表示出由原料变成产品的生产过程。

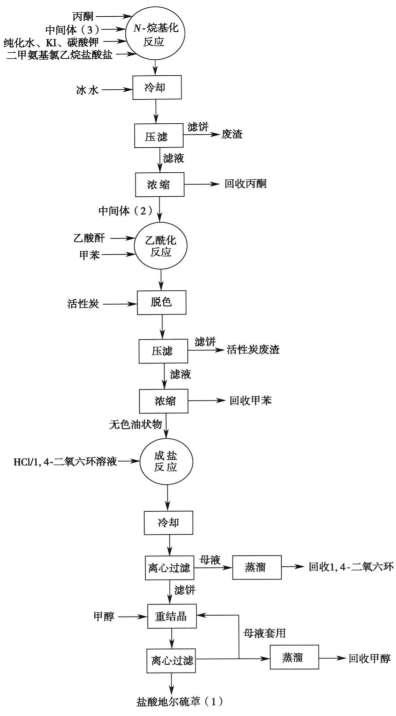

图 1-3　盐酸地尔硫䓬(1)的工艺流程框图

进行设备工艺流程图的设计必须具备工业化生产的概念。譬如，医药中间体 3-氯-1,2-丙二醇的制备过程中，看似简单的一个反应、分离和纯化过程，但在工业化生产中就不是那么简单了。必须考虑一系列的问题：

1）首先要有扩环罐。

2）如果是间歇操作，要有环氧氯丙烷计量罐和水计量罐，以便正确地将两者反应原料送入扩环罐。

3）加热系统的安装,如蒸汽管线以及疏水器的使用。

4）此外,冷却系统在蒸馏过程和反应过程中都是必不可少的,如列管式冷却器的采用以及一级、二级冷却形式的考虑。

5）对于输送系统而言,考虑采用什么方法将过滤后的滤液送入相应的蒸馏罐中。如果采用空压输送方式,应添加空压装置和管线,以及放空设施。

6）根据系统的流体性质来考虑设备材质问题。

7）减压操作过程需要涉及采用何种真空系统和如何管线布置,同时也要考虑放空设施的采用。

8）最后还要设计分馏过程的设备和管线的连接。

上述例子参照图 1-4 可一目了然。因此,必须培养工业化大规模生产的概念,这是综合实训不可缺少的部分。

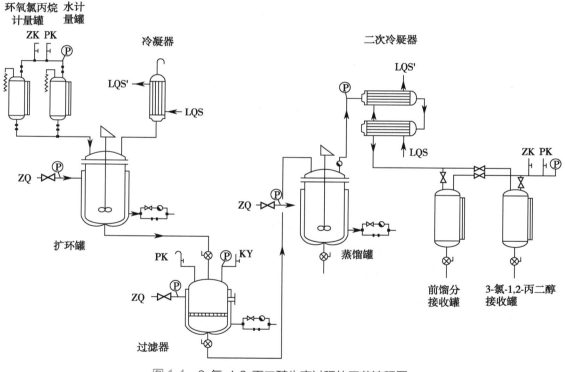

图 1-4　3-氯-1,2-丙二醇生产过程的工艺流程图

（3）带控制点的工艺流程图:设备工艺流程图绘制后,就可进行车间布置和仪表自控设计。根据车间布置和仪表自控设计结果,绘制初步设计阶段的带控制点的工艺流程图(pipe and instrument diagram, PID)。带控制点的工艺流程图要比设备工艺流程图更加全面、完整和合理。带控制点的工艺流程图可以明显反映出各种设备的使用状况、相互关系,以及该工艺在使用设备(包括各种计量、控制仪表在内)和技术方面的先进程度、操作水平和安全程度,同时也要考虑物料的转运系统、加热冷却的传热系统和仪表阀门的控制系统的模块在 PID 中的综合组合。它是工艺流程框图和设备工艺流程图的最终设计,是以后一系列施工设计的主

要依据,起着承上启下的作用,为综合实训操作提供了重要支撑。

带控制点的工艺流程图的各个组成部分与设备工艺流程图一样,由物料流程、图例、设备位号、相对位置、图签和图框组成,如 ER 1-2 所示。

ER 1-2 某中药厂提取工段带控制点的工艺流程图

综上所述,工艺流程框图、设备工艺流程图和带控制点的工艺流程图不是单独完成的,而是同物料衡算、能量衡算、设备设计计算、车间布置设计等工作交叉进行的。因此,工艺设计人员只有把握全面、综合考虑,才能顺利地完成这个复杂而细致的艰巨工作。

3. 工艺说明书 工艺说明书是进行药品工业化生产和药品硬件实施不可缺失的指导性手册,是能有效地把握药品的整个生产过程以及流程过程控制的文字再现,是制药企业的专有性、竞争性、先进性的具体体现。目前,工艺说明书已经由过去的单一的合成路线和方法,过渡到涵盖药品性质、质量标准、生产工艺规程、工艺"三算"(物料衡算、热量衡算、设备的选择和计算)、车间布置、操作工时和人员配备、劳动保护和安全生产、原材料成本、"三废"治理等的文字说明。这些内容的引入,丰富了工艺说明书的内容,增强了工艺实施过程的操作性,使得工艺说明的内容更加完整和全面。说明书要求文理通顺、技术用语正确、字迹工整、分析全面、论述充分、分析计算和数据引用正确、结构严谨合理。

(1)药品性质:药品性质实际上包括物理性质(如分子结构、分子式、性状、溶解度、熔点、沸点等)、化学性质(如光热的稳定性、成盐性、特殊反应等)和药理性质(如适应证、体内代谢机制、耐药性、毒性等),这些性质能有效地让使用者认识产品的特点,是工艺说明书的一个基础部分。

(2)质量标准:药品标准是国家制定的上市药品必须达到的质量标准要求,其完善与否将直接影响药品质量的控制水平,直接影响药品的安全有效。为保证药品质量而对各种检查项目、指标、限度、范围等所做的规定,称为药品质量标准。它是药品的纯度、鉴别、检查(酸碱度、有关物质、氯化物、重金属、干燥失重、炽灼残渣等)、含量测定方法、组分、类别疗效、毒副作用、贮藏方法、剂型剂量的综合体现。它是以法律的形式写进《中华人民共和国药典》(简称《中国药典》)的,是医药企业生产合格产品的法定依据,它在工艺说明书中起到提纲挈领的作用。此外,还包括原辅材料、中间体的性状、规格以及注意事项(包括含量、杂质含量限度等)。原辅材料和中间体的质量标准也是工艺过程不可分割的组成部分。

(3)生产工艺规程:生产工艺规程是组织药品工业化生产的指导性文件,是保证有效实施生产准备的重要依据,是扩大生产车间或药厂新建的基本技术条件。因此,它是工艺说明书的核心内容。制定生产工艺规程,应具备下列原始资料和基本内容。

1)产品介绍。

2)化学反应过程。

依据化学反应或生物合成方法,分工段写出主反应、副反应、辅助反应(如催化剂制备、副产物处理、回收套用等)及其反应机制和具体的反应条件参数(如投料比、温度、时间等)。同时,也包括反应终点的判定方法和快速检测中间体或原料药的测定方法。

3)生产工艺流程。

以生产工艺过程为核心,用图解或文字的形式来描述冷却、加热、过滤、蒸馏、萃取、结晶、干燥等单元操作的具体内容。

4）设备一览表。

岗位名称、设备名称、规格、数量（容积、性能）、材质等。

5）设备流程和设备检修。

设备流程图是用设备示意图的形式来表示生产过程中各设备的衔接关系，表达生产过程的进程。同时，对于设备检修的时间和具体实施办法应该能明确地做出预案。

6）生产工艺过程。

A. 生产工艺：包括配料比（摩尔比、重量比、投料量）；工艺操作；主要工艺条件及其说明，和有关注意事项；生产过程中的中间体及其理化性质和反应终点的控制；后处理方法以及收率；等等。

B. 成品、中间体、原料检验方法。

以现行版《中国药典》或药品标准为依据，建立有效的检验方法。如在硫酸新霉素生产工艺规程中，对于各个过程的效价测定；如在诺氟沙星的生产工艺中，中间体乙氧基亚甲基丙二酸二乙酯的检验，以及原辅料原甲酸三乙酯、丙二酸二乙酯、乙酸酐和无水氯化锌的含量测定，以及原料中水分限度检查（该反应过程中有水的存在会影响反应的收率）。

（4）工艺"三算"：工艺"三算"包括物料衡算、热量衡算、设备选型和计算，三者是逐步递进的关系。物料衡算是"三算"的基础，通过物料衡算可深入分析生产过程，对整个生产过程定量了解，确定原料消耗定额、生产潜力，因此，可以通过采取有效措施，进一步改进工艺，提高产品的产率和产量。热量衡算则是以物料衡算为基础，它是建立过程数学模型的一个重要手段，是化工计算的重要组成部分。进行热量衡算，可以确定为达到一定的物理或化学变化须向设备传入或从设备传出的热量；根据热量衡算可确定加热剂或冷却剂的用量以及设备的换热面积，或可建立进入和离开设备的物料的热状态（包括温度、压力、组成和相态）之间的关系。对于复杂过程，热量衡算往往须与物料衡算联立求解。设备选型和计算是以物料衡算和热量衡算为基础进行生产设备的选择和设计计算，从而实现工业化过程硬件的配备。

（5）车间布置：车间布置设计的目的是对厂房的配置和设备的排列作出合理的安排。车间布置设计的内容，第一是确定车间的火灾危险类别、爆炸与火灾危险性场所登记及卫生标准；第二是确定车间建筑（构筑）物和露天场所的主要尺寸，并对车间的生产、辅助生产和行政生活区域的位置作出安排；第三是确定全部设备的空间位置。因此，车间平立面布置图是车间布置不可缺失的重要部分。

（6）操作工时和人员配备：记叙各岗位中工序名称、操作时间（包括生产周期与辅助操作时间，并由此计算出产品生产的总周期）。药品质量好坏与生产过程直接相关，所以合理地配置人员和组织生产就显得特别重要。为了使设计能够更好地与生产工作衔接，需要劳动组织和人员配备设计。

（7）劳动保护和安全生产：药厂生产中遇到的主要的安全事故有中毒、腐蚀、爆炸、火灾、人身伤亡及机械设备事故。安全事故的避免除了在设计中充分认识各种危险的来源和后果并加以防范外，还应在实际生产中时刻提高警惕。必须注意原辅料和中间体的理化性质，逐个列出预防原则和技术措施、注意事项。如维生素 C 生产工艺过程应用的雷尼镍催化剂应随用随制备,这是因为其暴露空气中便会剧烈氧化而燃烧,氢气更是高度易燃易爆气体,而氯气是窒息性毒气。

（8）生产技术经济指标:生产技术经济指标的高低直接反映产品生产工艺的先进性,是医药企业竞争力高低的一个十分重要的技术指标。生产技术经济指标主要包括:①生产能力（年产量、月产量）;②中间体,成品收率,分步收率和成品总收率,收率计算方法;③劳动生产率及成本,即全员每月每人生产数量和原材料成本、车间成本及工厂成本等;④原辅料及中间体消耗定额。

（9）"三废"治理:在工业高度发展的今天,工业生产应该重点解决的问题就是"三废"的处理。只有做好"三废"处理和环境保护才能使企业能够顺利长久地发展下去,且符合可持续发展的原则。针对生产产品"三废"的特点,制定相关的具体措施,将"三废"排放对环境的污染降低到最低程度。

三、制药工程综合实训的学习目标

通过制药工程综合实训,促进学生树立"理论指导实践,实践提升理论"的思想,有效地运用理论分析工程问题,强化理论知识的实际应用与操作,达到具备解决复杂工程问题的目标。

1. 强化学生对于化学药物、中药、生物药和药物制剂生产中所涉及的常用设备及其原理、典型单元操作流程以及生产工艺实例的专业知识理论运用于生产实践的能力,并在此基础上,选择适宜的模块,开展相关的操作综合实训,提升学生动手实操能力。

2. 学生能结合工艺描述,开展工艺流程设计、设备选型、带控制点的工艺设计、平立面布置等设计综合实训,并具有初步设计药物生产车间的能力。

3. 借助于虚拟仿真模拟,重现生产场景,并能在人机交互界面实现操作与实践,从而更好地感受理论知识与实践应用的无缝对接,并能运用信息化技术实现危险工段或岗位的线上认知。

4. 在认识自动化仪表和自控原理与方法的基础上,能结合工艺流程设计,实施自动化控制方案的初步设计与应用,为制药行业的智能制造奠定知识储备。

通过综合实训,培养学生具有一定的分析问题、解决问题以及独立工作的能力。使学生通过理论知识的学习,明确药品生产的特殊性,对药品生产的基本工艺流程有一个完整的感性和理性认识,为以后的药品生产作必要准备。

第二节　制药工程综合实训的意义

一、制药工程综合实训的教学地位与作用

随着信息化新时代的飞速发展,国家立足于时代,着眼于未来,更加注重培养受教育者的

学科核心素养、创新意识和综合能力，以及更加重视企业对于工程实践能力的突出需求。为了满足新时代对人才培养的新要求，补齐传统教育方式暴露出来的短板，高等教育工作者们不断尝试和改革教育教学模式和方法，而综合实训就是其中之一，旨在在一定程度上弥补传统教育纯理论化教学和学生被动学习的弊端，突出工程实践教学在制药工程专业学习中的重要地位。

（1）促进学生自主学习，激发学生学习动力，提高学生学科素养、科学精神和综合技能。综合实训是"以学生为中心"，强调学生为学习主体，教师为辅助的学习方式。综合实训的内容是以学生动手操作的兴趣为重要依据之一。俗话说：兴趣是最好的老师，学生只有带着自己的好奇心和求知欲去发现问题、探究问题，才能灵活运用自己掌握的专业理论知识，利用信息资源查找相关资料文献，补充自己需要进一步学习和掌握的知识和技能，构建自己的知识体系，建立实践方案，从而通过实训来达到解决问题的目的。在操作中，学生能够发现自己的短板，并以实际行动去学习和完善，提高学以致用的能力和分析、解决问题的能力。在问题解决时，学生能够体会到知识的应用价值，也能拥有满满的成就感，体会到整个学习过程中的收获和乐趣，激发创新思维，提高自主学习的能力，并会对学习充满动力。学生不再是被逼迫地学习，而是内在驱动地学习，为学生建立终身学习的理念奠定基础。综合实训的问题对于学生是具有一定的挑战性的，所以探究活动并非一帆风顺。在困难中磨炼学生的意志，提高学生的心理素质，激发学生的高阶思维，学生靠自己想方设法从容地去克服困难。通过团队合作，学生分工合作，对项目及问题发表自己的看法，共同沟通交流，商讨对策。向别人传授自己所学的知识，或者把所学的知识运用到生活实践中。在困难面前学生能够感受到团队的力量，相互学习，相互鼓励，一起坚持，共同努力，既培养了学生的团队意识和团队协作精神，又强化了学生持之以恒的意识和坚强的意志。培养学生与学生之间沟通交流的技能和虚心聆听、平等待人的品格。

（2）拉近学生与社会的距离，培养社会责任感，加强学生的自我意识。综合实训的内容拉近了知识与生产的距离，生产化的探究活动，让学生能够感受到学以致用的快乐，感受到科学与生产实际的联系。学习生活不局限于学校围墙内，而是形成没有围墙的学校，让社会、企业也成为学生的学习场所。学生在探究问题时，能主动去关心社会问题，考虑实训活动对于社会的影响，向社会奉献自己的力量。

（3）促进科学教师改变角色，更新教师的教学理念。综合实训良好的科学探究氛围、拓宽了科学教育的资源和空间、更新了科学教育理念和教育模式。综合实训的方式能够改变教师"一言堂"的传统教学局面，教师的角色不再是单一的知识传递者，更多的是学生求知过程的引导者、组织者、解惑者。在探究过程中，给学生进行必要的指导，协助学生解决问题，适度地给予学生鼓励，为学生的学习做好服务和指导工作。同时，也更新了教师的教学观念，教师能够脱离传统应试教育，形成与项目学习相关的教学理念，尤其是允许学生犯错、允许学生试错的教学理念。

（4）提高科学教师的专业素养和综合能力。项目学习方式不仅是学生探究学习的过程，也是教师提高专业素养和综合能力的过程。项目学习的内容由课本知识发散，教师的专业知识能在其中不断更新和拓展，促进教师形成终身学习的理念。教师能够脱离固定的知识框架,形成更具有教学价值和个人特色的知识体系。在实训活动的进行中会涉及课堂教学中不会出现涉及的问题,甚至是教师无法预料的工程问题,这都能考验并提高教师的心理素质、教学机智等各项综合能力,也是教师学习再提高的方式之一。

1. **实验实习与综合实训的比较**　综合实训可以作为连接不同学科之间的桥梁,解决实验项目操作简单的问题,在重视基本理论知识的基础上,同时也凸显对学生综合能力的培养,更改被动的实验教学模式,在实验过程中体现以学生为主体的思想。综合性实验优点在于围绕"合成提取原药→制剂与质量分析→活性评价"这一新药研发的思路来设置专业实验内容,充分体现了对学生实验技能的系统性、科学性、创造性的训练,有利于培养学生的综合能力、动手能力、创新能力、团结协作精神,有利于调动学生上实验课的积极性和督促学生认真对待实验课。此外,更加合理地配置资源,提高实验教学资源的利用率,节省费用、时间及空间,避免重复性实验内容。如整合已有实验内容,开展综合性基础项目;按照药物研发要求,开展综合设计性项目;开展多种产品方案,进行归一实训项目等。

制药工程专业实习是培养学生理论联系实际、分析问题和解决问题的能力,以及培养创新性思维的重要实践环节。专业实习突破原有工科或药科学生的实习模式,贴近工业实际,把制造技术、质量意识、市场竞争、工业安全与法律约束等内容联系起来,注意发挥传统学科的交叉作用,充分发挥化学工程的传统特色和生物化工的成果,围绕重要药用原料、中间和辅助材料的生产工艺,以及典型药品的合成与制剂,带领学生到有特点的药厂参观学习,了解制药企业的生产实践,让学生在制药车间感受工业化制药过程,建立工程制药观念与思想,提高解决工程实际问题的能力。

2. **制药工程专业教学的地位**　1998 年,我国建立了制药工程专业,为的是解决这样一个现实问题:药厂需要既懂化工设备、化工生产,同时又了解作为特殊人用化学品——药物的相关知识的人才,去进行药物的生产。如今,医药产业已成为世界经济强国竞争的焦点,世界上许多国家都把建立医药经济视为国家强盛的一个象征。新药的不断发现和治疗方法的巨大进步,促使医药工业发生了非常大的变化。因此,无论是药品还是过程技术,都需要新型制药工程师,这类人才要能掌握最新技术和交叉学科知识,具备制药过程和产品双向定位的知识及能力,同时了解密集的工业信息并熟悉全球和我国政策法规。只有加强实验教学,改革教学模式,才能培养出符合新时代医药产业需求的专业素养高、创能能力高和工程技术高的创新型制药人才。

综合实训是培养创新型人才的保障。《国家中长期教育改革和发展规划纲要》中提出,依据目前我国的经济和科技的发展状况,我国如今需要具有创新精神和探索意识的人才,进行综合实训的目的就是培养出具有创新能力的人才,此方法适应我国的现状。

综合实训是教学方式创新的要求。教育应适应社会发展和经济发展,有什么样的教育就会培养出什么样的人才。我们现在的教育方式是历朝历代沿袭传承下来的,其中也不乏消极的部分,传统的教学方式是以教师为中心,而忽视以学生为中心的思想。随着社会经济发展和科技不断进步,社会更需要具有创造精神和开拓意识的实践者,所以我们在教学中要转变教学方式,必须进行综合实训,加大开展探究性学习的力度,培养具有探究和创新的科技人才。

二、开展制药工程综合实训对医药行业的意义

综合实训和医药行业两者相辅相成、相互促进。医药行业推动综合实训的产生与发展。随着世界科技的飞速发展，人类的生活水平不断提高，同时也出现了许多疾病，影响疾病的因素也各种各样，例如工业、食品、水、土壤、空气等化学污染，工作压力越来越大，过多摄取高热量、高胆固醇食品，家族遗传因素等。恶性肿瘤、心脏病、尿毒症等许多疾病难题尚未攻克，以及未来未知的疾病影响，这是对医药行业的巨大挑战，大多数医药行业人才来自高校，这就要求制药工程专业培养高技术人才，这种人才要以研究开发和技术创新为主，既会制药，又懂工程，还能掌握现代经营管理知识。高级复合型人才的要求将成为医药领域人才最重要的指标。

综合实训对医药行业又有着完善与更新的作用。建立起以新药研发过程为思路的实验教学板块并结合制药专业的特点，实现以"药"为中心的实验板块，以新药的研制开发规律：将"原料—制剂—品质评价"作为改革思路，减少验证性实验，增加综合性、创新性集一体的教学实训项目，在技术更新、设备更新的情况下，紧跟科技的脚步，做到与时代共同发展，对学生进行同步教学，培养医药领域所需人才。

参考文献

[1] 教育部高等学校教学指导委员会.普通高等学校本科专业类教学质量国家标准：上[M].北京：高等教育出版社，2018.

[2] 赵临襄.化学制药工艺学[M].5版.北京：中国医药科技出版社，2019.

[3] 蔡杰慧，曾振芳.专业认证背景下制药工程专业综合实训教学改革与实践[J].化工高等教育，2019，36（4）：73-76.

[4] 李潇，洪海龙，景慧萍，等.制药工程专业综合实训教学改革探索与实践[J].广州化工，2016，44（24）：132-133.

[5] 韩永萍，刘红梅，李可意，等.基于强化岗位职能培养的制药工程专业综合实践课程建设[J].药学教育，2016，32（5）：59-61.

[6] 汪琦，孙祥仲，罗龙君.工程教育背景下的综合性工程训练课程开发[J].中国现代教育装备，2024，2：93-96.

[7] 刘颖，陈晓光，李顺福.产教融合背景下制药工程专业生产实习教学中问题及对策研究[J].中国现代教育装备，2021，（11）：153-155.

[8] 刘涛，左希敏.制药工程专业创新应用型人才培养模式探究[J].青岛科技大学学报（自然科学版），2018，39（S1）：161-162.

[9] 高瑜，陈海军，万东华.科研反哺教学在制药工程专业本科生教学中的探索及实践[J].海峡药学，2020，32（5）：65-68.

[10] 张晓梅，李会，史劲松，等.制药工程专业工艺综合实验改革的探讨[J].高校实验室工作研究，2017（3）：7-9.

[11] 刘华鼐，叶勇.基于OBE理念在制药工程综合实验教学中实施PBL教学法[J].实验技术与管理，2019，36（10）：40-45.

[12] 勾玲.新工科背景下地方应用型高校制药工程专业"综合实习"教学改革与实践——以玉林师范学院为例[J].中国管理信息化，2020，23（12）：227-229.

[13] 张园园,谢爱华,楚立.制药工程专业开设综合性实验教学的探讨[J].广东化工,2015,42(19):211-212.

[14] 郑秉得,叶静,肖美添.药物化学实验教学模式探索[J].药学教育,2023,39(5):67-70.

[15] 李永强,江淑平,陈光友.制药工程专业"综合实习"教学改革与实践——以西北农林科技大学为例[J].黑龙江教育(高教研究与评估),2019(7):33-36.

[16] 时志春,王丽艳,唐万侠,等.基于工程教育专业认证背景下制药工程专业综合创新实验教育模式改革与探索[J].化工时刊,2019,33(5):46-47.

[17] 李享,姜军,潘洁,等.新工科与大健康背景下应用型制药工程人才的实践培养模式探索[J].化学教育,2023,44(22):73-78.

第二章　化学原料药生产综合实训

第一节　常用设备及其原理

　　用于制药生产工艺过程（如原料药的生产、制剂的制备等）的设备统称为制药设备，它是保证药品质量的关键手段。按照 GB/T 15692—2008《制药机械 术语》，制药设备分为八大类：原料药机械及设备，制剂机械及设备，药用粉碎机械，饮片机械，制药用水、气（汽）设备，药品包装机械，药物检测设备和其他制药机械及设备。本节主要对原料药生产过程中常用的制药设备进行介绍。

一、反应设备

　　反应设备是为化学反应按预设方向进行提供能维持一定条件的反应场所，以得到合格的反应产物。反应设备的优劣主要反映在设计、性能和安全上，一般符合以下四方面的要求：①满足化学动力学和传递过程的要求，做到反应速度快、目的产品多、副产物少；②良好的传热性能，能较好地传出或传入热量，以使反应在规定的温度下进行；③有足够的机械强度和抗腐蚀能力，满足反应过程对压力及特殊腐蚀性介质的要求，经久耐用，生产安全可靠；④结构简单，易制造，安装检修方便，操作调节灵活，生产周期长。

　　反应设备可按设备特性分类。设备特性是指反应设备的结构型式、操作方式及温度调节方式等，其决定了反应体系的流动、混合、传热及传质等条件。

　　反应设备按结构型式可分为釜式、管式、塔式、固定床和流化床等；按操作方式可分为间歇式、连续式和半连续式；按温度调节方式可分为等温操作、绝热操作和变温操作。反应设备的类型多种多样，常见的包括机械搅拌釜式反应器、管式反应器、固定床反应器和流化床反应器等。

（一）机械搅拌釜式反应器

　　机械搅拌釜式反应器是制药工业中最常用的反应设备，适用于小批量、多品种、反应时间较长的产品生产。在制药生产中，既可进行间歇生产，也可进行连续生产。由于制药工业的产量和规模一般较小，故在间歇生产过程应用最多。

　　机械搅拌釜式反应器的优点有：操作灵活，便于改变工艺条件和更换产品；适应性强，具有适应的温度和压力范围，能适应防燃、防爆、防毒、防腐蚀等各种操作条件；操作弹性大，连续操作时温度容易控制，产品质量均一。其缺点是需要有装料和卸料等辅助操作，辅助时间占比较大。

1. 机械搅拌釜式反应器的基本结构 以间歇式机械搅拌釜（图 2-1）为例，其基本结构包括釜体、换热装置（夹套或蛇管）、搅拌装置（传动装置、搅拌轴和搅拌器等）、轴封装置和工艺接管（加料、出料、排气、视镜、测温孔、测压孔、安全阀等）等五部分。

（1）釜体：釜体一般包括罐顶、罐体和罐底。容器的封头大多选用标准椭圆形封头，顶盖上装有传动装置、人孔（或手孔）和视镜等附属设施。罐体一般为钢制圆筒，安装有多种接管，如物料进口管、监测装置接管等；罐体的外侧焊接有夹套或内部安装有蛇管作为换热装置。釜体通过支座（又称吊耳）安装在楼面或平台上。

（2）换热装置：根据反应器的大小不同，常安装夹套和/或蛇管，用来进行热交换，以保持适宜的反应温度。

（3）搅拌装置：搅拌装置有机械搅拌、通气搅拌和罐外循环式搅拌三种形式。机械搅拌是工业生产中最常用的搅拌形式，由传动装置、搅拌轴、搅拌器及搅拌附件（挡板、导流筒等）组成。

传动装置（图 2-2）主要包括电动机、减速机、联轴器及机座等。因反应过程的搅拌速度通常低于电动机的转速，故电动机通常与减速机配套使用，电动机的选择需要考虑功率、转速、安装形式及防爆等；减速机需要根据功率和转速范围选择，常用的有摆线针齿行星减速机、两级齿轮减速机、V 带减速机和谐波减速机等。减速机固定在机座上，机座固定在底座上，底座固定在罐体的上封头上。联轴器连接搅拌轴和减速机，动力由电动机提供，通过减速机、联轴器传递给搅拌轴。

搅拌器又称搅拌桨或搅拌叶轮，是搅拌釜的关键部件。根据搅拌产生的流型（图 2-3）不同，搅拌器可分为径向流搅拌器、轴向流搅拌器和切向流搅拌器。

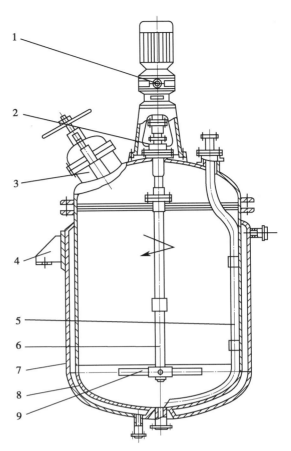

1. 传动装置；2. 轴封；3. 人孔；4. 支座；5. 压出管；6. 搅拌轴；7. 夹套；8. 罐体；9. 搅拌器。

图 2-1 间歇式机械搅拌釜的基本结构

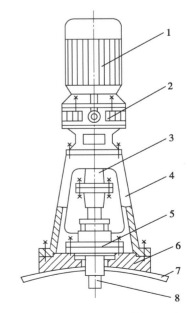

1. 电动机；2. 减速机；3. 联轴器；4. 机座；5. 轴封装置；6. 底座；7. 封头；8. 搅拌轴。

图 2-2 间歇式机械搅拌釜的传动装置

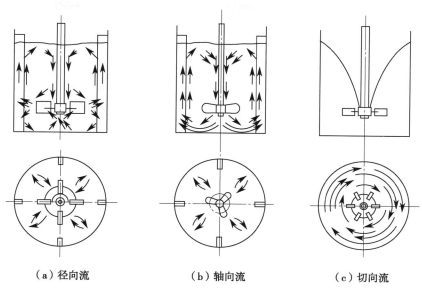

|（a）径向流|（b）轴向流|（c）切向流|

图 2-3　不同搅拌器的流型

根据结构型式不同,搅拌器可分为以下几种。

1）桨式搅拌器:由平板桨和轴套焊接而成,桨叶有二叶、四叶和六叶等。该搅拌器结构简单,主要产生切向流型的液流,但也可产生部分轴向流而使搅拌效率降低。主要用于流体的循环或黏度较高物料的搅拌。

2）框式和锚式搅拌器:外形像框或锚,直径较大,与反应器罐体的直径很接近。该类搅拌器转速低,基本上不产生轴向液流,搅动范围很大,不会形成死区,通常用于黏度较高的液体及液-固混合物。

3）推进式搅拌器:结构如螺旋桨,又称螺旋桨式搅拌器,可产生较理想的轴向流。主要用于低黏度、大流量的液-液混合物。

4）涡轮式搅拌器:有开式和盘式两种,应用最广泛的是直叶圆盘涡轮,又称罗氏搅拌。其能有效地完成几乎所有的搅拌操作,并能处理黏度范围很广的流体。

5）螺旋式搅拌器:常见的有螺带式和螺杆式。主要特点是消耗的功率较小,适合于在高黏度、低转速下使用。

常见的搅拌器结构及搅拌器流型分类如图 2-4 所示。

对于低黏度液体,当搅拌器转速较高时,容易产生切向流,形成漩涡,影响搅拌效果。为了改善流体的流动状态,可在反应器内设置挡板或导流筒等搅拌附件。但搅拌附件会增加流体的流动阻力,搅拌耗功率增大。

挡板可将切向流动变为轴向和径向流动,增大被搅拌液体的湍流程度,改善搅拌效果。一般在反应器内壁面上均匀安装 4 块挡板,挡板宽度为容器直径的 1/12～1/10。挡板的安装形式分为三种:①挡板垂直紧贴器壁安装,用于液体黏度不太大的场合;②挡板垂直安装且与器壁之间有一定距离,适用于含有固体颗粒或黏度较大的液体,避免固体堆积和液体黏附;③挡板与器壁有一定距离且倾斜安装,可避免固体物料堆积或黏液生成死角。

导流筒是一个上下开口的圆筒,在搅拌混合中起导流作用,使釜内所有物料均能通过导

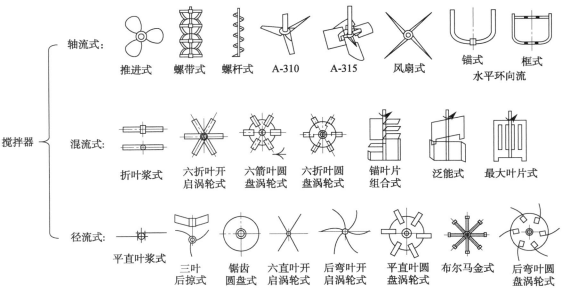

图2-4　不同流型和结构的搅拌器

流筒内的强烈混合区,减少了走短路的机会,也加强了搅拌器对液体的直接机械剪切作用。对于涡轮式搅拌器或其他径向流搅拌器,导流筒常安装在搅拌器的上方,且导流筒的下端直径应缩小。对于推进式搅拌器或其他轴向流搅拌器,导流筒常套在搅拌器的外面。

（4）轴封装置:轴封是指搅拌轴与罐顶或罐底之间的密封结构,用来维持设备内的压力或防止釜体与搅拌轴之间的泄漏。

（5）工艺接管:工艺接管是为适应工艺需要(如加料、出料、排气、视镜、测温孔、测压孔、安全阀等)在釜体上安装的不同管路。

2. 机械搅拌釜式反应器的工作原理　机械搅拌釜式反应器主要用于液相反应和液固相反应,也可用于液体与连续鼓入的气泡之间的气液相反应。反应物料按一定配比通过投料口或工艺进口管一次性加入釜内,开启搅拌使物料浓度保持均匀,夹套或蛇管根据反应温度的不同通入不同的冷热源(冷冻液、蒸汽或热油)做循环加热或冷却,以维持反应釜内反应所需要的温度,同时可根据工艺要求在常压或负压条件下进行搅拌反应。经过一定反应时间,达到所要求的转化率后,将物料放出反应釜,即完成一个生产周期。由于良好的搅拌作用,反应釜内各点的温度、浓度相同,反应物浓度(C_A)随时间(t)变化(降低)。

（二）连续式管式反应器

连续式管式反应器是一种呈管状、长径比很大的连续操作反应器,可用于气相反应或液相反应。从反应器的一端加入反应物,从另一端引出产物;反应物沿流动方向前进,反应物浓度、反应速度沿流动方向逐渐降低,在出口处达最低值;与流动方向垂直的截面上,各点的流速、温度、浓度、反应速度都相同,属平推流反应器。连续式管式反应器返混小、容积效率(单位容积生产能力)高,尤为适用于转化率要求较高或有串联副反应的场合。连续式管式反应器可实现分段温度控制。缺点是反应速率很低时所需管道过长,工业上不易实现。

连续式管式反应器可根据空间要求制成直管式、盘管式、列管式等多种类型,如图2-5所示。

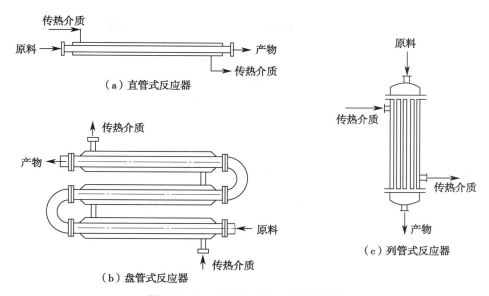

图2-5 连续式管式反应器的基本结构

（三）固定床反应器

固定床反应器是制药工业中另一种常用的反应设备,广泛用于气-固相反应和液-固相反应过程。在反应器内装填颗粒状固体催化剂或固体反应物,形成一定高度的堆积床层,气体或液体物料通过颗粒间隙流过静止固定床层的同时,实现非均相反应过程。这类反应器的特点是充填在设备内的固体颗粒固定不动,有别于固体物料在设备内发生运动的移动床和流化床,又称填充床反应器。

固定床反应器的优点主要有:①返混小,流体同催化剂可进行有效接触,当反应伴有串联副反应时可得较高选择性;②由于没有搅拌,能耗低,催化剂机械损耗也小;③结构简单、操作稳定、便于控制,易实现大型化和连续化生产。其缺点主要有:①由于没有搅拌,床层的温度分布不均匀,导热性差,放热量大的反应不宜使用;②操作过程中催化剂不能更换,催化剂需要频繁再生的反应一般不宜使用,常以流化床反应器代替。

固定床反应器的形式有多种,按床层与外界的传热方式主要分为绝热式和换热式两类,如图2-6所示。

（四）流化床反应器

流化床反应器主要用于气-固、液-固等有流体及固体共同参与的催化或非催化反应。用于气-固反应的流化床反应器的结构如图2-7所示,一般由壳体、内部构件、催化剂颗粒装卸设备及气体分布、换热、气固分离装置等构成。

反应流体(气体或液体)由下部进入后,经分布板进入床层,当流体流速达到一定程度后,会将反应器内的固体催化剂或反应物吹起,在筒体内上下翻滚呈流化态,流体和固体在接触中完成催化或反应,在反应器内设有冷却管控制温度,当流体到达上部筒体扩大段时,速度会降低,部分随流体上升的较大的颗粒沉降下来,落回床层,较细的颗粒经过反应器上部的分离器分离后返回床层,反应后的流体由顶部排出。

流化床反应器的优点是:①传热面积大,传热系数高,传热效果好;②流化床的进出料、废渣排放都可以用气流输送,可连续生产,效率高,易于实现自动化生产。其缺点有:①操作

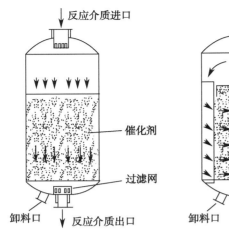

（a）轴向绝热式固定床反应器

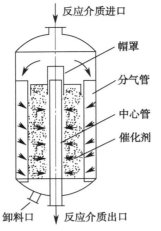

（b）径向绝热式固定床反应器

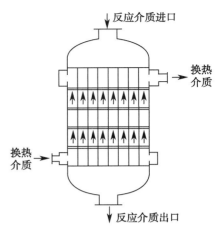

（c）轴向换热式固定床反应器

图 2-6　固定床反应器类型

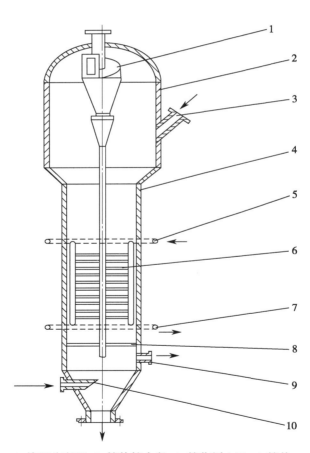

1.旋风分离器；2.筒体扩大段；3.催化剂入口；4.筒体；5.冷却介质入口；6.换热器；7.冷却介质出口；8.气体分布板；9.催化剂出口；10.反应器入口。

图 2-7　流化床反应器

弹性低,流体的速度只能在较窄的范围内变化,颗粒磨损严重;②排出气体中存在粉尘,通常要有回收和集尘装置;内构件较复杂;③操作要求高。

二、分离设备

制药生产过程中,待分离物料大致可分为均相物系(固-固、液-液或气-气)和非均相物系(固-液、气-液或固-气)。均相物系多采用传质分离法,其特点为发生物质的相转移。传质分离分为输送分离和扩散分离,输送分离(速度分离)如超滤、反渗透、电渗析、电泳和磁泳等;扩散分离(平衡分离)如蒸馏、蒸发、吸收、萃取、结晶、吸附和离子交换等。非均相物系多采用机械分离法,根据物质粒径的大小、密度差异等进行分离,如过滤、重力沉降和离心沉降等。化学原料药生产过程中,非均相物系更为广泛,常用的机械分离设备有离心机、板框压滤机、压滤机、旋风分离器等。

(一)离心机

离心机是制药、化工工业的主要机械分离设备之一,适用于固液两相或互不相溶的液液两相混合物中不同组分的分离,其工作原理为固液两相或液液两相因为密度不同,发生离心运动的程度不同,从而完成不同组分的分离。离心机作为生产工艺后处理的设备之一,被广泛用于脱水、浓缩、分离、澄清等工艺过程。

离心机品种繁多,随着各行业的不断发展,各品种的离心机也在不断地更新换代,新型离心机也在不断涌现。离心机的分类方法也很多。

按分离因数(α,即物料在离心力场中所受的离心力与在重力场中所受到的重力之比值),离心机可分为:①常速离心机,$\alpha \leqslant 3\,000$,主要用于分离颗粒不大的悬浮液和物料的脱水,其特点为转速较低,转鼓直径较大,装载容量较大;②高速离心机,$3\,000 < \alpha \leqslant 50\,000$,主要用于分离乳浊液和细粒悬浮液,其特点为转速较高,转鼓直径较小,而长度一般较长;③超高速离心机,$\alpha > 50\,000$,主要用于分离超微细粒悬浮液和高分子胶体悬浮液,因转速很高,其转鼓做成细长管式。

按操作原理,离心机可分为:①过滤式离心机,如三足式离心机、卧式刮刀卸料离心机等,转鼓的鼓壁上有孔,内壁附有过滤介质,利用过滤介质的筛分作用实现过滤分离,用于分离大颗粒悬浮液和物料的脱水;②沉降式离心机,如螺旋卸料离心机、管式离心机、碟片式离心机等,转鼓的鼓壁上无孔,利用悬浮液中两相的密度不同实现沉降分离,用于分离乳浊液和细粒悬浮液。

按操作方式,离心机可分为:①间歇式离心机,如三足式离心机、上悬式离心机,其加料、分离、洗涤和卸料等过程都是间歇操作,可根据需要延长或缩短过滤时间,主要用于分离固-液悬浮液;②连续式离心机,如卧式刮刀卸料离心机、卧式活塞推料离心机、螺旋卸料离心机等,其加料、分离、洗涤和卸料等操作均在连续化状态下进行,用于分离固-液悬浮液和液-液乳浊液。

按卸料方式,有人工卸料和自动卸料两类,自动卸料有刮刀卸料、活塞卸料、离心卸料、螺旋卸料、喷嘴卸料等。

按转鼓数目,可分为单鼓式离心机和多鼓式离心机。

1. 三足式离心机 三足式离心机（图2-8）是一种固液分离设备，主要是将液体中的固体分离除去或将固体中的液体分离出去，因底部支撑为三个柱脚，以等分三角形的方式排列而得名。常用的有人工上部卸料三足式离心机、手动刮刀下部卸料三足式离心机和全自动刮刀下部卸料三足式离心机等。

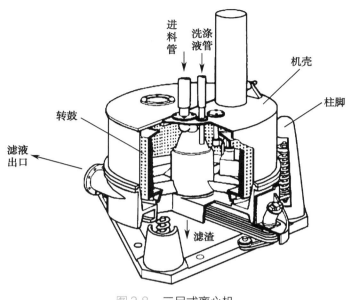

图2-8　三足式离心机

（1）人工上部卸料三足式离心机：离心机转鼓由电机通过三角带带动，物料由进料管加入转鼓内，在离心力的作用下，液相穿过滤袋和转鼓壁孔，经出液管排出，而固相被截留在转鼓内，停机后打开机盖，由人工从上部卸出。该离心机的特点为操作方便，各操作工序可按要求任意调整，滤渣能得到充分洗涤，固相颗粒不易破损，适应性强等；缺点是上部卸料，劳动强度大。

（2）手动刮刀下部卸料三足式离心机：待分离物料经进料管进入高速旋转的离心机转鼓内，在离心力的作用下，物料通过滤布（滤网）实现过滤，液相经出液管排出，固相则截留在转鼓内，待转鼓内滤饼达到机器规定的装料量时，停止装料，对滤饼进行洗涤，同时将洗涤液滤出，达到分离要求后，离心机低速运转，操作手动刮刀装置，通过先径向刮料，再轴向刮料，将转鼓中的滤饼刮下，刮刀装置复位，完成一次工作循环。

（3）全自动刮刀下部卸料三足式离心机：可按使用要求设定程序，自动完成进料、分离、洗涤、脱水、卸料等工序，可实现远、近距离操作。具有自动化程度高、处理量大、分离效果好等特点，但结构复杂，造价较高。

国家安全生产监督管理总局2015年7月10日发布《国家安全监管总局关于印发淘汰落后安全技术装备目录（2015年第一批）的通知》（安监总科技〔2015〕75号），其中在"危险化学品领域和烟花爆竹行业"明确，因"开放式操作设备，易产生震动、挤压、物料喷溅等危险，安全系数较低"禁止使用三足式离心机，应用"压滤机或全自动离心机"替代。

2. 卧式刮刀卸料离心机 卧式刮刀卸料离心机是一种连续运转、间歇操作的过滤式离心机，常用于固相颗粒粒径在10μm以上的固液分离，尤其对于固相晶粒边棱形状要求不高者,更为适用。其控制方式为自动控制,也可手动控制。离心机操作过程中的进料、分离、洗涤、甩干、卸料及滤布再生等过程一般均在全速状态下完成,单次循环时间短,处理量大,并可获得较干的滤渣和良好的洗涤效果,适宜于大规模连续生产。

卧式刮刀卸料离心机(图2-9)的结构包括门盖组件、机体组件、转鼓组件、轴承箱、制动器组件、机座、进料管、洗涤液管、刮刀、卸料槽等。

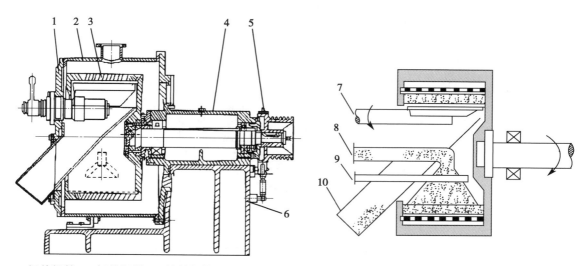

1.门盖组件;2.机体组件;3.转鼓组件;4.轴承箱;5.制动器组件;6.机座;7.刮刀;8.进料管;9.洗涤液管;10.卸料槽。

图2-9　卧式刮刀卸料离心机

卧式刮刀卸料离心机在工作时,先空转启动达到额定转速后,再打开进料阀,待分离物料沿进料管进入转鼓内,并随转鼓一起转动。在离心力作用下,液体通过滤网经滤孔甩出,并从机壳排出,固体物料被截留在滤网上,当滤饼达到一定厚度时,关闭进料阀门,停止进料,并进行甩干、洗涤、甩干等操作。然后将合格的滤饼用刮刀刮下,刮下的固体物料沿卸料槽卸出。为了更好地分离物料,每次加料前均应清洗掉滤网上残留的部分滤渣。

3. 卧式活塞推料离心机　卧式活塞推料离心机是一种卧式活塞推料、连续操作过滤离心机。其能在全速运转下,连续进行进料、分离、洗涤、甩干、卸料等工序,具有连续操作、运转平稳、操作简便、生产能力大、洗涤效果好、滤饼含湿率较低等特点。适合分离含固相颗粒粒径大于0.1mm、浓度大于40%的悬浮液。

卧式活塞推料离心机按转鼓数目有单级、双级和多级之分,图2-10所示为卧式单级活塞推料离心机,其结构包括空心主轴、推杆、转鼓、推料盘、布料斗、进料管、洗涤液管、排料槽等。

卧式活塞推料离心机工作时,空心主轴带动推料盘和转鼓空载启动达到全速旋转后,待分离物料由进料管连续加至圆锥形布料斗中,在离心力作用下,待分离物料经布料斗均匀分布到转鼓内段滤网壁上,滤液经滤网和转鼓壁滤孔甩出转鼓,经机壳排液管排出机外;固相颗粒被截留在转鼓内,在滤网上形成环形滤饼层。推料盘与转鼓同速旋转的同时,在液压系统控制下,连续轴向往复运动,推动滤饼层间歇不断地向转鼓外端移动排出转鼓,最后经排料槽排出机外。滤饼洗涤时,洗涤液经洗涤液管连续喷在滤饼层上,洗涤液连同分离液

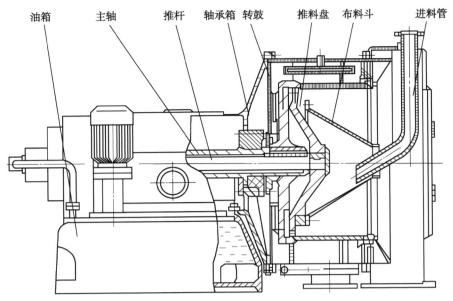

油箱　　主轴　　　推杆　轴承箱 转鼓　　推料盘 布料斗　进料管

图 2-10　卧式单级活塞推料离心机

由排液管排出。

4. **管式离心机**　管式离心机属于精分设备，具有分离因数高、结构简单、体积小、运转可靠和操作维修方便等优点，但生产能力较小，而且固相需要停机后取出，故用于悬浮液澄清时须停车清除转鼓内的沉渣。管式离心机常用于含固量低于 1%、固相粒度小于 5μm、黏度较大的悬浮液澄清，或用于轻液相与重液相密度差小、分散性很高的乳浊液及液 - 液 - 固三相混合物的分离。

管式分离机结构如图 2-11 所示，由机身、传动组件、转鼓、积液盘、滑动轴承组件等组成，转鼓上部是挠性主轴，下部是阻尼轴承，电机通过传动使转鼓自身轴线高速旋转，在转鼓内部形成强大的离心力场，物料由底部进料口进料，转鼓高速旋转产生的离心力促使物料沿转鼓内壁向上流动，料液中不同组分密度不同，从而实现分层，从液盘出口流出。

管式离心机的工作原理为在离心力的作用下，利用离心机产生的离心力将不同比重的物料进行有效分离。管式分离机的转鼓有澄清型和分离型两种，如图 2-12 所示。澄清型常用于悬浮液澄清，悬浮液进入转鼓，在由下向上流动过程中，固体粒子由于离心力作用沉积在转鼓内壁，清液从转鼓上部溢流排出。分离型主要用于互不相溶的两液相（乳浊液）的分离，在离心力的作用下乳浊液在转鼓内分层，重液在外，轻液在内，分别从各自不同的出口排出，重液和轻液分界面的位置可以通过改变重液出口半径来调节，以适应不同的乳浊液和不同的分离要求。

（二）板框压滤机

板框压滤是制药工业生产中实现固液分离的一种常用方法。板框压滤机主要用于过滤含固量多的悬浮液，也可用于过滤细小颗粒或液体黏度较高的物料。与其他固液分离设备相比，板框压滤机具有结构紧凑、过滤面积大且可调、加压过滤、过滤效率高等优点，缺点是间歇操作，装卸、灌洗等大部分需要手工操作，劳动强度较大。各种电动拆装滤板的自动操作板框压滤机的出现，在一定程度上克服了上述缺点。

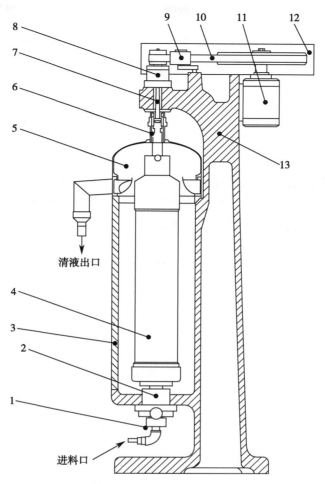

1. 下阻尼；2. 滑块轴承组件；3. 机身门；4. 转鼓组件；5. 积液盘组件；6. 保护套；7. 主轴；8. 机头组件；9. 压带轮组件；10. 皮带；11. 电机传动组件；12. 防护罩；13. 机身。

图 2-11　管式分离机

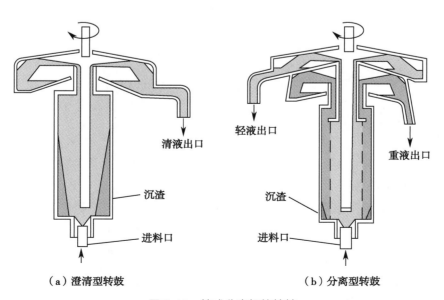

图 2-12　管式分离机的转鼓

板框压滤机主要由固定板、滤框、滤板、压紧板、压紧装置、液压油缸和控制箱等组成,如图 2-13 所示。滤板和滤框交替叠合,在板和框之间压滤布;板和框在相同位置打孔,形成滤浆的入口和滤液的出口;一定数量的滤板在强机械力的作用下被紧密排成一列,滤板面和滤板面之间形成滤室。

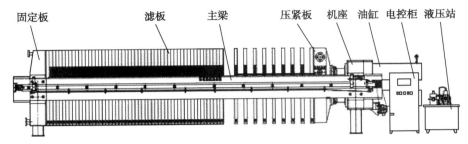

图 2-13　板框压滤机的构造

板框压滤机的工作流程(图 2-14)为压紧滤板→进料→滤饼压榨→滤饼洗涤→滤饼吹扫→卸料。首先过滤的料液通过输料泵,在一定的压力下从后顶板的进料孔进入到各个滤室,通过滤布,固体物被截留在滤室中,并逐步形成滤饼;液体则通过板框上的出水孔排出机外。随着过滤过程的进行,滤饼过滤开始,泥饼厚度逐渐增加,过滤阻力加大。过滤时间越长,分离效率越高。过滤完毕,可通入清洁洗涤水洗涤滤渣。洗涤后,还可以通入压缩空气除去剩余的洗涤液。随后打开压滤机卸下滤饼、清洗滤布、重新压紧板框,开始下一个工作循环。

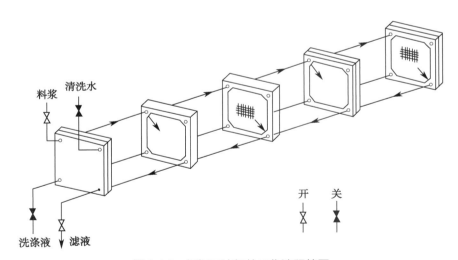

图 2-14　板框压滤机的工作流程简图

(三)旋风分离器

旋风分离器是用于气固或液固体系的一种分离设备,广泛用于制药工业。常用的切向导入式旋风分离器的结构如图 2-15 所示,主要结构是一个圆锥形筒,筒上段切线方向装有一个气体入口管,圆筒顶部装有插入筒内一定深度的排气管,锥形筒底有接受细粉的出粉口。含尘气流一般以 12～30m/s 的速度由进气管进入旋风分离器,气流由直线运动变为圆周运动。旋转气流的绝大部分沿器壁自圆筒体呈螺旋形向下朝锥体流动。固体颗粒或液滴在惯性离

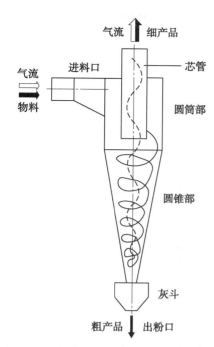

图 2-15　切向导入式旋风分离器的结构

心力的作用下，被甩向器壁，尘粒一旦与器壁接触，便失去惯性，而靠器壁附近的向下轴向速度的动量沿壁面下落，进入排灰管，由出粉口落入收集袋里。旋转下降的外旋气流，在下降过程中不断向分离器的中心部分流入，形成向心的径向气流，这部分气流就构成了旋转向上的内旋流。内、外旋流的旋转方向是相同的，最后净化气经排气管排出器外，一部分未被分离下来的较细尘粒也随之逃逸。自进气管流入的另一小部分气体，则通过旋风分离器顶盖，沿排气管外侧向下流动，当到达排气管下端时，与上升的内旋气流汇合，进入排气管，于是分散在这部分上旋气流中的细颗粒也随之被带走，并在其后用袋滤器或湿式除尘器捕集。

旋风分离器的主要特点是结构简单、操作弹性大、效率较高、管理维修方便、价格低廉，用于捕集直径 $10\mu m$ 以上的粉尘，特别适合分离粉尘颗粒较粗、含尘浓度较大的气固体系；高温、高压条件下，也常作为流化床反应器的内分离装置，或作为预分离器使用。为了提高除尘效率，降低阻力，已出现了如螺旋型、涡旋型、旁路型、扩散型、旋流型和多管式等多种形式的旋风分离器。

（四）洗涤、过滤、干燥三合一一体机

洗涤、过滤、干燥三合一一体机集过滤、洗涤和干燥等操作于一体，同时替代抽滤机、压滤机、双锥干燥机、干燥箱等，可实现全封闭、全过程的连续操作生产，对各种物料均有良好的适应性，尤其适用于难以过滤的浆料和易燃易爆、有毒、易挥发、易污染等物料的处理。

洗涤、过滤、干燥三合一一体机的结构如图 2-16 所示，主要由过滤床、升降装置、筒体、搅拌（刮板）装置、喷淋装置、传动装置、加热装置、出料管等部件组成。

洗涤、过滤、干燥三合一一体机的工作过程包括以下四个阶段。

（1）过滤阶段：固液混合物从上部加料口加入，在上部压力作用下，液体通过底部过滤介质出来，此时搅拌和刮板处于升起状态，出料口球阀关闭，固体被截留，在这一阶段，如果固体颗粒大小不匀，可开动搅拌使固体保持悬浮状态。

（2）洗涤：洗涤液从上部淋下，穿过滤饼层从底部出来进行洗涤。根据需要也可以先放满洗涤液，降下搅拌装置将滤饼搅起进行搅拌洗涤，然后再将洗涤液压出以使洗涤更彻底。如果滤饼不均匀，也可以在洗涤前放下刮刀压实滤饼，以便洗涤更均匀。

（3）干燥：洗涤完成后根据需要夹套通入或者直接通入热空气或者惰性气体将湿分带出。干燥时，刮板也可以落下压实滤饼，防止出现裂缝造成热气体的沟流。为了获得更好的干燥效果，也可以抽真空进行干燥。

（4）卸料：打开出料球阀，放下刮板，按照出料方向旋转，刮板将固体刮入出料管。

洗涤、过滤、干燥三合一一体机的优点有：①多功能一体化密闭操作，有效避免异物和微生物污染，使产品质量得到充分的保障，改善了操作环境、减少了洁净区域面积，降低了

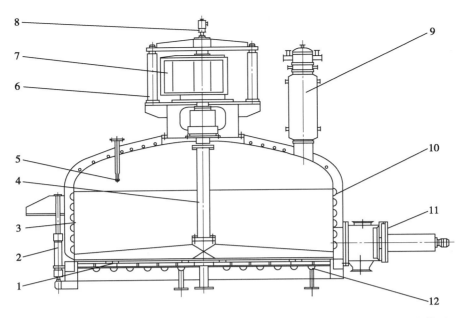

1. 过滤床；2. 底盘升降装置；3. 筒体；4. 搅拌装置；5. 喷淋装置；6. 主轴升降装置；
7. 传动装置；8. 搅拌加热装置；9. 捕集装置；10. 筒体加热装置；11. 出料装置；12. 底盘
加热装置。

图 2-16　洗涤、过滤、干燥三合一一体机

成本；②混悬液的搅拌、过滤，滤饼的清洗、压实，物料的干燥以及出料等过程自动控制，操作方便，减轻了劳动强度，工艺控制更稳定；③与物料接触的部件包括本体、管道、管件、排料阀等，可实现在线清洗和在线灭菌，更符合《药品生产质量管理规范》(good manufacturing practice，GMP)的要求。

三、纯化设备

结晶工艺是原料药生产的主要单元操作，其原理是通过冷却、蒸发或 pH 调节使溶质达到过饱和浓度，从而将其从反应液中分离出来，以获得所需产品。根据使溶液达到过饱和的途径，结晶工艺主要有：①冷却结晶，即通过降低温度使溶液达到过饱和而析出晶体，适用于溶解度随温度降低而显著降低的物质；②蒸发结晶，即用加热方法对溶液进行常压或减压蒸发，将部分溶剂蒸发使溶液浓缩至过饱和从而析出晶体；③反应结晶，即通过加入某些化学物质或调节 pH，以改变溶质的化学组成及性质，使其从易溶状态变为不易溶状态，从而达到过饱和而析出晶体；④盐析结晶，即加入另一种物质使溶质在溶液中溶解度降低，以达到过饱和析出晶体。

根据结晶工艺不同，常用的结晶设备有搅拌式结晶罐、蒸发结晶器等。

（一）搅拌式结晶罐

冷却结晶是结晶工艺中最常用的生产方法。搅拌式结晶罐是物料搅拌混合后，夹套内通入冷冻水或冷媒水急剧降温的结晶设备，其满足工艺使用条件的关键环节包括：夹套面积的大小、搅拌器的结构形式、物料出口形式、罐体内高精度抛光以及罐体内清洗无死角等。搅拌

式结晶罐的基本结构如图 2-17 所示,其主要由电机、釜体、搅拌装置(转动轴和旋转磁环)、视镜、人孔加料口、出料口、换热装置等组成。

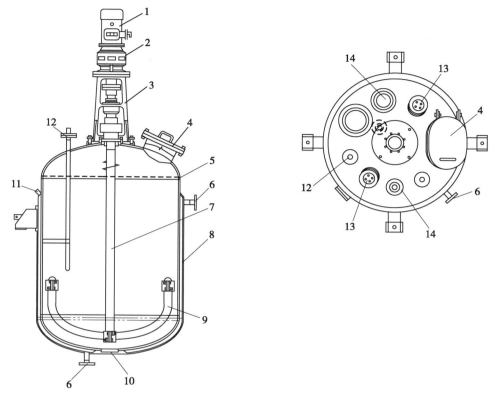

1. 电机;2. 减速机;3. 机架;4. 人孔;5. 釜体;6. 换热介质进出口;7. 转动轴;8. 夹套;9. 旋转磁环;10. 出料口;11. 压力表口;12. 测温口;13. 视镜;14. 备用口。

图 2-17　搅拌式结晶罐的基本结构

搅拌式结晶罐的换热一般是通过外夹套来完成的,所以极易形成罐壁处温度低、罐中央温度高的现象;结晶浓度较高并有固体析出时,往往会产生罐底处物料浓度高、罐顶处物料浓度低的现象;结晶液的黏度较高,又极易发生粘壁现象,故结晶罐搅拌器的选型很重要。传统的立式搅拌式结晶罐一般采用锚式或框式搅拌器,在小型罐内锚式搅拌器尚能满足要求,但随着罐容积放大,结晶的质量就有下降的趋势。对于黏度较大和易粘壁且具非牛顿型的结晶液而言,当锚式搅拌无法在罐壁处发挥效果时,只能改用框式搅拌器。框式搅拌器属径向流型搅拌器,很少有上下翻动,且转速极低,也难以放大。为提高结晶效率和结晶质量,开发出了各种结构形式的搅拌式结晶罐。

(二)蒸发结晶器

蒸发结晶器是结晶设备的一种,广泛应用于医药、食品、化工等行业的水或有机溶媒溶液的蒸发浓缩结晶,尤其适用于热敏性物料。蒸发结晶与浓缩一般溶液用的通用蒸发器在原理、设备结构与操作上并无太大不同,但仅采用通用蒸发器难以控制结晶粒度、晶体沉积,结晶难以进行。故用于结晶的蒸发器需要安装搅拌或强化流动的装置,以防止加热面上形成晶垢而妨碍传热和影响晶体形状。根据料液循环特性及其浓度特点,常用的蒸发结晶器有自然循环蒸发结晶器、强制循环蒸发结晶器和奥斯陆型蒸发结晶器等。

1. **自然循环蒸发结晶器**　自然循环蒸发结晶器的型式也比较多。图 2-18 是我国创制的一种管外沸腾蒸发结晶器，其加热器有 6 个以上加热蒸汽进口，按螺旋线排列，切线进入加热器，使溶液受热均匀；循环管截面积较大，为加热列管总截面积的 2～3 倍。这是一种外循环蒸发器的变形，溶液在列管式换热器中被加热。由于加热器上部保留了一段液柱，使液体的沸点升高，故溶液在列管内不沸腾，加热面上也不会因局部过饱和而形成结晶。液柱上部的溶液是沸腾的，沸腾的溶液进入分离室，二次蒸汽的分离使溶液达到过饱和，随后在循环管内完成结晶，晶粒下降进入离心分离器，较大的晶粒沿器壁沉降到器底排出，较小的晶粒与进料液混合后仍进入加热器，其中一部分小晶粒被熔化，其余部分留作晶种。

2. **强制循环蒸发结晶器**　强制循环(forced circulation)蒸发结晶器简称 FC 型结晶器，如图 2-19 所示，由结晶室、循环管、循环泵、换热器等组成。结晶室有

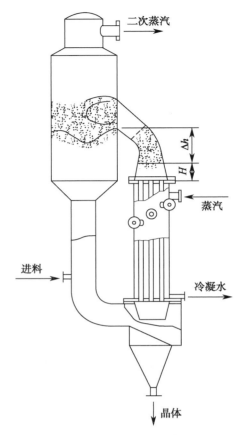

图 2-18　管外沸腾蒸发结晶器

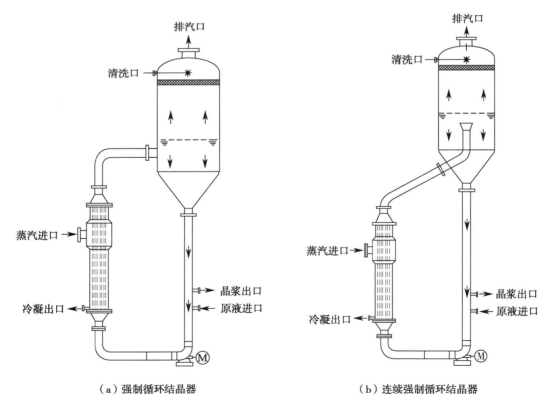

（a）强制循环结晶器　　　　　　（b）连续强制循环结晶器

图 2-19　强制循环蒸发结晶器

锥形底,晶浆从锥底排出后,经循环管用轴流式循环泵送进换热器,被加热或冷却后,重新进入结晶室,如此循环不已,故这种结晶器属于晶浆外循环型。晶浆排出口位于结晶室锥底处,进料口在排料口之下的较低位置上。FC 型结晶器可通用于蒸发法、间壁冷却法或真空冷却法结晶,可间歇操作,也可连续操作,产品粒度在 0.8～4mm。

3. 奥斯陆型蒸发结晶器　奥斯陆型蒸发结晶器又称为克里斯塔尔结晶器,是一种母液循环式连续结晶器,如图 2-20 所示。料液加到循环管中,与管内循环母液混合,由泵送至加热室,加热后的溶液在蒸发室中蒸发并达到过饱和,经中心管进入蒸发室下方的晶体流化床,溶液中过饱和的溶质沉积在悬浮颗粒表面,使晶体长大。晶体流化床对颗粒进行水力分级,大颗粒在下,小颗粒在上。从流化床底部卸出粒度较为均匀的结晶产品。流化床中的细小颗粒随母液流入循环管,重新加热溶去其中的微小晶体。奥斯陆型蒸发结晶器适用于各种物料成品结晶工序,特别适用于对晶体形状,大小及均匀度有较高要求的产品。这种设备的主要缺点是溶质易沉积在传热表面上,操作较麻烦。若以冷却室代替奥斯陆型蒸发结晶器的加热室并除去蒸发室等,则可构成奥斯陆型冷却结晶器。

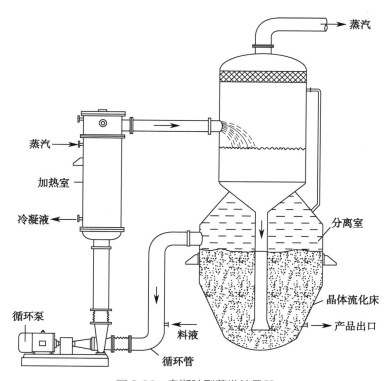

图 2-20　奥斯陆型蒸发结晶器

4. 导流筒挡板蒸发结晶器　导流筒挡板(draft-tube-baffled,DTB)蒸发结晶器是一种晶浆内循环式结晶器,如图 2-21 所示,结晶器下部接有淘析柱,器内设有导流筒和筒形挡板,操作时热饱和料液连续加到循环管下部,与循环管内夹带有小晶体的母液混合后泵送至加热器。加热后的溶液在导流筒底部附近流入结晶器,并由缓慢转动的螺旋桨沿导流筒送至液面。溶液在液面蒸发冷却,达到过饱和状态,其中部分溶质在悬浮的颗粒表面沉积,使晶体长大。在环形挡板外围还有一个沉降区。在沉降区内大颗粒沉降,而小颗粒随母液入循环管并

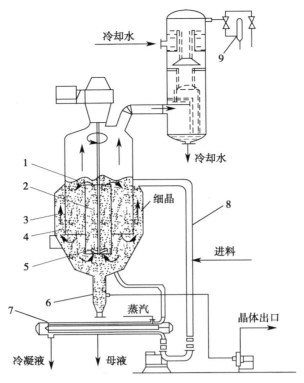

1. 沸腾液面；2. 导流筒；3. 挡板；4. 澄清区；5. 螺旋桨；
6. 淘析柱；7. 加热器；8. 循环管；9. 喷射真空泵。

图 2-21　导流筒挡板蒸发结晶器

受热溶解，晶体于结晶器底部入淘析柱。为使结晶产品的粒度尽量均匀，将沉降区的部分母液加到淘析柱底部，利用水力分级的作用，使小颗粒随液流返回结晶器，而结晶产品从淘析柱下部卸出。

　　DTB 型蒸发结晶器性能良好，生产强度高，能生产颗粒较大的晶粒，粒度可达 600～1 200μm，且结晶器内壁不易出现结疤现象。它已经成为连续结晶器的主要形式之一。可以适用于真空冷却法、蒸发法、直接接触冷冻法及反应法的结晶操作。

第二节　典型单元操作流程

一、回流操作

（一）反应釜的回流操作

　　在单元反应中，经常需要在回流温度下进行反应。实际上，即使反应温度低于回流温度，为减少溶剂挥发，也会在反应釜或某些单元操作中采用回流操作。反应釜的回流管线图如图 2-22 所示。反应釜中的溶剂蒸气经过上升管进入换热器，换热器将溶剂蒸气冷凝后经由 U 形弯的回流管线送回反应釜。U 形弯的主要作用是实现液封，一方面是使上升的溶剂蒸气只能从上升管进入换热器，另一方面也能保证整个系统在常压的状况下，减少溶剂蒸气散入环境中。

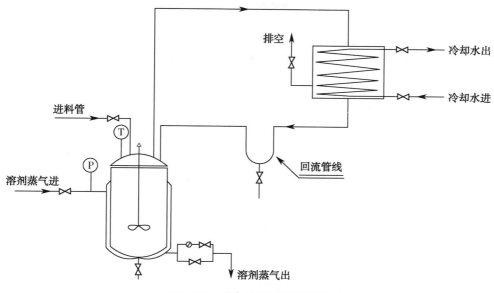

图 2-22 反应釜的回流管线图

反应釜的回流操作规程如下。

1. 工作前检查

（1）检查反应釜内、搅拌器、转动部分、附属设备、指示仪表、安全阀、管路及阀门等是否符合安全要求。

（2）检查水、电、气等是否符合安全要求。

2. 进料操作

（1）在确保无异常的情况下，启动搅拌，按工艺操作规程进料。10m³ 以上的反应釜或搅拌有底轴承的反应釜，严禁空运转，确保底轴承浸在液面下时，方可开启搅拌。

（2）一般反应釜加入物料的正常液位在公称容积的 30%～80%，反应物料易产生泡沫的正常液位在公称容积的 30%～50%。

（3）如果需要开口投料，操作人员必须在投料口的侧后方进行操作，不能直接面对投料口。

3. 升温回流操作

（1）检查反应釜和回流管路各阀门是否在正确状态，确认反应釜内不会形成密闭体系。

（2）打开反应釜夹套导淋阀，排净夹套内凝水；关闭导淋阀，打开夹套疏水阀。

（3）打开冷凝回流器的进水阀和回水阀。

（4）打开进气阀，进气阀开度初期为 20%，先给夹套预热，后期根据反应温度要求调节开度。反应釜夹套内压力不能超过 0.2MPa。

（5）达到规定温度后，进入保温回流阶段，观察夹套及反应釜内的压力、温度，并做好记录。

（6）完成工艺要求的升温或保温回流程序后，关闭进气阀，反应釜可以缓慢降温；如果需要加快降温速度，则打开倒淋阀，排净余气，按照降温程序降温至要求温度。

4. 停车

（1）按工艺操作规程处理完反应釜内物料。停止搅拌，切断电源，关闭各种阀门。

（2）停机时，要用反应溶剂、压缩空气或蒸汽等将反应釜或相关管线内的物料吹扫干净，确保管线在下次使用时通畅。

（3）检查与反应釜相关的管线、转动设备、仪器仪表等有无问题，确保下批反应时设备完好。

（4）若长期停车，应将反应釜或相关管线清洗、吹扫干净，不能留有腐蚀性物料或水等液体，做好设备外部清洁和保养，挂设备停用标志牌。

5. 注意事项

（1）反应釜在运行中严格执行工艺操作规程，严禁超温、超压、超负荷运行；凡出现异常情况，立即采取相应处理措施。

（2）设备升温或降温时，操作一定要平稳，以避免温差应力和压力应力突然叠加，使设备变形或受损。

（3）带夹套的反应釜升温或降温操作时，不得开启蒸汽阀和电热电源，严禁空罐加热。加热或冷却要缓慢进行，严禁骤冷、骤热。

（4）生产过程中，操作人员不得离开岗位；严格执行交接班管理制度，杜绝因交接班不清而出现异常情况和设备事故。

（二）精馏过程的回流操作

精馏是制药车间的常见单元操作，精馏过程的回流管线图如图 2-23 所示。图中是一个间歇式精馏塔，轻组分通过两个换热器冷凝，冷凝液一部分进入收集罐收集，一部分重新回到精馏塔，回流比可以通过两个转子流量计进行调节，转子流量计前都设置了相应的排空、取样阀。

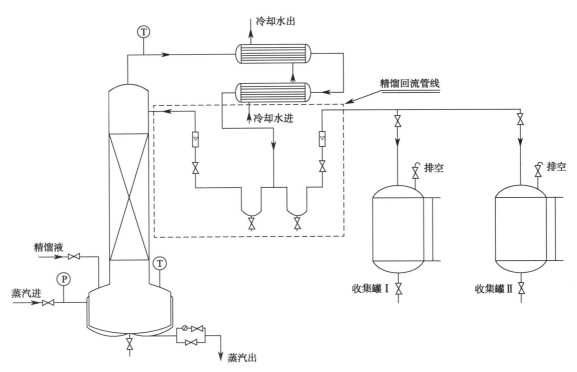

图 2-23　精馏过程的回流管线图

精馏过程的操作规程如下。

1．工作前准备

（1）检查精馏系统各设备、仪表、阀门、机泵等相关设施设备是否符合安全要求。

（2）打开回流流量计阀门，关闭采出流量计阀门，关闭其他阀门。

2．操作步骤

（1）确认釜底阀、冷却水进水阀、冷却水出水阀都关闭，依次打开蒸发釜放空阀、进料阀、气动泵进料阀，打开气动泵，将需精馏物料打入蒸发釜，注意观察釜内液位，液位在 2/3 左右停止进料，关闭气动泵，依次关闭蒸发釜放空阀、进料阀、气动泵进料阀。

（2）依次打开冷却水回水阀、冷却水进水阀，打开循环水泵。

（3）打开蒸发釜夹套疏水阀，再缓慢打开蒸汽进气阀，开始升温。

（4）当塔顶温度达到工艺要求时，打开收集罐I的进料阀，缓慢打开采出流量计阀门，确保左边回流流量计浮子不能完全落下，保持塔顶温度满足工艺要求（馏出温度 T_1）。

（5）加强巡检，观察泵是否有异响、是否发热，管路是否"跑、冒、滴、漏"，釜内液位是否合适，温度是否正常，精馏出的物质含量是否达到要求。

（6）待蒸发釜内液位低时，及时补料入釜。

（7）随着不断地精馏与补加，釜内物料含量发生变化，塔顶温度开始变化，不宜控制在馏出温度 T_1 时，及时关闭收集罐I的进料阀，打开收集罐II的进料阀，继续精馏。

（8）精馏结束，关闭蒸汽进气阀和夹套疏水阀，打开夹套循环水回水阀、进水阀，待蒸发釜内温度降至室温，关闭冷却水进水阀、回水阀及夹套循环水进水阀、回水阀，确认其他工段没有用循环水的前提下，关闭循环水泵，打开蒸发釜放空阀、釜底阀，排出釜内液体。

3．注意事项

（1）在精馏过程中，应注意观察温度变化，在每个采出阶段，釜内和塔顶温度应保持恒定。当发现采出一段时间后温度无法维持恒定，开始上升，尤其是塔顶温度上升，此时不应出料，应取样分析，并把蒸汽进气阀调小，并打开回流阀门进行全回流，待分析结果出来和温度稳定后，再决定该组分收集罐是否继续采出还是切换到下一组分收集罐采出。

（2）整个精馏过程应始终保持塔顶尾气温度不要太高，循环水温一般在 35℃以下。

（3）精馏过程应随时关注物料循环泵的工作情况，防止泵空转。

（4）精馏结束，如果不再进行下一釜精馏，应及时排尽残液，防止物料冷下来后结晶堵管。

二、过滤操作

（一）板框压滤

板框压滤的工艺流程如图 2-24 所示，板框压滤的工作过程主要包括过滤过程和洗涤过程。

（1）过滤过程：过滤时，料液在指定的压强下经料液通道由滤框中心的暗孔进入滤液空间，滤液分别穿过两侧滤布，沿滤板的沟槽向下流动，再经邻板板面流至滤液出口排走，固体颗粒被滤布截留在框内形成滤饼，待滤饼充满液框后，停止过滤。

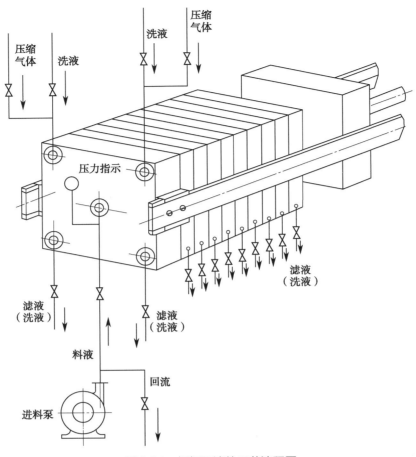

图2-24　板框压滤的工艺流程图

（2）洗涤过程：当滤框内充满滤饼时，进行洗涤，可将洗液压入洗液通道经洗涤板角端的暗孔进入板面与滤布之间，此时关闭洗涤板下部的滤液出口，流水便在压强差推动下穿过一层滤布及整个厚度的滤饼，再横穿另一层滤布，然后由过滤板下部的滤液出口排出。

板框压滤操作规程如下。

1. 工作前检查

（1）板框压滤机经安装、调试、确认无误后方可进行下一步操作。

（2）检查进出管路，连接是否有渗漏或堵塞，管路与压滤机板框、滤布是否保持清洁，进液泵及各阀门是否正常。

2. 操作方法

（1）打开电源开关，电源指示灯亮；启动油泵。

（2）将所有滤板移至止推板端，并使其位于两横梁中间。

（3）启动压紧按钮，活塞推动压紧板，将所有滤板压紧，达到压力值后（液压值见压力表），然后进行保压，按关闭按钮，油泵停止工作。

（4）打开滤液阀放液体；开启进料阀，进行过滤；待满后，关闭进料阀，停止过滤。

（5）再开启洗液阀门，进行洗涤。

（6）开启压缩气体阀门，向隔膜吹气，使滤饼再次压紧，降低含液量。吹气压力应大于进料压力,滤饼含液率达到要求后停止吹气。

（7）启动油泵,按下压紧按钮,待锁紧螺母后,将螺母旋至活塞杆前端(压紧板端),再按松开按钮,活塞待压紧板回至合适工作间隙后,关闭电机。

（8）移动拉板进行卸料。

（9）将滤布、滤板、滤框冲洗干净,叠放整齐,以防板框变形,也可依次放在压滤机里用压紧板顶紧以防变形,冲洗场地及擦洗机架,保持机架及场地整洁,切断外接电源,整个过滤工作结束。

3. 注意事项

（1）板框压滤机使用时,进料压力、洗涤压力和吹气压力等必须控制在规定的压力以下,否则将会影响机器的正常使用。

（2）过滤开始时,进料阀应缓慢开启。

（3）在冲洗滤布和滤板时,注意不要让水溅到油箱和电控柜上。

（4）在压紧滤板前,务必将滤板整齐排列,且靠近固定压板端,平行于固定压板放置,避免因滤板放置不正而引起横梁弯曲变形。

（5）使用时要注意保持滤布的清洁和平整。对黏性不强的滤饼,一般每过滤十余个周期冲洗一次;若冲洗不清,应卸下滤布进行清洗。

（6）卸料时,应注意滤饼的卸清程度,不得残留过多的物料,以免影响下次工作。

（二）热压滤

在原料药的精烘包工序中,活性炭脱色过滤是常见的单元操作,图 2-25 为其设备管线图。常用设备包括脱色釜和压滤罐,粗品在脱色釜中溶解,在脱色釜中加入活性炭,保温脱色一段时间后经压滤罐除去活性炭。根据架桥原理,当过滤开始时滤饼还未形成,实际工艺中会有部分粒度细小的活性炭从滤布漏入脱色液中,若不采取工艺措施,这些活性炭在后续的结晶过程中会和精品一起收集起来,严重影响产品的质量。因此,最简单的方法就是在压滤罐的透过液管线上设置一个视镜观察,且设置一根支路管线直接连到脱色釜,使之构成循环。直至滤饼形成、滤液清澈后方可去结晶罐。

压滤罐使用操作规程如下。

1. 工作前检查

（1）检查机架各连接零件及螺栓、螺母有无松动,应随时予以调整紧固,相对运动的零件必须保持良好的润滑。

（2）检查滤板、滤布是否清洁干净,保证滤布平整。

（3）检查进出管道、连接是否有渗漏或堵塞,并及时维修。

（4）检查各运动部件是否灵活自如。

（5）检查系统气密性是否良好,若漏气应重新装配。

2. 操作方法

（1）将压滤罐与需用设备相连接(进料口、出料口、氮气或压缩空气等)。

（2）将压滤罐与蒸汽管道连接,打开蒸汽进口阀和出口阀,保持工艺温度。

（3）打开脱色釜出料阀,将物料放入压滤罐内,打开压缩空气进口阀,打开压滤罐底部的

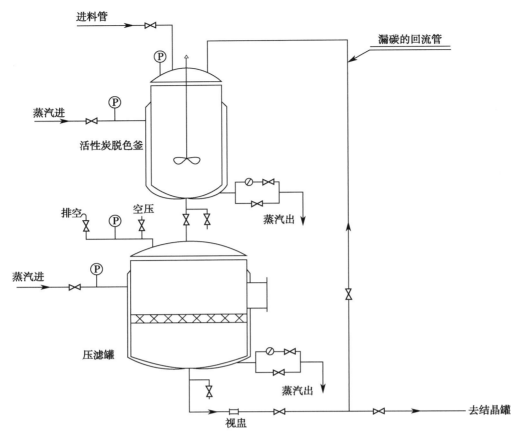

图 2-25　活性炭脱色过滤的设备管线图

出料阀和回流管上的回流阀,通过视盅,观察到滤液澄清后,关闭回流阀,打开通往结晶罐的阀门,滤液去到结晶罐结晶。

（4）运行完毕后,关闭压缩空气并排空,清除滤渣,清洁压滤罐;排空夹套内热水。

3. 注意事项

（1）操作时,戴好安全帽、手套、防护眼镜等,避免烫伤。

（2）若显示流量过小,压力上升时,关闭进料阀,排空,设备降至室温,进行拆卸、清洗,重新安装。

（3）设备运转时,严禁离岗,禁止拆看和检查机器的任何部位;若设备异常,立即停车。

（4）做好运行记录,对设备的运转情况及出现的问题记录备案,有故障应及时维修,禁止带故障操作。

三、蒸发操作

蒸发操作是指将含有不挥发溶质的溶液沸腾汽化,并移走蒸汽,从而使溶液中溶质浓度提高的单元操作。蒸发操作的目的有:①获得浓缩的溶液,直接作为成品或半成品;②借蒸发以脱除溶剂,将溶液增浓至饱和状态,随后加以冷却,析出固体产物,即采用蒸发、结晶的联合操作获得固体溶质;③脱除溶质,回收纯净的溶剂。

蒸发操作的热源多数为饱和水蒸气,称为加热蒸汽。蒸发过程中从溶液汽化所生成的蒸汽称为二次蒸汽,区别于加热蒸汽。二次蒸汽必须不断从浓缩器内移除,否则蒸汽与溶液渐趋于平衡,将使正常的操作难以进行。移去二次蒸汽的方法常用冷凝法。二次蒸汽直接被冷凝移除而不再利用的蒸发,称为单效浓缩;使用二次蒸汽作为另一个蒸发器的热源,称为多效浓缩。这里主要介绍单效浓缩。

(一)真空减压浓缩

蒸发操作可在常压或减压状态下进行,在减压状态下进行的称为减压蒸发,也称减压浓缩。真空减压浓缩装置包括浓缩罐(加热室、蒸发室)、除沫器(气液分离器)、冷凝器及真空系统等组成部件。减压浓缩流程如图 2-26 所示,料液经过预热进入蒸发器,蒸发器的下部为加热室,加热料液使之沸腾汽化,经浓缩后的完成液从蒸发器底部排出。蒸发器的上部为蒸发室,汽化所产生的二次蒸汽从蒸发器顶部排出,经除沫器或气液分离器,与其中夹带的液沫分离,然后去往冷凝器被冷凝而收集。冷凝器顶部连接真空系统,使整个蒸发浓缩在减压状态下进行。

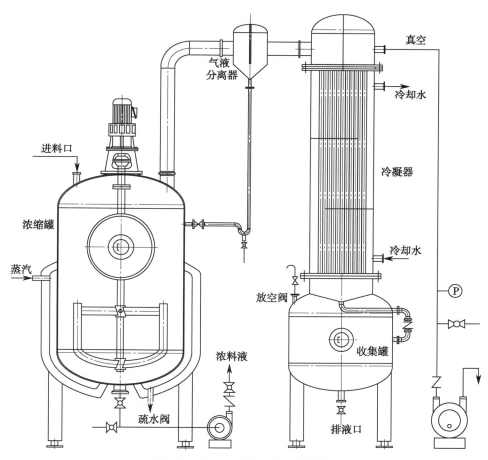

图 2-26 真空减压浓缩的设备管线图

真空减压浓缩的优点有:①蒸发器内形成一定真空度,溶液的沸点降低,蒸发速度快;②可防止热敏性物料变质或分解,适用于处理热敏性物料。减压浓缩的缺点是需要真空装置,动力消耗增大。

真空减压浓缩操作规程如下。

1. 工作前检查

（1）检查设备、阀门、仪表是否正常，管路是否畅通，是否有渗漏。

（2）检查浓缩罐是否清洗干净。

（3）检查各阀门是否处于正确的启闭位置。

2. 操作方法

（1）打开真空阀，启动真空泵。

（2）打开进料阀，启动进料泵进料，待浓缩罐视镜中见到料液时，关闭进料阀。

（3）打开冷凝器的循环水出水阀、进水阀，使水压稳定在0.1～0.2MPa。

（4）打开浓缩罐夹套疏水阀，缓慢开启蒸汽进气阀至所需压力。

（5）调整进料阀开启度，控制液面维持于某一高度，使药液蒸发量和补充量达到动态平衡。

（6）蒸发一段时间，待收集罐视镜中看到冷凝液面后，关闭通水阀，打开放空阀使收集罐由真空转为排空，打开收集罐底部排液阀排放冷凝液；冷凝液排放结束，关闭排液阀，关闭放空阀，打开通水阀，设备正常运行，继续浓缩。

（7）浓缩结束，关闭蒸汽进气阀，停止蒸汽供给；关闭真空阀，关闭真空泵；打开浓缩罐放空阀排空，放出浓料液；打开收集罐的放空阀、排液阀，排放冷凝液。

（8）清洗设备。

3. 注意事项

（1）浓缩罐中液面应在夹套以上，但也不宜太高。

（2）被浓缩的料液不可停车过夜或长时间存放在设备中。

4. 维护和保养

（1）每天工作完毕，应将设备清洗干净。

（2）设备上的仪表，应经常检查其灵敏度及误差，如发现损坏或误差，应及时更换或调整。

（3）设备上的安全阀，应调整到最大的使用蒸汽压力以内，以保证正常生产。

（4）设备上的各个法兰、接头的连接处，要经常检查，并使其密封良好，如密封垫损坏，应及时更换。

（二）薄膜蒸发

薄膜蒸发是指物料液体沿加热管壁呈膜状流动而进行传热的蒸发，在减压条件下，液体形成薄膜而具有极大的汽化表面积，热量传播快而均匀，没有液体静压的影响，能较好地防止物料过热现象。优点是传热效率高、蒸发速度快、物料停留时间短、可连续操作，特别适合热敏性物质的蒸发。薄膜蒸发装置（图2-27）按照成膜原因及流动方向不同，可分为升膜蒸发器、降膜蒸发器和刮板薄膜蒸发器三种类型。

升膜蒸发器是将料液经预热后由蒸发器底部加入，进入加热管内受热沸腾后迅速汽化，生成的蒸汽在加热管内高速上升。溶液被上升的蒸汽所带动，沿管壁呈膜状上升，并在此过程中继续蒸发，汽、液混合物在分离器内分离，浓缩液在分离器底部排出。升膜蒸发器适用于

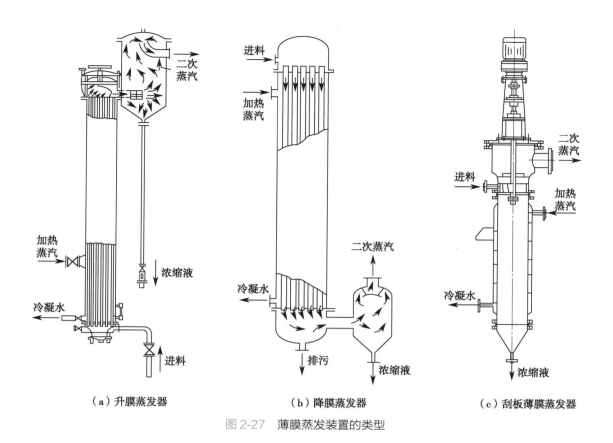

| （a）升膜蒸发器 | （b）降膜蒸发器 | （c）刮板薄膜蒸发器 |

图 2-27　薄膜蒸发装置的类型

处理蒸发量较大（即稀溶液）、热敏性及易起泡沫的溶液，但不适于高黏度、有晶体析出或易结垢的溶液。

降膜蒸发器是将料液由加热管的顶部加入，经液体分布及成膜装置，均匀分配到各换热管内，在重力、真空诱导及气流作用下，成均匀膜状，自上而下流动，流动过程中，被加热介质加热汽化，产生的蒸汽与液相混合物由加热管底部进入分离器，经气液分离后，浓缩液由分离器的底部排出。

刮板薄膜蒸发器由转轴、料液分配盘、刮板、蒸发室和夹套加热室等组成。加热室是一个夹套圆体，它根据工艺要求与加工条件而进行设计，当浓缩程度要求比较高时，可增加加热室长度，分成几段加热区，采用不同压力加热蒸汽来加热，这有利于保证产品质量；刮板由圆筒中心的旋转轴带动。原料液由蒸发器上部沿切向加入后，在重力和旋转刮板的带动下，沿壳体的内壁面形成下旋的薄膜，浓缩液由底部排出器外，二次蒸汽则经除沫器（气液分离器）由上部排出。这种蒸发器的突出优点是对物料的适应性很强，对高黏度、易结晶、易结垢、含悬浮物或兼有热敏性料液的蒸发均适用。以刮板薄膜蒸发器为例，薄膜蒸发的设备管线图如图 2-28 所示。

薄膜蒸发操作规程如下。

1. 工作前检查

（1）接通电源，检查薄膜蒸发器的电机旋转方向是否正确，在机械密封处测定轴的径向摆动和轴向窜动量是否符合要求；检查机械密封上端并帽是否旋紧。

（2）检查设备、阀门、仪表是否正常，管路是否畅通，是否有渗漏。

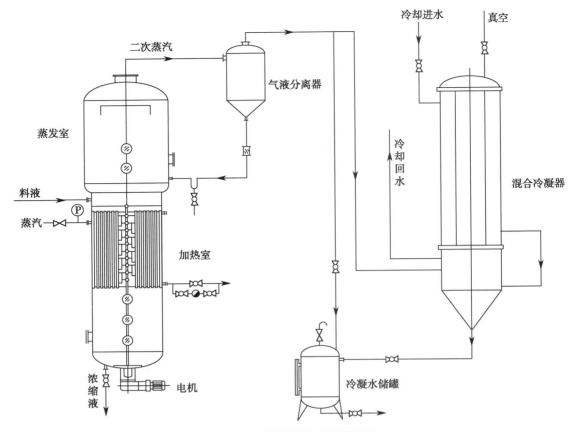

图2-28　薄膜蒸发的设备管线图

（3）检查各阀门是否处于正确的启闭位置。

2. 操作方法

（1）打开真空阀，启动真空泵。

（2）打开进料阀，启动进料泵进料。

（3）接通电源，启动薄膜蒸发器的电机，观察电机旋转方向是否正确。

（4）打开冷凝器的循环水出水阀、进水阀，使水压稳定在0.1～0.2MPa。

（5）打开薄膜蒸发器夹套旁通阀，缓慢开启蒸汽进气阀至所需压力，排出夹套内不凝性气体后，关闭旁通阀，打开疏水阀。

（6）从蒸发器底部视镜观察出料情况，严禁在设备内部充满液体的情况下运转。系统稳定5分钟后，取样分析料液水分，调节进料阀开启度使料液水分达到预定指标。

（7）蒸发一段时间，通过冷凝液储罐液位计发现冷凝液达到上限值后，关闭通水阀，打开放空阀使之由真空转为排空，打开储罐底部排液阀排放冷凝液；冷凝液排放结束，关闭排液阀，关闭放空阀，打开通水阀，设备正常运行，继续浓缩。

（8）浓缩结束，关闭蒸汽进气阀，停止蒸汽供给；关闭进料阀；关闭真空阀，关闭真空泵；打开放空阀排空，放出浓缩液；向蒸发器中加入冲洗水，将设备清洗干净；关停电机。

（9）关闭冷凝器的循环水进水阀、出水阀；打开冷凝液储罐的放空阀、排液阀，排放冷凝液。

3. 注意事项

（1）严禁在无料液或满料液情况下开动电机搅拌；严禁电机反向运转。

（2）严禁在运转过程触摸转动部件。

（3）注意用电安全，不得用湿手按动电钮。

四、干燥操作

热风干燥是现代干燥方法之一，又称"瞬间干燥"，是使加热介质（空气、惰性气体、燃气废气或其他热气体）和待干燥固体颗粒直接接触，并使待干燥固体颗粒悬浮于流体中，因而两相接触面积大，强化了传热传质过程，广泛应用于散粒状物料的干燥单元操作。热风干燥以热空气为干燥介质，以自然或强制对流循环的方式与湿物料进行湿热交换，物料表面上的水分即水汽，通过表面的气膜向气流主体扩散；与此同时，由于物料表面汽化，使物料内部和表面之间产生水分梯度差，物料内部的水分因此以气态或液态的形式向表面扩散。这一过程对于物料而言是一个传热传质的干燥过程；但对于干燥介质，即热空气，则是一个冷却增湿的过程。干燥介质既是载热体也是载湿体。热风干燥是在烘箱或烘干室内吹入热风使空气流动加快的干燥方法。干燥室排列有热风管、鼓风机等，热风由热风管输入室内，由于鼓风机的作用，使热风对流达到温度均匀，余热由热风口排出。代表性的热风干燥设备为热风循环烘箱。

真空干燥又称减压干燥。当物料具有热敏性、易氧化性或湿分是有机溶剂且其蒸气与空气混合具有爆炸危险时，一般采用真空干燥。在真空干燥过程中，干燥室内的压力始终低于大气压力，气体分子数少，密度低，含氧量低，因而能干燥容易氧化变质的物料、易燃易爆的危险品等。真空干燥就是将被干燥的物料放置在密闭的干燥室内，在用真空系统抽真空的同时，对被干燥物料适当不断加热，使物料内部的水分通过压力差或浓度差扩散到表面，水分子在物料表面获得足够的动能，在克服分子间的吸引力后，逃逸到真空室的低压空气中，从而被真空泵抽走。真空干燥方式各种各样，究其根本而言可分为通过沸点和通过熔点两种，这里主要讲通过沸点干燥的真空干燥。真空干燥过程受供热方式、加热温度、真空度、冷却剂温度、物料的种类和初始温度及所受压紧力大小等因素的影响，供热通常有热传导、热辐射和两者结合三种方式。目前，真空干燥设备随着现代机械制造技术及电气技术的发展而不断更新，出现了真空耙式干燥机、双锥回转真空干燥机、板式真空干燥机、真空盘式连续干燥机、低温带式连续真空干燥机、连续式真空干燥机等多种形式的真空干燥设备。

（一）热风循环干燥

热风循环干燥是以蒸汽或电加热为热源，在风机强制循环下，使空气层流过烘盘与物料进行热量传递，并带走物料中的湿度，根据物料不同的要求和干燥过程不同的状态，可调节空气排出量与循环的比例，从而达到干燥速度与热利用率双重提高的目的。

热风循环烘箱（图 2-29）由箱体、加热系统（蒸汽加热或电加热）、强制循环风机、烘车烘盘及风力调节系统等部分组成，热风循环烘箱外壳是由不锈钢或碳钢钢板制成，中间保温层由岩棉或其他隔热材料填充而成，以防热量损失。为了获得更好的烘干效果，烘箱用轴流风

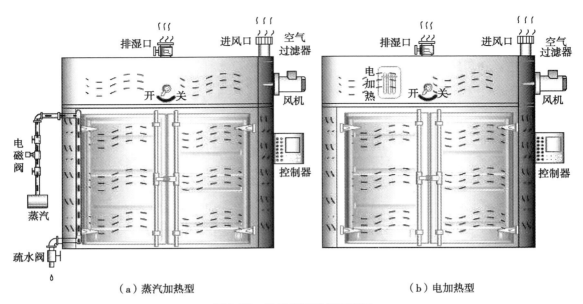

图 2-29　热风循环烘箱示意图

（a）蒸汽加热型　　　　　　　　　　（b）电加热型

机来强制热风在内部循环。操作时,物料放在烘盘后置于烘车上,推入烘箱内,关门。空气由风机送入,经加热系统加热后,热空气将物料烘干,变成湿热空气,由出风口排出。湿热空气不断排出,干热空气不断补充,保证物料水分不断蒸发而使之烘干。热风循环干燥箱风道设计有两种:水平送风和垂直送风。

热风循环烘箱操作规程如下。

1. 工作前检查

（1）检查整台设备的清洁状态,应有"已清洁"标志。

（2）检查自控装置,指示信号是否灵敏有效,电路绝缘是否完好可靠。

2. 操作方法

（1）在烘盘上装上适当厚度的物料,推入烘箱中,关好烘箱门。

（2）加热干燥:分为蒸汽加热和电加热两种方式,下文以蒸汽加热为例。

开启电源开关,按工艺要求设定干燥控制温度,上、下限报警温度及烘干时间等干燥参数;打开蒸汽出口阀,打开蒸汽进气阀,排尽管路内空气及余水后,关闭出口阀,打开疏水阀,开始加热升温。开启风机,箱内热风循环;待温度升到设定值,将排湿阀手柄打到中间或"排湿"位置。

（3）按产品工艺规程要求经常开门检查烘烤情况,定时检查烘箱温度,按工艺要求严格控制温度。物料在干燥过程中,按工艺要求对物料进行翻动,翻动时应先关闭蒸汽进气阀,停止加热,关闭风机,停止热风循环,关闭电源,再打开箱门拉出烘车托架进行翻动,操作完成,将烘车推进箱内,关闭箱门,再开启蒸汽进气阀,继续加热,开启风机进行热风循环至干燥结束。

（4）干燥结束,出箱前先关闭蒸汽进气阀,根据物料品种要求,持续鼓风一定时间后关闭风机,关闭电源,再打开箱门,将物料按先下后上的顺序拿出烘盘出料。将干燥好的物料装入洁净容器内,密封完毕标明内容物。将干燥物料送交下一工序,做好称量记录。

（5）当系统启动后，箱门应自动锁死，只有当热风循环烘箱内温度降低至允许值并且风机停机后才能开启。

3．注意事项

（1）热风循环烘箱要按照铭牌上所规定的温度范围使用，热风循环烘箱必须保持接地良好。

（2）设备使用过程中，应注意箱内温度变化情况，防止仪表温度控制失灵，造成隐患，导致事故。

（3）热风循环烘箱不具备防爆功能，切勿将易燃易爆物品放入箱内，工作前必须将通风闸门打开，以防发生燃烧或爆炸。

（4）打开热风循环烘箱前，必须先断电；加温过程中操作人员不得离岗。

（二）真空耙式干燥

真空耙式干燥流程如图 2-30 所示，包括干燥器、抽真空系统、加热和捕集设备等组成部分。正常操作时，被干燥物料从加料口加入后，将加料口密封，在壳体夹套通入加热介质（热水或蒸汽），启动真空泵和干燥器，电动机通过减速传动，驱动干燥器主轴旋转，主轴以 4～10r/min 的速度正反转动。正转时，主轴上的耙齿组将物料拨向两侧；反转时，物料被移向中央。物料被加热，被耙齿不断翻动，使湿分不断蒸发。汽化的水蒸气经干式除尘器、湿式除尘器、冷凝器，从真空泵出口处放空。干式除尘器捕集汽化水蒸气带出的物料和冷凝水，湿式除尘器进一步冷凝汽化的水蒸气及捕集夹带的固体物，冷凝器主要是进一步冷凝汽化的水蒸气并排走冷凝水，保证真空泵能够维持高的真空度。真空泵可以采用水环真空泵、往复式机械真空泵、水喷射泵或蒸汽喷射泵，采用喷射泵时不需要冷凝器。湿物料的干燥时间随物料性质、初始含湿量、终了含湿量、溶剂性质、真空度及干燥温度等因素而异，通常需要 10 小时以上。

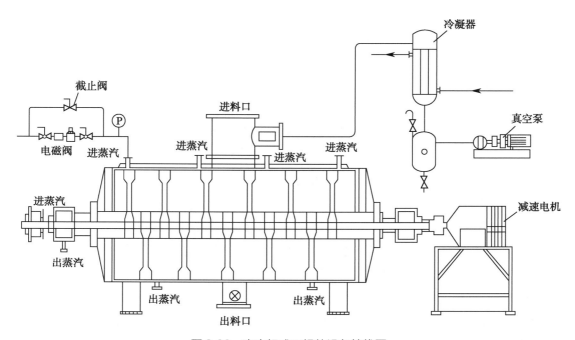

图 2-30 真空耙式干燥的设备管线图

真空耙式干燥操作规程如下。

1. 工作前检查

（1）检查筒体内是否清理干净，抽真空吸口滤头是否干净。

（2）开启真空泵，检查管道连接处、填料函上是否泄漏，进出料口密封是否良好，真空表反应是否灵敏。

（3）开启冷却水阀门检查，管道连接处、填料函上是否泄漏，压力表反应是否灵敏。

（4）检查电控柜各仪表、按钮、指示灯是否正常，检查接地线是否良好，有无漏电、短路现象存在。

（5）在真空耙式干燥机各油杯中加满润滑油（脂），启动电机空车运转，听噪声是否正常，若不正常，应检查出噪声的来源，并加以排除。

2. 操作方法

（1）检查完成并确认无误后，将需干燥物料加入容器内，关闭进料盖（或人孔盖）。

（2）粉状、细小粒状、浆状物料采用真空进料，打开进料口，开启真空泵，罐内达到一定真空度时，将料管插入粉料中，利用真空将物料吸入罐内，装料不得超过容积的 50%，且物料中不得带有坚硬的块状物料，如物料密度或含水量过大时，应减少进料量。

（3）采用真空上料时，抽料完毕，进料口接通大气，关闭真空管路上的阀门，卸下进料接管，装上进料管帽，关闭进料盖（或人孔盖），保证其密封性能良好。

（4）开启真空管路阀门，使罐内达到一定真空度。

（5）开启传动电机，使主轴平衡启动、旋转。

（6）开启夹套和耙轴的加热蒸汽或热水阀门，使罐体及耙轴进行加热后对物料进行干燥。

（7）确认罐内物料干燥过程已经结束后，切断蒸汽（或热水），等物料降到适当温度时，关闭真空管路阀门，打开真空系统上的放空阀门，使罐内接通大气，耙轴继续运转，准备卸料。

（8）打开放料阀卸料，卸料完毕后，关闭主机运转按钮，并切断电源。

（9）确认电源关闭后，对罐内或耙轴上的残留物进行清理，关闭进料盖（或人孔盖），以防止飞尘进入罐内。

3. 注意事项

（1）干燥机加热或降温须缓慢进行，应根据情况采取合适的升、降温速度。

（2）设备运行过程中，如需取样时，必须关闭主机按钮及电源再取样，取样完毕重新开机。

（3）特别要注意的是，设备自安装使用起必须可靠接地。

4. 维护和保养

（1）滚动轴承每月至少检查一次，发现润滑油（脂）变干时，及时更换。

（2）罐内过滤器（真空吸口）每次干燥后须清理上面吸附的粉末，保持过滤畅通。

（3）主轴与罐体之间的机械密封或填料密封应定期检查，发现泄漏应及时维修或更换密封件。

（4）设备运行半年到一年应检查修理一次，检修时不得改变其原来的装配方式和公差要求，并按规定补充相应的润滑油（脂）。

（三）双锥回转真空干燥

双锥回转真空干燥的工艺流程与真空耙式干燥的流程类似，如图 2-31 所示。干燥器中间为圆筒形，两端为圆锥形，外有加热夹套，整个容器是密闭的，被干燥物料置于容器内，夹套内通入热水、低压蒸汽或导热油，热量经内壳传给被干燥物料。干燥器两侧分别连接空心转轴，一侧的空心转轴内通入蒸汽（或热水）并排出冷凝水，另一侧连接真空系统，抽真空管直插入容器内，使容器内保持设定的真空度，真空管端带有过滤网，以尽可能地减少粉尘被抽出。双锥形容器的一端为进、出料口，另一端为人孔或手孔。在动力驱动下，双锥形容器做缓慢旋转，容器内物料不断混合，物料处于真空条件下，蒸气压下降使物料表面的水分（溶剂）达到饱和状态而蒸发，并由真空泵及时排出回收。物料内部的水分（溶剂）不断地向表面渗透、蒸发、排出，物料在很短时间内达到干燥。这种干燥机适于处理膏状、糊状、片状、粉粒状和结晶状物料，为医药工业常用设备。

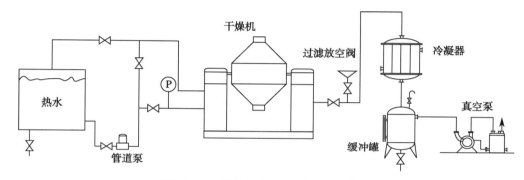

图 2-31　双锥回转真空干燥的设备管线图

双锥回转真空干燥机操作规程如下。

1．工作前检查

（1）检查各传动系统是否运转正常、各紧固部件是否紧固；须润滑的部位是否已注油。

（2）检查各仪表、各类泵、阀门是否正常；检查电控柜各仪表、按钮、指示灯是否正常，接地线是否良好，有无漏电、短路现象存在。

（3）检查各种管道进出水、液、气是否畅通；如果采用蒸汽加热，要检查干燥机转鼓夹套内的水是否排干净，排完夹套中的水后要关闭旁通，打开疏水阀。

（4）检查干燥机转鼓的出料口和人孔是否密闭、螺丝等是否拧紧；出料工具是否齐全和清洁。

（5）检查干燥机转鼓内是否清洁到位，干燥机内转鼓袋是否堵塞、破损，应及时清洗更换，保持真空畅通。

（6）启动真空泵，打开干燥机真空泵阀门，关闭放空阀，检查干燥机真空是否符合要求。

2．操作方法

（1）启动干燥机电机电源，旋转调速机按钮，使干燥机的转鼓缓缓转动，将干燥机转鼓的进料人孔转到干燥台上方，停止转动。

（2）进料（可分为以下三种方式），控制加料量占转鼓容积的 30%～50%，最大不得超过65%。

1）真空抽料：将干燥机的进料口接上进料管，用真空抽料，待湿品物料抽完后，卸下进料管，关闭进料口阀门。

2）直接从干燥机转鼓人孔盖进料：关闭干燥机转鼓的真空阀门，缓慢打开放空阀，待转鼓内的压力至常压后，关闭放空阀。打开人孔盖，将待干燥的物料放入转鼓中，盖好人孔盖，拧紧螺丝。

3）螺杆加料机进料：将干燥机转鼓人孔对准螺杆加料机的出料口下方。启动螺杆加料机的电机，使螺杆加料机开始工作。将物料按一定速度，通过螺杆加料机加至干燥机的转鼓中。加完物料后，关闭螺杆加料机的电源，盖好人孔盖，拧紧螺丝。

（3）进料完毕，将转鼓的真空阀门打开，待转鼓内真空度上升到规定值后，升温干燥（可分为以下两种加热方式）。

1）用热水加热：关闭旁通和疏水阀，打开干燥机转鼓夹套的进、出水阀门，启动热水循环泵，进行加热。

2）用蒸汽加热：打开干燥机夹套疏水阀门，关闭旁通，打开蒸汽阀门，调节蒸汽压力在规定值。

（4）在开始加热的同时，启动干燥机转鼓的调速按钮，调节转鼓转速，进行减压干燥。

（5）干燥完毕后，关闭蒸汽阀门和疏水阀（或关闭热水进水和回水阀门），打开干燥机循环冷却水进行冷却，至干燥机内温在30℃以下时，关闭循环冷却水。调节调速按钮，使干燥机停止转动，并使干燥机转鼓出料口向下，关闭干燥机的电源。同时关闭干燥机真空阀门，打开放空阀，关闭真空泵，然后将干燥机出料口换上布套，并连接到螺杆加料机接料口上，同时启动螺杆加料机，开始出料，通过出料口的阀柄控制出料的速度。

（6）出完料后，关闭螺杆加料机；对设备、现场等进行清洁、清理。

3. 注意事项

（1）转鼓作业时严禁人员靠近，防止机械伤害；开启时，启动转鼓电机按钮，启动调节机电源，控制转速从0慢慢调高，一般6r/min；关闭时，把调节机转鼓转速慢慢调为0，关闭调节机电源，关闭转鼓电机按钮。

（2）正反转操作时一定要注意的是，转鼓关闭操作以后，等电动机不转以后再控制正反转，否则电机会损坏。正反转判断方法：从电动机一侧观察，逆时针方向转为正转，不得反转。

（3）进料速度要缓慢、均匀。抽物料时要注意缓慢转动停置好位置（转鼓口斜靠操作台），安装管路时注意安全，并防止超量，物料内不得夹带有块状的坚硬物体。抽完后，必须拆下吸料软管再转。

（4）升温操作中转鼓内一定要有真空，否则会冲料或爆炸；蒸汽开启一定要缓慢，开启后压力不能超过规定值（夹套压力设计值是0.25MPa），物料干燥时温度不能过高，否则会影响成品质量。

（5）螺杆加料机或螺杆出料机运转时，禁止把手伸进其内壁操作，以防绞伤。

（6）转鼓进行出料、吸料、中途铲料操作时必须关闭阁楼总电源；登高作业，戴好口罩、手套、安全带、安全帽等防护用品。

（7）设备每班使用完后，机腔内必须清洗干净。

4. 维护和保养

（1）干燥过程中要求操作人员定时查看干燥情况，并做好相关记录。

（2）真空表、温度计应定期检查，检查各活动部件转动是否灵活，发现问题应及时停车修复，不得勉强使用。

（3）链传动之链条，至少每个月加油一次。

（4）视操作运转时间，一般在运转半年到一年应检查修理一次，检修时应按原位置装配，并调整各部位间距和公差，且按规定更换或补充相应的润滑油（脂）。

第三节　化学原料药生产实例

一、抗微循环障碍药羟苯磺酸钙原料药的制备工艺与操作

羟苯磺酸钙在临床上主要用于微血管病、静脉曲张综合征和辅助治疗，如水肿和组织浸润等。本品为2,5-二羟基苯磺酸钙一水合物，分子式为$C_{12}H_{10}CaO_{10}S_2 \cdot H_2O$，分子量为436.42。

（一）质量标准（以现行版《中国药典》为例）

【性状】本品为白色或类白色粉末；无臭；遇光易变质，有吸湿性。

本品极易溶于水，易溶于乙醇或丙酮，极微溶于三氯甲烷或乙醚。

【鉴别】（1）取本品约0.1g，置试管中，加乙醇2ml溶解，滴加三氯化铁试液2滴，显蓝色，放置后变为蓝紫色。

（2）取本品约0.1g，加水2ml溶解，将溶液分为2份，一份加硝酸1ml，水浴中加热15～20分钟，放冷，加氯化钡试液1ml，立即产生白色沉淀；另一份加硝酸1滴，再加氯化钡试液1ml，无沉淀产生。

（3）取本品，加水溶解并稀释制成每1ml中约含25μg的溶液，照紫外-可见分光光度法（《中国药典》通则0401）测定，在221nm与301nm的波长处有最大吸收。

（4）本品的水溶液显钙盐的鉴别反应（《中国药典》通则0301）。

【检查】（1）酸度：取本品，加水溶解并稀释制成每1ml中含0.1g的溶液，依法测定（《中国药典》通则0631），pH应为4.5～6.0。

（2）溶液的澄清度与颜色　取本品1.0g，加水10ml溶解后，溶液应澄清无色；如显浑浊，与1号浊度标准液（《中国药典》通则0902第一法）比较，不得更浓；如显色，与黄色1号标准比色液（《中国药典》通则0901第一法）比较，不得更深。

（3）硫酸盐：取本品1.0g，依法检查（《中国药典》通则0802），与标准硫酸钾溶液3.0ml制

成的对照液比较,不得更浓(0.03%)。

(4)有关物质:照高效液相色谱法(《中国药典》通则0512)测定。避光操作。

1)供试品溶液:取本品,精密称定,加水溶解并定量稀释制成每1ml中约含1mg的溶液。

2)对照溶液:精密量取供试品溶液适量,用水定量稀释制成每1ml中约含1μg的溶液。

3)对照品溶液:取杂质I对照品,精密称定,加水溶解并定量稀释制成每1ml中约含1μg的溶液。

4)系统适用性溶液:取羟苯磺酸钙与杂质I对照品各适量,加水溶解制成每1ml中分别约含100μg与1μg的混合溶液。

5)色谱条件:用十八烷基硅烷键合硅胶为填充剂;以乙腈-0.05mol/L磷酸二氢铵溶液(2:98)为流动相;检测波长为300nm;进样体积10μl。

6)系统适用性要求:系统适用性溶液色谱图中,理论板数按羟苯磺酸钙峰计算不低于1 000,羟苯磺酸钙峰与杂质I峰之间的分离度应符合要求。

7)测定法:精密量取供试品溶液、对照溶液与对照品溶液,分别注入液相色谱仪,记录色谱图至主成分峰保留时间的4倍。

8)限度:供试品溶液色谱图中,如有与杂质I峰保留时间一致的色谱峰,按外标法以峰面积计算,不得过0.1%;其他单个杂质峰面积不得大于对照溶液的主峰面积(0.1%);杂质总量不得过0.2%。

(5)残留溶剂:照残留溶剂测定法(《中国药典》通则0861第二法)测定。

1)内标溶液:取正丙醇,用水稀释制成每1ml中约含120μg的溶液。

2)供试品溶液:取本品约0.2g,精密称定,置顶空瓶中,精密加入内标溶液2ml使溶解,密封。

3)对照品溶液:取乙醇、异丙醇和1,2-二氯乙烷各适量,精密称定,加内标溶液定量稀释制成每1ml中约含乙醇500μg、异丙醇500μg和1,2-二氯乙烷0.5μg的混合溶液,精密量取2ml,置顶空瓶中,密封。

4)色谱条件:以6%氰丙基苯基-94%二甲基聚硅氧烷(或极性相近)为固定液;起始温度为40℃,维持5分钟,以每分钟10℃的速率升温至150℃,保持2分钟,以每分钟20℃的速率升温至240℃,维持3分钟;进样口温度为230℃;检测器温度为250℃;顶空瓶平衡温度为70℃,平衡时间为30分钟。

5)系统适用性要求:对照品溶液色谱图中,各成分峰之间的分离度均应符合要求。

6)测定法:取供试品溶液与对照品溶液分别顶空进样,记录色谱图。

7)限度:按内标法以峰面积计算,乙醇、异丙醇与1,2-二氯乙烷的残留量均应符合规定。

(6)水分:取本品,照水分测定法(《中国药典》通则0832第一法1)测定,含水分应为4.0%～6.0%。

(7)铁盐:取本品1.0g,依法检查(《中国药典》通则0807),与标准铁溶液1.0ml制成的对照液比较,不得更深(0.001%)。

(8)重金属:取本品1.0g,加水适量溶解后,加醋酸盐缓冲液(pH 3.5)2ml,用水稀释至25ml,依法检查(《中国药典》通则0821第一法),含重金属不得过百万分之十五。

【含量测定】取本品约 0.2g，精密称定，加水 10ml 使溶解，加稀硫酸 40ml 与邻二氮菲指示液 2 滴，用硫酸铈滴定液（0.1mol/L）滴定至溶液显黄绿色。每 1ml 硫酸铈滴定液（0.1mol/L）相当于 10.46mg 的 $C_{12}H_{10}CaO_{10}S_2$。

【类别】毛细血管保护药。

【贮藏】密封，在凉暗、干燥处保存。

【制剂】羟苯磺酸钙胶囊。

（二）生产工艺

1. **合成工艺路线** 冷却下，将对苯二酚和 90% 浓硫酸（以一定摩尔比）加于反应罐中，逐步加热到一定温度，搅拌反应一定时间，稍冷，加适量 60% 乙醇溶解后，边搅拌边倒入碳酸钙中和，调节 pH 到一定值成盐，真空抽滤分离硫酸钙固体废物，将滤液移至浓缩釜中，60～65℃、2.67kPa 减压浓缩脱水，至有固体析出时停止加热，静置一定时间析晶，得到粗品。取羟苯磺酸钙粗品，加适量蒸馏水加热 100℃ 溶解，静置一定时间重结晶，离心过滤，滤饼以少量冷乙醇洗涤，真空干燥，得羟苯磺酸钙精品。羟苯磺酸钙的合成工艺路线如图 2-32 所示。

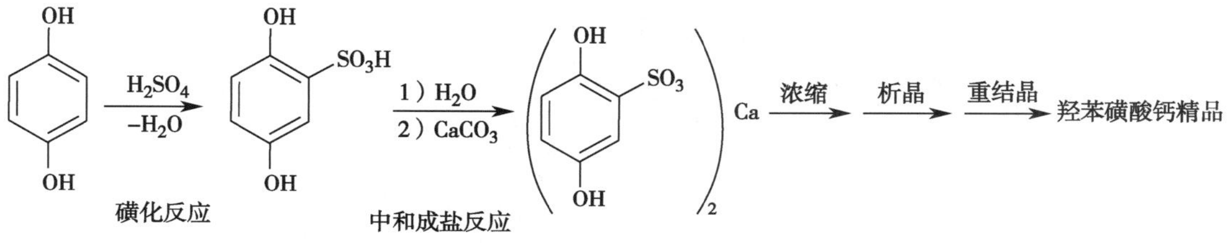

图 2-32　羟苯磺酸钙的合成工艺路线

2. **生产工艺流程图** 在合成工艺的基础上，羟苯磺酸钙的生产工艺流程框图如图 2-33 所示。

3. **生产工艺流程描述** 结合生产实际，各工段所需物料的信息及其投料比如表 2-1 所示。

表 2-1　各工段所需物料的信息及其投料比

原料名称	密度/（g·cm⁻³）	分子量	投料比（摩尔比）
对苯二酚		110.11	1
90% 浓硫酸	1.814	98.08	2.2
60%（V/V）乙醇水溶液	0.789（乙醇）	46.07（乙醇）	2.1
碳酸钙	3	100.09	0.6

（1）2,5-二羟基苯磺酸的制备（磺化工段）：将浓度为 90% 的硫酸加入反应釜中，搅拌状态下加入对苯二酚进行磺化反应，加料完毕后开始加热，使罐内温度达到 80℃，观察反应釜内的物料状态，保温反应 3 小时后，釜内液体转化为灰白色黏稠物，即得中间产物 2,5-二羟基苯磺酸。

在此基础上，绘制了磺化工段 PID 图（ER 2-2）。磺化工段采用 1 000L 搪玻璃带搅拌的夹套反应釜（R-1001），反应釜具备液位控制回路（LIC-R-10011）及出料自控阀门（KCV-R-10011），

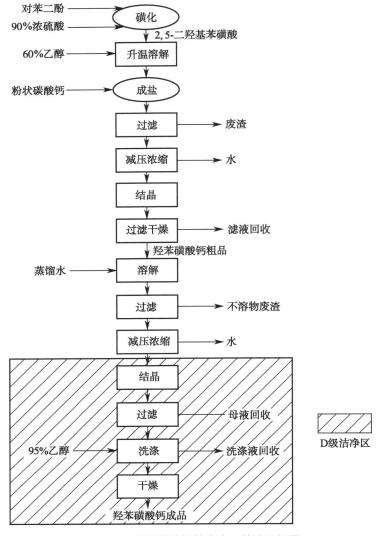

图 2-33　羟苯磺酸钙的生产工艺流程框图

采用蒸汽作为加热介质,通过温度控制回路阀(TIC-R-10011)及出料流量指示调节阀(FICV-R-10011)共同控制加热温度;反应釜采用冷却水作为冷却介质,并通过温度控制回路阀(TIC-R-10012)控制冷却温度;通过多个压力表实时监测管道及容器压力。

ER 2-2　磺化
工段 PID 图

　　(2)羟苯磺酸钙水合物粗品的制备(成盐浓缩工段):将反应釜内物料温度降至 25℃,加入 60%(V/V)乙醇 - 水溶液,搅拌,升温至 50℃,待白色黏稠物溶解后,再分批加入粉状碳酸钙,调节 pH 约为 4。

　　过滤除去固体废渣,将滤液移至浓缩釜中,减压浓缩脱水,至有细小结晶析出时停止浓缩,浓缩液转移至结晶釜中,于 5～10℃静置结晶 6 小时,过滤,干燥,得羟苯磺酸钙水合物粗品。

　　在此基础上,绘制成盐浓缩工段 PID 图(ER 2-3～ER 2-5)。

　　成盐工段采用 1 000L 搪玻璃带搅拌的夹套反应釜(R-1001),反应釜具备液位控制回路(LIC-R-10011)及出料自控阀门(KCV-R-10011),采用蒸汽

ER 2-3　成盐
工段 PID 图

作为加热介质,通过温度控制回路阀(TIC-R-10011)及出料流量指示调节阀(FICV-R-10011)共同控制加热温度;反应釜采用冷却水作为冷却介质,并通过温度控制回路阀(TIC-R-10012)控制冷却温度;通过多个压力表实时监测管道及容器压力。

ER 2-4　浓缩
工段 PID 图

浓缩工段采用 3 000L 搪玻璃带搅拌的夹套反应釜(R-2001),反应釜具备液位控制回路(LIC-R-20011)及出料自控阀门(KCV-R-20011),采用蒸汽作为加热介质,通过温度控制回路阀(TIC-R-20011)及出料流量指示调节阀(FICV-R-20011)共同控制加热温度;通过多个压力表实时监测管道及容器压力。

ER 2-5　结晶
工段 PID 图

结晶工段采用 1 000L 搪玻璃带搅拌的夹套反应釜(R-2002),反应釜具备液位控制回路(LIC-R-20021)及出料自控阀门(KCV-R-20021);反应釜采用冷却水作为冷却介质,并通过温度控制回路阀(TIC-R-20021)控制冷却温度;通过多个压力表实时监测管道及容器压力。

(3)羟苯磺酸钙水合物精品的制备(精制工段):将羟苯磺酸钙粗品加入反应釜,加入适量蒸馏水,搅拌,升温至65℃使物料溶解。热过滤除去不溶物,滤液减压浓缩,至釜内有结晶出现时,即停止浓缩,浓缩液转移至洁净区于结晶釜5～10℃静置结晶 6 小时,过滤,滤饼以 95% 冷乙醇水溶液洗涤 2～3 次,至滤液 pH 为 4～6,滤饼经干燥、粉碎和烘干得羟苯磺酸钙水合物精品,母液回收。

ER 2-6　精制
工段 PID 图

在此基础上,绘制精制工段 PID 图和"精烘包"平面布置图(ER 2-6～ER 2-9)。

精制工段采用 3 000L 搪玻璃带搅拌的夹套反应釜(R-3001),反应釜具备液位控制回路(LIC-R-30011)及出料自控阀门(KCV-R-30011),采用蒸汽作为加热介质,通过温度控制回路阀(TIC-R-30011)及出料流量指示调节阀(FICV-R-30011)共同控制加热温度;反应釜采用冷却水作为冷却介质,并通过温度控制回路阀(TIC-R-30012)控制冷却温度;通过多个压力表实时监测管道及容器压力。

ER 2-7　浓缩
工段 PID 图

浓缩工段采用 3 000L 搪玻璃带搅拌的夹套反应釜(R-3002),反应釜具备液位控制回路(LIC-R-30021)及出料自控阀门(KCV-R-30021),采用蒸汽作为加热介质,通过温度控制回路阀(TIC-R-30021)及出料流量指示调节阀(FICV-R-30021)共同控制加热温度;通过多个压力表实时监测管道及容器压力。

ER 2-8　结晶
工段 PID 图

结晶工段采用 1 000L 搪玻璃带搅拌的夹套反应釜(R-3003),反应釜具备液位控制回路(LIC-R-30031)及出料自控阀门(KCV-R-30031);反应釜采用冷却水作为冷却介质,并通过温度控制回路阀(TIC-R-30031)控制冷却温度;通过多个压力表实时监测管道及容器压力。

ER 2-9　"精烘
包"平面布置图

二、解热镇痛药阿司匹林原料药的制备工艺与操作

阿司匹林(aspirin),又名乙酰水杨酸,1898 年上市。本品化学名为 2-(乙酰氧基)苯甲酸,

分子式为 $C_9H_8O_4$，分子量为 180.16。按干燥品计算，含 $C_9H_8O_4$ 不得少于 99.5%。

（一）质量标准（以现行版《中国药典》为例）

【性状】本品为白色结晶或结晶性粉末；无臭或微带醋酸臭；遇湿气即缓缓水解。

本品在乙醇中易溶，在三氯甲烷或乙醚中溶解，在水或无水乙醚中微溶；在氢氧化钠溶液或碳酸钠溶液中溶解，但同时分解。

【鉴别】（1）取本品约 0.1g，加水 10ml，煮沸，放冷，加三氯化铁试液 1 滴，即显紫堇色。

（2）取本品约 0.5g，加碳酸钠试液 10ml，煮沸 2 分钟后，放冷，加过量的稀硫酸，即析出白色沉淀，并发生醋酸的臭气。

（3）本品的红外光吸收图谱应与对照的图谱（《中国药典》光谱集 5 图）一致。

【检查】（1）溶液的澄清度：取本品 0.50g，加温热至约 45℃的碳酸钠试液 10ml 溶解后，溶液应澄清。

（2）游离水杨酸：照高效液相色谱法（《中国药典》通则 0512）测定。临用新制。

1）溶剂：1% 冰醋酸的甲醇溶液。

2）供试品溶液：取本品约 0.1g，精密称定，置 10ml 量瓶中，加溶剂适量，振摇使溶解并稀释至刻度，摇匀。

3）对照品溶液：取水杨酸对照品约 10mg，精密称定，置 100ml 量瓶中，加溶剂适量使溶解并稀释至刻度，摇匀，精密量取 5ml，置 50ml 量瓶中，用溶剂稀释至刻度，摇匀。

4）色谱条件：用十八烷基硅烷键合硅胶为填充剂；以乙腈 - 四氢呋喃 - 冰醋酸 - 水（20：5：5：70）为流动相；检测波长为 303nm；进样体积 10μl。

5）系统适用性要求：理论板数按水杨酸峰计算不低于 5 000。阿司匹林峰与水杨酸峰之间的分离度应符合要求。

6）测定法：精密量取供试品溶液与对照品溶液，分别注入液相色谱仪，记录色谱图。

7）限度：供试品溶液色谱图中如有与水杨酸峰保留时间一致的色谱峰，按外标法以峰面积计算，不得过 0.1%。

（3）易炭化物：取本品 0.50g，依法检查（《中国药典》通则 0842），与对照液（取比色用氯化钴液 0.25ml、比色用重铬酸钾液 0.25ml、比色用硫酸铜液 0.40ml，加水使成 5ml）比较，不得更深。

（4）有关物质：照高效液相色谱法（《中国药典》通则 0512）测定。

1）溶剂：1% 冰醋酸的甲醇溶液。

2）供试品溶液：取本品约 0.1g，置 10ml 量瓶中，加溶剂适量，振摇使溶解并稀释至刻度，摇匀。

3）对照溶液：精密量取供试品溶液 1ml，置 200ml 量瓶中，用溶剂稀释至刻度，摇匀。

4）水杨酸对照品溶液：见游离水杨酸项下对照品溶液。

5）灵敏度溶液：精密量取对照溶液 1ml，置 10ml 量瓶中，用溶剂稀释至刻度，摇匀。

6）色谱条件：用十八烷基硅烷键合硅胶为填充剂；以乙腈 - 四氢呋喃 - 冰醋酸 - 水（20：5：5：70）为流动相 A，乙腈为流动相 B，按表 2-2 进行梯度洗脱；检测波长为 276nm；进样体积 10μl。

表 2-2　色谱条件

时间 /min	流动相 A/%	流动相 B/%
0	100	0
60	20	80

7）系统适用性要求：阿司匹林峰的保留时间约为 8 分钟，阿司匹林峰与水杨酸峰之间的分离度应符合要求。灵敏度溶液色谱图中主成分峰高的信噪比应大于 10。

8）测定法：精密量取供试品溶液、对照溶液、灵敏度溶液与水杨酸对照品溶液，分别注入液相色谱仪，记录色谱图。

9）限度：供试品溶液色谱图中如有杂质峰，除水杨酸峰外，其他各杂质峰面积的和不得大于对照溶液主峰面积（0.5%），小于灵敏度溶液主峰面积的色谱峰忽略不计。

（5）干燥失重：取本品，置五氧化二磷为干燥剂的干燥器中，在 60℃减压干燥至恒重，减失重量不得过 0.5%（《中国药典》通则 0831）。

（6）炽灼残渣：不得过 0.1%（《中国药典》通则 0841）。

（7）重金属：取本品 1.0g，加乙醇 23ml 溶解后，加醋酸盐缓冲液（pH 3.5）2ml，依法检查（《中国药典》通则 0821 第一法），含重金属不得过百万分之十。

【含量测定】取本品约 0.4g，精密称定，加中性乙醇（对酚酞指示液显中性）20ml 溶解后，加酚酞指示液 3 滴，用氢氧化钠滴定液（0.1mol/L）滴定。每 1ml 氢氧化钠滴定液（0.1mol/L）相当于 18.02mg 的 $C_9H_8O_4$。

【类别】解热镇痛、非甾体抗炎药，抗血小板聚集药。

【贮藏】密封，在干燥处保存。

【制剂】阿司匹林片；阿司匹林肠溶片；阿司匹林肠溶胶囊；阿司匹林泡腾片；阿司匹林栓。

（二）生产工艺

1. 合成工艺路线　阿司匹林的合成工艺路线如图 2-34 所示。

2. 生产工艺流程图　阿司匹林的生产工艺流程框图如图 2-35 所示，工艺流程图如 ER 2-10 所示。

ER 2-10　阿司匹林的生产工艺流程图

![图2-34 阿司匹林的合成工艺路线]

图 2-34　阿司匹林的合成工艺路线

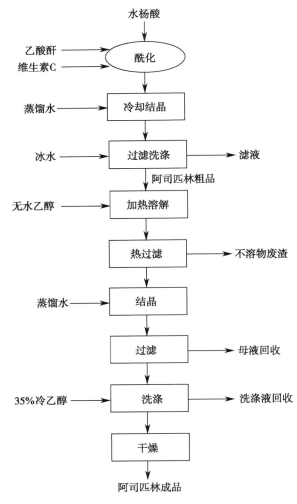

水杨酸

乙酸酐 ——→ 酰化
维生素C ——→

蒸馏水 ——→ 冷却结晶

冰水 ——→ 过滤洗涤 ——→ 滤液

阿司匹林粗品

无水乙醇 ——→ 加热溶解

热过滤 ——→ 不溶物废渣

蒸馏水 ——→ 结晶

过滤 ——→ 母液回收

35%冷乙醇 ——→ 洗涤 ——→ 洗涤液回收

干燥

阿司匹林成品

图 2-35　阿司匹林的生产工艺流程框图

3. 生产工艺流程描述　各工段所需物料的信息及其投料比如表 2-3 所示。

表 2-3　各工段所需物料的信息及其投料比

工段	原料名称	密度/(g·cm⁻³)	分子量	投料比（摩尔比）
酰化工段	水杨酸		138.12	1
	乙酸酐	1.087	102.09	3
	维生素 C		176.13	0.025
	蒸馏水	0.997	18.02	60
精制工段	无水乙醇	0.789	46.07	8
	蒸馏水	0.997	18.02	50

（1）阿司匹林粗品的制备（酰化工段）：将水杨酸加入反应釜中，搅拌下依次加入乙酸酐和催化剂维生素 C，加料完毕后开始加热，使釜内温度维持在 60～80℃，反应 15 分钟后，将反应釜内物料冷却至室温，在冷却过程中，有晶体渐渐从溶液中析出，待结晶析出后，加入蒸馏水，继续冰水浴冷却 50 分钟，过滤，固体用冰水洗涤，50℃干燥，得到阿司匹林粗品。

（2）阿司匹林精品的制备（精制工段）：将阿司匹林粗品加入反应釜，加入适量无水乙醇，搅拌，升温至60℃使物料溶解。热过滤除去不溶物，滤液转入结晶釜中，加入蒸馏水，室温下静置结晶2小时，再于5～10℃静置1小时，过滤，滤饼以少量35%冷乙醇溶液洗涤2～3次，滤饼于50℃干燥，得阿司匹林成品，母液回收。

参考文献

[1] 张珩，王凯.制药工程生产实习[M].北京：化学工业出版社，2019.
[2] 袁其朋，梁浩.制药工程原理与设备[M].2版.北京：化学工业出版社，2018.
[3] 王沛.制药原理与设备[M].2版.上海：上海科学技术出版社，2019.
[4] 郭永学.制药设备与车间设计[M].3版.北京：中国医药科技出版社，2019.
[5] 国家药典委员会.中华人民共和国药典：二部[M].2020年版.北京：中国医药科技出版社，2020.
[6] 赵一玫，谭忠琴，王凯，等.羟苯磺酸钙的合成工艺研究[J].湖北大学学报（自然科学版），2019，41（4），411-419.
[7] 中国兽药典委员会.中华人民共和国兽药典[M].2020年版.北京：中国农业出版社，2020.
[8] 陈洪，龙翔，黄思庆.维生素C催化合成阿司匹林的研究[J].化学世界，2004（12）：642-643.

第三章　中药生产综合实训

第一节　常用设备及其原理

一、工艺用水制备常用的设备及工作原理

水是药物生产中用量大、使用广的一种辅料，用于生产过程和药物制剂的制备。现行版《中国药典》中所收载的制药用水，因其使用的范围不同而分为饮用水、纯化水、注射用水和灭菌注射用水。一般应根据各生产工序或使用目的与要求选用适宜的制药用水。药品生产企业应确保制药用水的质量符合预期用途的要求。

制药用水的原水通常为饮用水，其制备从系统设计、材质选择、制备过程、贮存、分配和使用均应符合药品生产质量管理规范的要求。制水系统应经过验证，并建立日常监控、检测和报告制度，有完善的原始记录备查。

制药用水系统应定期进行清洗与消毒，消毒可以采用热处理或化学处理等方法。采用的消毒方法以及化学处理后消毒剂的去除应经过验证。

（一）工艺用水分类

1. **饮用水**　为天然水经净化处理所得的水，其质量必须符合现行中华人民共和国国家标准《生活饮用水卫生标准》。饮用水可作为药材净制时的漂洗、制药用具的粗洗用水。除另有规定外，也可作为饮片的提取溶剂。

2. **纯化水**　为饮用水经蒸馏法、离子交换法、反渗透法或其他适宜的方法制备的制药用水。不含任何附加剂，其质量应符合纯化水项下的规定。

纯化水可作为配制普通药物制剂用的溶剂或试验用水；可作为中药注射剂、滴眼剂等灭菌制剂所用饮片的提取溶剂；口服、外用制剂配制用溶剂或稀释剂；非灭菌制剂用器具的精洗用水。也用作非灭菌制剂所用饮片的提取溶剂。纯化水不得用于注射剂的配制与稀释。纯化水有多种制备方法，应严格监测各生产环节，防止微生物污染。

3. **注射用水**　为纯化水经蒸馏所得的水，应符合细菌内毒素试验要求。注射用水必须在防止细菌内毒素产生的设计条件下生产、贮藏及分装。其质量应符合注射用水项下的规定。

注射用水可作为配制注射剂、滴眼剂等的溶剂或稀释剂及容器的精洗。为保证注射用水的质量，应减少原水中的细菌内毒素，监控蒸馏法制备注射用水的各生产环节，并防止微生物的污染。应定期清洗与消毒注射用水系统。注射用水的贮存方式和静态贮存期限应经过验

证确保水质符合质量要求,例如可以在80℃以上保温,或70℃以上保温循环,或4℃以下的状态下存放。

4．灭菌注射用水　为注射用水按照注射剂生产工艺制备所得,不含任何添加剂。主要用于注射用灭菌粉末的溶剂或注射剂的稀释剂。灭菌注射用水灌装规格应与临床需要相适应,避免大规格、多次使用造成的污染。

（二）纯化水制备常用的设备及工作原理

1．多介质过滤　多介质过滤器是利用一种或几种过滤介质,在一定的压力下把浊度较高的水通过一定厚度的粒状或非粒状材料,从而有效除去悬浮杂质使水澄清的过程,常用的滤料是石英砂、锰砂等,主要用于水处理除浊、纯化水的前级预处理等。

多介质过滤器过滤的作用主要是去除水中的悬浮或胶态杂质,特别是能有效地去除沉淀技术不能去除的微小粒子和细菌等。

多介质过滤器的工作原理为:当水从上流经滤层时,水中部分的固体悬浮物质、胶体等进入上层滤料形成的微小孔眼,受到吸附和机械阻留的作用被滤料的表面层所截留。同时,这些被截留的悬浮物之间又发生重叠和架桥作用,就好像在滤层的表面形成一层薄膜,继续过滤水中的悬浮物质,这就是所谓滤料表面层的薄膜过滤。这种过滤作用不仅滤层表面有,当水进入中间滤层也有这种截留作用,称为渗透过滤作用。此外,由于滤料彼此之间紧密地排列,水中的悬浮物颗粒流经滤料层中那些弯曲的孔道时,就有更多的机会及时间与滤料表面相互碰撞和接触,将水中的细小颗粒杂质截留下来,从而使水得到进一步的澄清和净化,为后续设备的运行提供了良好的进水条件。

2．活性炭过滤器　过滤介质通常是由颗粒活性炭(椰壳、无烟煤等)构成固定层,其吸附原理为:在其颗粒表面形成一层平衡的表面浓度,再把有机物质杂质吸附到活性炭颗粒内。活性炭过滤器使用初期的吸附效率很高,但时间一长,活性炭的吸附能力会不同程度地减弱,吸附效果也随之下降。由于过滤器的活性炭吸附功能具有一定的饱和值,当达到饱和吸附容量时,活性炭滤池的吸附功能将大大降低。因此,需要注意分析活性炭的吸附能力,及时更换活性炭,或者通过高压蒸汽进行消毒恢复。

值得注意的是,在使用活性炭的初期(或者更换过活性炭运行的初期),少量的极细微的活性炭粉末有可能随水流进入反渗透设备系统,而造成反渗透膜流道的污堵,引起操作压力升高、产水量下降和系统的压降上升,而且这种破坏作用很难用常规的清洗方法恢复。所以必须将活性炭冲洗干净,去除细小粉末后才能将过滤水送至后续反渗透系统。

3．软化器　为了去除钙、镁离子以降低水的硬度,在纯化水系统设计时,预处理系统往往需要设置软化器,软化器由盛装树脂的容器、树脂、阀或调节器及控制系统组成,主要利用软化树脂进行离子交换,水中的钙离子、镁离子被钠型树脂中的钠离子交换出来后存留在树脂中,使得钠型树脂转型变成钙型或镁型。当树脂吸收一定量的钙离子、镁离子后就必须进行再生,即用食盐水实现还原,将树脂中的钙离子、镁离子又转换出来,重新生成钠型树脂,以恢复树脂的交换能力,并将废液污水排出,具体设备如图3-1所示。

软化器容器的筒体部分是由玻璃钢或碳钢内部衬胶制作而成,管材和多接口阀门的材质可以是聚氯乙烯、聚丙烯、丙烯腈-丁二烯-苯乙烯共聚塑料或不锈钢,系统需要提供一个盐

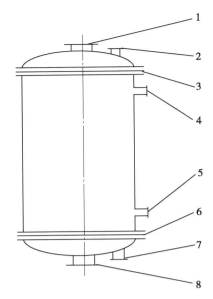

1. 进水口；2. 上排污口；3. 上布水板；
4. 树脂装入口；5. 树脂排出口；6. 下
布水板；7. 下排污口；8. 出水口。

图 3-1　软化器结构示意图

水贮罐和耐腐蚀的泵，用于树脂的再生。

由于软化器中的树脂通过再生才能恢复交换能力，企业为了保证纯化水制备系统能够实现一整天连续运行，往往采用双级串联软化器，当一台软化器再生时，另一台软化器仍然可以制水，从而提高整个水系统的工作效率。

4. 电除盐技术设备　电除盐（electrodeionization，EDI）技术是结合了两种成熟的去离子技术——电渗析技术和离子交换技术的一种新型成熟水处理技术。EDI 技术是 20 世纪 90 年代开始获得工业化应用的新型纯水、高纯水制备技术，与普通电渗析相比，由于淡室中填充了离子交换树脂，大大提高了膜间导电性，显著增强了由溶液到膜面的离子迁移，破坏了膜面浓度滞留层中的离子贫乏现象，提高了极限电流密度；与普通离子交换相比，膜间高电势梯度，迫使水解离为 H^+ 和 OH^-，H^+ 和 OH^- 一方面参与负载电流，另一方面可以对树脂起到原地再生作用（图 3-2），因此 EDI 不需要对树脂进行再生，可以省掉离子交换所必需的酸碱贮罐，同时也减少了环境污染。因此，EDI 去离子水系统具有比传统混床更大的优势。

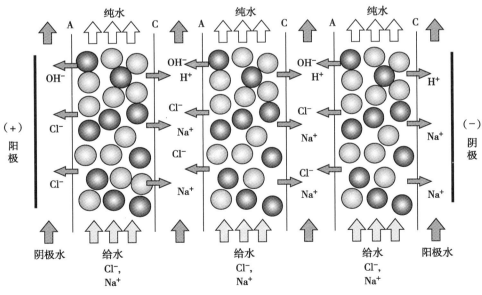

图 3-2　EDI 工作原理图

EDI 系统主要是在直流电场的作用下，通过隔板的水中电介质离子发生定向移动，利用交换膜对离子的选择透过作用来对水质进行提纯的一种科学的水处理技术。电渗析器的一对电极之间，通常由阴膜、阳膜和隔板多组交替排列（图 3-3），构成浓室和淡室（即阳离子可透过阳膜，阴离子可透过阴膜）。淡室水中阳离子向负极迁移透过阳膜，被浓室中的阴膜截留；水中阴离子向正极方向迁移透过阴膜，被浓室中的阳膜截留，这样通过淡室的水中离子数

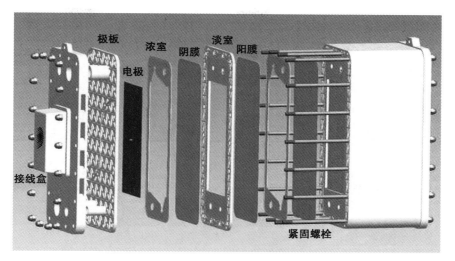

图 3-3　EDI 设备构造图

逐渐减少,成为淡水。而浓室中,由于阴阳离子不断涌进,电介质离子浓度不断升高,而成为浓水,从而达到淡化、提纯、浓缩或精制的目的。纯化、再生、纯化持续进行,从而达到持续高效生产高纯水的目的。

5. 反渗透纯水设备　将纯水与含有溶质的溶液用一种只能通过水的半透膜隔开,纯水侧的水自发地透过半透膜,进入溶液一侧,溶液侧的水面升高,这种现象就是渗透。当液面升高至一定高度时,膜两侧压力达到平衡,溶液侧的液面不再升高,这时,膜两侧有一个压力差,称为渗透压。如果给溶液侧加上一个大于渗透压的压力,溶液中的水分子就会被挤压到纯水一侧,这个过程正好与渗透相反,称之为反渗透,如图3-4所示。

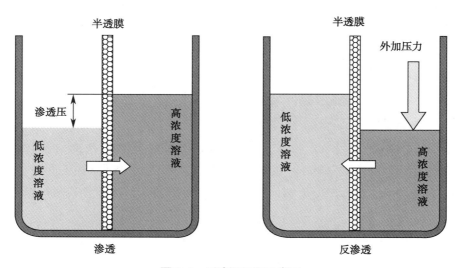

图 3-4　反渗透原理示意图

从反渗透的过程可以看到,由于压力的作用,溶液中的水分子进入纯水中,纯水量增加,而溶液本身被浓缩。反渗透制水的原理,就是施以比自然渗透压更大的压力,使渗透向相反方向进行,把原水中的水分子压到膜的另一边,从而达到除去原水中离子的目的(图3-5)。

反渗透膜(reverse osmosis membrane,简称RO膜)是利用反渗透原理,在常温不发生相

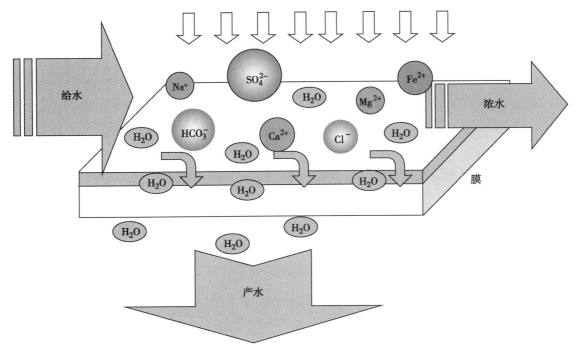

图 3-5 反渗透膜工作原理示意图

变的条件下，可以对溶质和水进行分离，适用于对热敏感物质的分离、浓缩，与有相变化的分离方法相比，能耗较低。反渗透膜分离技术脱除范围广，有较高的脱盐率和出水率，可截留粒径几纳米及以上的溶质，其构造如图 3-6 所示。

6. 水处理组件

（1）反渗透膜：膜组件设计可以有多种形式，但均应根据两膜构型设计而成，包括平板构型、管式构型。板框式和卷式膜组件均使用平板膜，而管状、毛细管和中空纤维膜组件均使用管状膜。

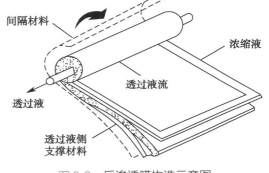

图 3-6 反渗透膜构造示意图

（2）紫外线杀菌器：紫外线杀菌属广谱杀菌类，能迅速、有效地杀灭各种细菌、病毒等微生物；通过光解作用，能有效降解水中的氯化物；操作简单，维护方便，占地面积小，处理水量大，无污染，环保性强，不会产生毒副作用。紫外线杀菌器分为过流式杀菌灯器及浸没式杀菌器。

过流式工作原理：经由水泵产生压力的一定流速的水流流过能透过紫外线的石英套管外围，紫外线灯产生的 254nm 紫外线对水进行消毒、杀菌。其特点是水流流速很快，一般在石英外套流过的时间不超过 1 秒，因此杀菌灯的紫外线强度是很高的，一般要求在表面强度超过 30 000μW/cm²。要产生如此高的紫外线强度，须选用高强度大功率的紫外线杀菌灯。如果想通过延长时间来提高消毒效果，一般选用较长的灯，做较长的设备，或在不锈钢外壁上处理成涡流旋转式结构，来延长水流过的时间。

与过流式相比，浸没式结构简单，紫外线杀菌灯直接放在水中。这种方法可用于动态水，也可用于静态水。同时要注意灯管有可能由于意外情况发生破裂；长时间处理，灯管表面会被水中藻类等污染物覆盖，严重影响紫外线透出。对不同水体进行消毒，应了解水质变动情况和水对紫外线的透过率。

（3）阴、阳离子交换树脂：阴、阳离子交换树脂是专用于软化硬水的一种专用树脂。常用的离子交换树脂有两种，一种是苯乙烯强酸性阳离子交换树脂，另一种是苯乙烯强碱性阴离子交换树脂。阳离子交换剂中参与交换反应的离子是钠离子时，称为钠（Na）型阳离子交换树脂；若参与交换反应的离子是氢离子时，称为氢（H）型阳离子交换树脂。同理，阴离子交换树脂有氯型和氢氧型。

离子交换装置多用于去除原水中溶解的盐，而水处理脱盐的主要是强酸性氢型阳离子交换树脂和强碱性氢氧型阴离子交换树脂。当氢型阳离子交换树脂与水接触时，发生离子交换反应，水中各种阳离子被吸附在树脂上，而阳离子树脂上结合的氢离子被交换下来，此时水中只含有氢离子这一种阳离子。当氢氧型阴离子树脂与水接触发生离子交换反应后，水中各种阴离子被吸附，水中只含有氢氧根离子这一种阴离子。当经过这种氢型阳离子树脂的水再经过氢氧型阴离子树脂后，水中仅含有两种阴、阳离子，即氢离子和氢氧根离子，也就完成了水的去离子处理过程。

由于原水的水质千差万别，对出水水质的要求又多种多样，所以有多种类型的离子交换及其组合的水处理方法，采用这些水处理方法而使原水软化、除碱和除盐。离子交换树脂置换了水中一定量的钙镁等离子后，将无法再软化水，此时就需要进行树脂再生，也就是树脂污染后的还原再生法。此再生过程在软水机内需要2～3个小时，通常称为软水机反冲洗再生。

（4）混床树脂：混床树脂就是把一定比例的阳、阴离子交换树脂混合装填于同一个交换装置中，对水中的离子进行交换、脱除。由于阳离子交换树脂的比重比阴离子交换树脂的比重大，所以在混床内阴离子交换树脂在上，阳离子交换树脂在下。一般阳、阴离子交换树脂装填的比例为1∶2，也有装填比例为1∶1.5的，可按不同树脂酌情考虑选择。

混床也分为体内同步再生式混床和体外再生式混床。同步再生式混床在运行及整个再生过程均在混床内进行，再生时树脂不移出设备以外，且阳、阴离子交换树脂同时再生，因此所需附属设备少，操作简便。体外再生式混床处理工艺的设备包括混合离子交换器和体外再生设备，其中体外再生设备主要包括树脂分离器、阴（阳）离子交换树脂再生器、树脂贮存塔、混合树脂塔和酸碱再生设备。

（5）活性炭：以煤、木材和果壳等原料，经炭化、活化和后处理而得，具有孔隙结构丰富、比表面积大、吸附能力强等特点。按外观性状可分为粉状活性炭、颗粒活性炭、成型活性炭和活性炭纤维。

颗粒活性炭常常应用于吸附分子，颗粒活性炭的吸附性决定了其应用性，吸附性和各种炭型的孔径大小分布相关。颗粒活性炭分为化学品活化的活性炭和水蒸气活化的活性炭两种，化学品活化的活性炭非常多孔，孔径多在微孔和中孔范围，与水蒸气活化的活性炭相比较，其孔表面疏水性较差、负电荷较多。

活性炭产品的性能指标可分为物理性能指标、化学性能指标、颗粒活性炭吸附性能指标。

三种性能指标对活性炭的选择和应用都起到非常重要的作用。

7. GMP 医药纯化水设备

（1）GMP 对制药用水系统的要求：《药品生产质量管理规范》（2010 年版）规定，制药用水应当适合其用途，并符合《中华人民共和国药典》的质量标准及相关要求。具体要求包括：①制药用水至少应当采用饮用水；②水处理设备及其输送系统的设计、安装、运行和维护应当确保制药用水达到设定的质量标准；③水处理设备的运行不得超出其设计能力；④纯化水、注射用水储罐和输送管道所用材料应当无毒、耐腐蚀；⑤储罐的通气口应当安装不脱落纤维的疏水性除菌滤器；⑥管道的设计和安装应当避免死角、盲管；⑦纯化水、注射用水的设备、贮存和分配应当能够防止微生物的滋生；⑧纯化水可采用循环，注射用水可采用 70℃以上保温循环；⑨应当对制药用水及原水的水质进行定期监测，并有相应的记录；⑩应当按照操作规程对纯化水、注射用水管道进行清洗消毒，并有相关记录；⑪发现制药用水微生物污染达到警戒限度、纠偏限度时应当按照操作规程处理。

（2）GMP 对制药用水装置要求：①制取纯化水生产设备的材质应采用不锈钢材质，低碳类型不污染水质，要定期地清洗设备；②设备内壁应光滑、没有死角、清洗方便，表面上应做处理，应抗酸碱的侵蚀，但不要在表面上涂漆，防止脱落；③构造简单、拆卸方便、容易操作；④通用性强，应采用通用化、系统化部件，便于简单更换部件和清洗部件；⑤压力容器的设计应严格按照中华人民共和国国家标准《压力容器 第 3 部分：设计》的规定。

（3）GMP 医药纯化水设备：①水处理系统中原水罐、中间水储罐、反渗透膜、EDI、纯化水储罐应实现在线清洗；②系统终端采用合格水双路循环供水模式进入纯化水储罐，不合格水循环流回中间水储罐，纯化水储罐水满时，自动切换为各模块自循环状态，保证系统没有死水存在；③控制系统采用分布式控制系统实现自动控制；④可在线监控，一旦水质不达标，可报警提示。具体流程如图 3-7 所示。

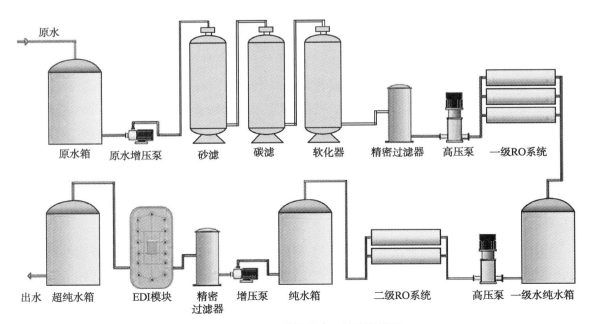

图 3-7　GMP 医药纯化水工艺流程简图

二、中药前处理设备

中药产业在我国医药产业中占有举足轻重的地位，也是我国的传统民族产业，同时是当今快速发展的新兴产业。随着国内外对中药认识的提高，中药的需求量逐年增加，这就要求中药生产工艺和装备能适应中药生产发展的要求。

中药制药前处理工序一般包括药材的挑选、洗药、润药、切药、干燥、粉碎等工序；提取工序一般包括提取、浓缩、分离（醇沉/水沉、过滤、离心）等。应根据主流产品和生产工艺进行设备选型，按设备的性能和工作原理正确使用设备。通过工艺流程可见，在前处理阶段，药品质量和生产成本已经基本定型。如果生产工艺和设备性能不能很好地结合，生产过程中就会出现产品质量不稳定、原材料消耗大、生产成本高等问题。经过前处理和提取工序的加工，药材变成了药品的中间体，最终成为药品。中药制药前处理和提取工序是生产中的关键工序，也是最容易被管理者忽视的工序。设备操作人员对设备的工作原理理解不到位，就不可能正确地使用设备。因此，设备和生产工艺的有机结合及设备的正确使用，是提高质量和效益的一个重要环节。其中，中药材前处理加工是中药企业的基础加工环节，中药材前加工设备应能适应其发展要求。

（一）粉碎筛分设备

1. 粉碎设备　中药粉碎是用机械方法将大块固体物料制成适宜粒度细粉的单元操作。药物经粉碎有利于药材中有效成分的浸出或溶出，便于各种药物制剂的制备，便于干燥和贮存等。

中药原料多数为植物组织及动物组织，原料具有高韧性、高纤维性的特点。在进行较高细度粉碎生产中，中药原料粉碎难度大、粉碎温度高、生产效率低下，且很难实现高细度粉碎。同时，随着中医药研制的深入及粉碎设备技术水平的提高，中药粉碎加工在提高药效、提高生物利用度、降低粉碎过程中的药效损失、提高粉碎生产效率、降低粉碎能耗、提高粉碎收率、改善粉碎作业环境等方面都提出了更高的要求。中药粉碎加工设备向高细度破壁粉碎、精细化低温粉碎、规模化大批量粉碎、低能耗粉碎、无尘粉碎方向发展。本节主要介绍中药前处理过程中的常用的常规粉碎机。

（1）万能吸尘粉碎机：万能吸尘粉碎机适用于医药、化工、食品、农业及粮食等行业，尤其适宜粉碎干燥的脆性物料，用途广泛，不适于粉碎软化点低、黏度大的物料。

粉碎设备与物料相接触的零件全部采用不锈钢材料制造，机架四周全部封闭，便于清洗，机壳内部表面平整、光滑，生产过程中无粉尘飞扬，且能提高物料的利用率，降低企业成本，符合药品生产 GMP 要求。

万能吸尘粉碎机采用风轮式高速旋转动刀、定刀进行冲击、剪切、研磨。粉碎机主轴上装有活动齿盘，门上和粉碎室内装有固定齿盘（图 3-8），当主轴高速运转时，活动齿盘也同时运转，活动齿盘和固齿盘做高速剪切运动，使被粉碎物料经齿的冲击、剪切、摩擦及物料彼此间的碰撞等综合作用达到粉碎物料的目的。粉碎时，机腔内会产生强力气流，把粉碎室的热量和成品一起从筛网带出。粉碎细度可通过更换筛网来决定。粉碎好的物料经旋转离心力的作用，自动进入捕集袋，粉尘由吸尘箱经布袋过滤回收。

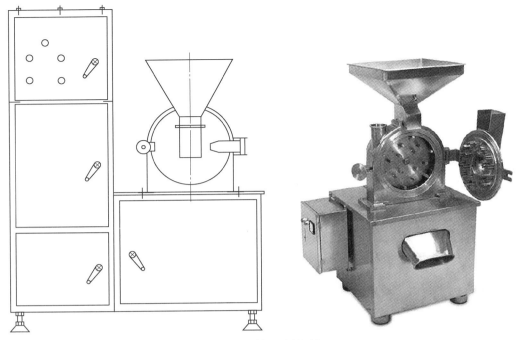

图 3-8 万能吸尘粉碎机

（2）锤击式粉碎机：锤击式粉碎机是一种中碎和细碎设备。设备主要组成包括：加料装置（包括加料口和螺旋加料器），钢制机壳，粉碎室上部内壁安装有内齿形衬板，中心圆盘上安装有钢锤（钢板），下部出料口根据粉碎粒径要求装有一定孔径的筛板。

锤击式粉碎机是利用高速旋转的钢锤锤击及物料在内齿形衬板的撞击共同作用进行粉碎的粉碎机。空机启动粉碎机，物料自加料口加入，经螺旋加料器进入粉碎室，中心圆盘高速旋转，带动其上活动的钢锤高速回转对物料进行剧烈撞击，将物料击碎，粉碎的物料受离心力作用高速冲向内齿形衬板，通过撞击继续被粉碎，粉碎到一定程度的粉体由粉碎室底部安装的筛网中漏出，粉末的细度可通过更换不同孔径的筛板加以调节（图 3-9）。

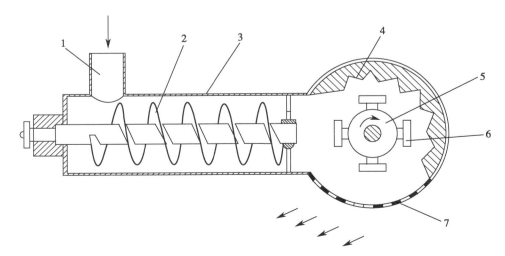

1.加料斗；2.螺旋加料器；3.加料通道；4.内齿形衬板；5.中心圆盘；6.锤头；7.筛板。

图 3-9 锤击式粉碎机示意图

锤击式粉碎机能耗小,粉碎度较大,设备结构紧凑,操作比较安全,生产能力较大。但是粉碎过程中钢锤磨损较快,筛板易于堵塞,过度粉碎的粉尘较多。此种粉碎机适用于干燥、性脆易碎药料的粉碎或做粗粉碎。因黏性药物易堵塞筛板、黏附于粉碎室内,此种粉碎机不适用于黏性药料的粉碎。粉碎物料一般需要考虑金属残留。

（3）球磨机:球磨机是一种细碎设备。圆形罐体内装有一定数量的钢球或瓷球(图3-10)。当罐体转动时,由于研磨体(钢球或瓷球)之间及研磨体与罐体之间的摩擦作用,球体随罐壁上升至一定高度后呈抛物线下落而产生撞击作用,物料受球体的撞击和研磨作用而被高度粉碎。球磨机要有适当的转速才能获得良好的粉碎效果。如果转速太快,球紧贴罐壁旋转而不落下,故不能粉碎药料。如果转速过慢,圆球不能达到一定高度,即沿罐内壁滑动,此时主要发生研磨作用。转速适宜时,部分圆球下落,大部分圆球随罐体上升至一定高度后,在重力和惯性作用下呈抛物线下落,此时粉碎是撞击和研磨的共同作用,粉碎效率最高。因此,转速是球磨机的重要参数。

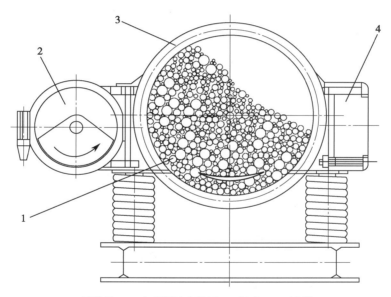

1.研磨球;2.不平衡驱动装置;3.机壳;4.平衡块。

图3-10 球磨机示意图

球磨机适用于结晶性药物、易熔化树脂和树脂类药物,以及非组织的脆性药物的粉碎。粉碎机密闭操作,粉碎过程中对于易吸潮的药物可以有效防潮,同时可避免粉尘飞扬。

2. 筛分设备 一般粉碎设备安装有筛网,对粉碎药物进行初步分离,但是根据生产工艺要求,还需要进一步进行筛分操作。筛分是用筛网按生产要求的粒径大小将物料分成各种粒度级别的单元操作。颗粒粒径的分级是药品制剂和保证产品质量的重要生产环节。现行版《中国药典》规定药筛即标准筛,按照筛孔内径规定了9种筛号,其中一号筛的筛孔内径最大,九号筛的筛孔内径最小。制药工业生产过程中,习惯用目数表示筛号和颗粒粒径,即每英寸(约25.4mm)筛网长度内筛孔的数目。我国的标准药筛见表3-1。

根据药物生产工艺要求,常需要不同的粉碎度,现行版《中国药典》规定了6种粉末的规格,见表3-2。

表 3-1   现行版《中国药典》规定的标准筛

筛号	筛孔内径(平均值)/μm	目数/目	筛号	筛孔内径(平均值)/μm	目数/目
一号	2 000±70	10	六号	150±6.6	100
二号	850±29	24	七号	125±5.8	120
三号	355±13	50	八号	90±4.6	150
四号	250±9.9	65	九号	75±4.1	200
五号	180±7.6	80			

表 3-2   现行版《中国药典》规定的粉末分等标准

粉末等级	药典分等标准
最粗粉	能全部通过一号筛,但混有能通过三号筛不超过 20% 的粉末
粗粉	能全部通过二号筛,但混有能通过四号筛不超过 40% 的粉末
中粉	能全部通过四号筛,但混有能通过五号筛不超过 60% 的粉末
细粉	能全部通过五号筛,并含能通过六号筛不少于 95% 的粉末
最细粉	能全部通过六号筛,并含能通过七号筛不少于 95% 的粉末
极细粉	能全部通过八号筛,并含能通过九号筛不少于 95% 的粉末

　　药筛一般是用于实验室或小批量的生产。工业上大批量生产应用机械筛来完成。制药工业常用的筛分设备根据物料与筛网之间的相对运动可分为滚筒筛、振动筛和摇动筛。滚筒筛常用无轴水平筛,倾斜放置的滚筒筛面匀速转动,物料在筒内滚动(图 3-11);摇动筛筛分时,物料的多数运动方向基本平行于筛网;振动筛的振动方向与筛面成一定角度,这种运动特性有助于筛面上的物料分层,减少筛孔堵塞,强化筛分过程,因此具有较高的筛分效率和处理能力,是最主要的筛分设备,被广泛应用于中药生产的净选、粉碎、制剂。

　　旋振筛,又称为圆形振动筛分机(图 3-12)。这种筛分机主要是利用在中心旋转轴上配置的不平衡重锤或配置的有棱角形状的凸轮使筛产生振动。电机的上轴及下轴各装有不平衡重锤,上轴穿过筛网并与其相连,筛框以弹簧支承于底座上,当上部重锤促使筛网发生水平圆

图 3-11   滚筒式中药选丸机

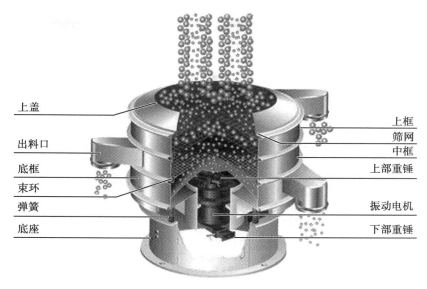

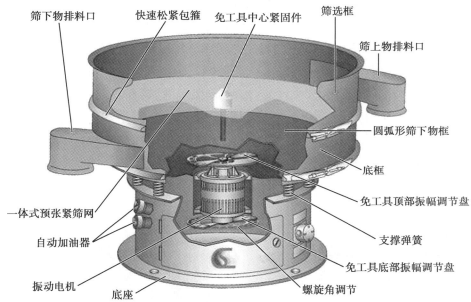

图 3-12　圆形振动筛分机

周运动,下部重锤使筛网发生垂直方向运动,共同组成筛网的三维振动。物料经上盖加入最上层筛网,筛网上的粗料由最上层筛网的出料口排出,筛分后的细料由下部出料口排出,产品从中间出料口排出。筛网直径一般为 0.4～1.5m,根据生产要求,每台可安装 1～5 层筛网。圆形振动筛分机是一种高精度筛分机械,适用范围广,可用于多种物料的筛分过滤。

（二）混合设备

混合是指在外力作用下促使两种及两种以上物料发生相对运动,粒子均匀分布,同时不发生化学变化的过程。混合的目的是保证配方的均一性,保证从同一批次取出的任意样本具有相同的组分,保证药物的剂量准确、临床用药安全。混合机械的类型很多,一般按照操作方式分为间歇式和连续式两种。按照混合设备的运转形式,有固定型混合机和回转型混合机。

1.Ｖ形混合机　Ｖ形混合机是一种传统的混合机,适用于制药、食品、化工、饲料、陶瓷等行业。V形混合机主要是由机架、转动驱动结构、两个圆筒交叉的V形混合筒组成（图3-13）。V形混合筒通过转动驱动结构安装在机架上，其左右长度不对称，顶端设有加料口，底部设有出料口。圆筒的直径与长度比一般为0.8左右，交叉角为80°左右，减小交叉角可以提高混合效果。混合桶旋转时，物料由于分解和组合势能不同，形成轴向逐层交替的扩散混合，处于桶内不同平面的物料，相互间因具有不同的势能形成横向对流混合，一般混合桶内安装有搅拌机构，促使物料产生强烈的扩散、混合运动。混合作用连续重复进行，最后完成物料的均匀混合。V形混合机由控制台控制，一般影响混合效果的主要参数有加料顺序、混合器加料量、混合时间和混合机的转动速度等。

药用V形混合机适用于易破碎、易磨损、流动性良好、物料差异小的物料混合，即可用于较细的粉粒、块状和含有一定水分物料的混合。

2. 三维混合机　三维混合机适用于制药、化工、冶金、食品等行业中物料的高均匀度混合，由机座、传动系统、电器控制系统、多向运行机构和混合筒等部件组成，混合容器为两端锥形的圆筒，筒身被两个带有万向节的轴连接。三维混合机的多向运行结构主要由一个主动轴和一个被动轴组成（图3-14）。主动轴连接有电机，主动轴和被动轴分别铰接一个叉形摇臂（万向节），混合筒的前后两端分别与一个叉形摇臂铰接，混合筒的前端的两个铰接点的连线与后端的两个铰接点的连线呈空间垂直。三维混合机工作时，混合容器在立体三维空间内做独特的平移、转动、翻滚运动，物料则在混合容器内做轴向、径向和环向的三维复合运动，从而进行有效的对流、剪切和扩散混合，最终呈混合均匀状态。三维混合机混合的均匀度可达99.9%以上，最佳填充率在60%左右，最大填充率可达80%，混合效率高，混合时间短，混合时无升温现象。该机亦属于间歇式混合操作设备。

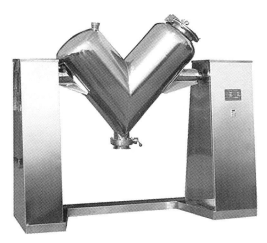

图3-13　V形混合机

图3-14　三维混合机

3. **料斗混合机**　料斗（又称方锥）混合机具备多向混合机的特点，回转体（混合料斗）与回转轴线成一定夹角，混合料斗中的物料随回转体上下翻动，同时沿斗壁做切向运动，产生强烈的翻转和高速的切向运动，从而达到最佳的混合效果。料斗混合机有3种，分别为自动提升料斗混合机、单臂提升料斗混合机及柱式提升料斗混合机，其共同点是料斗均能拆装。不同之处在于，第一种为单柱式可提升夹持型（图3-15a）；第二种为单一夹持型（图3-15b）；第

（a）单柱式可提升夹持型　　　　　　　　　（b）单一夹持型

（c）二端夹持型

图 3-15　各种类型斗式提升机

三种为二端夹持型（图 3-15c）。料斗混合机的装料系数为 50%～80%，混合均匀度≥99%，混合时间≤20 分钟。

提升料斗混合机早已大量地运用在制药企业，预计未来将集中在结合无线传输的能够在线检验混合均匀度的过程分析技术（process analytical technology，PAT），实现混合工艺的数字化、智能化生产操作。

（三）提取设备

中药提取设备的主要作用是将中药材中的有效成分提取出来，用于后续制剂生产。提取时一般采用的溶剂是水或乙醇（有机溶剂类）等，利用加热、浸泡、回流等方法使有效成分溶出，得到中药提取液。另外，提取设备也可以将药材中的芳香类成分蒸馏出来，经冷凝器冷凝后，分离得到中药芳香性活性成分。中药提取设备可以广泛适用于中药、食品、生物、轻化工行业提取、温浸、热回流、强制循环、渗漉、分离等操作。

20 世纪初，我国已经开始进行现代中药的生产与研究，这是传统中药从本草阶段跨入现代制剂阶段的重要标志。中药提取设备的作用相当于传统中药的煎煮和泡酒，中药提取设备是把中药中的有效成分提取出来的工业化生产装备。

随着中成药生产技术水平的提高，对中药提取工艺及设备的要求也不断提高，尤其是近年来对中医药治疗安全的要求不断提高，中药提取设备与其他生产设备一样，设计、制造水平及自动控制水平大大提高。现阶段的提取设备从安全性能方面得到了很大改善,设备的能耗大大降低,提取收率有较大的提高,设备操作更加方便,温度控制更加准确。另外,在芳香油的提取方面,也有了更多专业的装置,使芳香油类成分收率大大提高。

中药材的提取方法很多,常用的提取方法有煎煮法、浸渍法、渗漉法、水蒸气蒸馏法、超声提取法、超临界提取法、微波提取法、半仿生提取法等。根据提取方法和工艺的不同,采用的提取设备也不同。传统中药提取设备有多功能提取罐、冷浸提取罐、渗漉提取罐等类型。近年来,随着生物化学技术的发展,为满足药品生产工艺与品种的多样化要求,研发出多种新型提取设备,例如篮式提取设备、超声波提取设备、微波提取设备、连续逆流提取设备、超临界二氧化碳萃取装置、酶解辅助层析或大孔树脂吸附成套生物化学提取设备等。

随着自动化和智能化生产要求的不断提高,企业在与提取罐配套设备方面也加大了研发投入,相继开发出了中药材自动仓储、自动投料线、全自动出渣装置等,目前已取得广泛应用。

1. 多功能提取罐 多功能提取罐是目前中药生产中常用的一种可调节压力和温度的密闭间歇式提取设备,工作基本原理是通过蒸汽对提取罐内的药材进行加热煎煮,使药材中的有效成分溶解到溶剂中,然后将药渣与药液分离。

(1)基本结构:多功能提取设备由投料筒、提取罐、捕沫器、气动控制出渣口、电动机、夹套等组成(图3-16)。提取罐一般有三层:药材和溶煤由投料筒投入内罐;内罐外的夹套层根据工艺要求加入加热蒸汽或冷却水,进行加热或冷却;最外层设有保温层,以减少设备能耗。提取罐内罐上方连接有捕沫器,主要用来消除煎煮中药时产生的泡沫,并防止药液蒸汽中的药渣带进冷凝器内。捕沫器的结构须便于清洗。罐底设有气动控制的活动出渣口,出渣口安装有滤板,分离药液与药渣。

在罐体夹套的蒸汽加热不能满足生产要求时,在出渣口底部也可设置夹套或加热盘管对物料进行加热,底盖的加热可以有效改变罐内药材的受热情况。为了防止药渣在出口处发生"架桥"阻塞现象,提取罐内安装有带料叉的轴,利用灌顶的电动装置上下往复运动,帮助更好地出渣。

多功能提取罐从结构形式上来看,有正锥型、斜锥型、直筒型和倒锥型等几种类型(图3-17)。斜锥型提取罐在出渣方面与正锥型提取罐相比较好,但是不能根本解决出渣难的问题,所以目前提取罐以直筒型为主。倒锥型提取罐的锥形结构,可以完全防止出渣时药渣起拱难以出渣的现象,同时因为底盖的过滤面积大,提取完成后出料更快,这种型式常用于全自动控制的提取生产线。

(2)设备操作:多功能提取罐操作时,药材经投料筒投入罐内,加入溶剂浸没药材,一般溶剂和药材总量不得超过罐体体积的2/3,按照工艺要求将药材浸泡一定时间,打开提取罐上方的冷凝器循环水阀,开启蒸汽阀门,将混合物加热升温至微沸,并维持规定的提取时间。提取结束后,提取液从罐体下部经出渣口的滤板过滤排出,剩余药渣根据工艺要求煎煮提取1~2次。提取完毕后,关闭蒸汽阀门,开启放液阀放液,药液通过出渣口的40~80目滤网进行粗过滤,再通过双联过滤器进行二次过滤。放液结束后,关闭泵及放液阀,打开出渣门排放药渣。

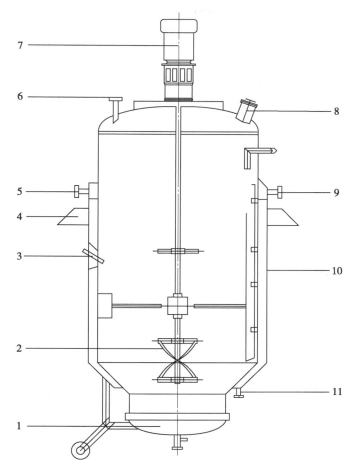

1. 带滤板的出料装置；2. 料叉；3. 温度计；4. 支耳；5. 加热蒸汽入口；6. 蒸汽出口；7. 电机；8. 加料口；9. 不凝性气体出口；10. 夹套式加热层；11. 冷凝水出口。

图 3-16　多功能提取罐结构示意图

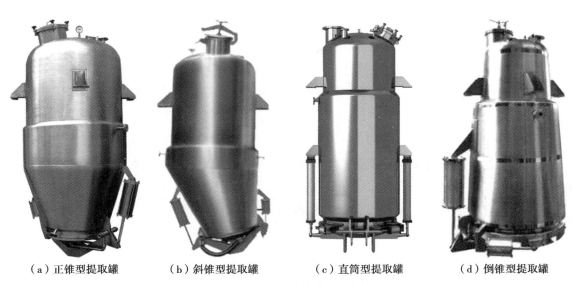

（a）正锥型提取罐　　　（b）斜锥型提取罐　　　（c）直筒型提取罐　　　（d）倒锥型提取罐

图 3-17　不同型式多功能提取罐

提取过程中,因为是夹套加热,罐中心药材的加热是通过对流传热来实现的,相对于内壁面处的药材,传热和溶出速度较慢,会产生内壁处溶出率高、罐中心药材溶出率低的现象。但是在现代高效率的生产要求下,提取时间有严格的规定。在提取的过程中,为了使多功能提取罐内各处的温度和浓度均匀,可采用一些强化手段。

1)搅拌强化:在多功能提取罐内安装搅拌桨,提取过程中,搅拌桨将药材和提取液充分搅拌混合,同时罐壁上的药液不断更新,形成强制对流,强化了传质、传热效果,保证了罐内各处的温度和药液的浓度均匀。控制搅拌桨的尺寸和搅拌转速对搅拌强化较为关键,一般搅拌转速控制在 30～80r/min。但是,当提取罐内药材溶胀时,一般搅拌阻力很大,较难实施。

2)循环泵强化:将提取罐的药液排出泵作为循环泵,在泵的出口处连接一个三通阀门,其中一个出口为药液排出口,另一个出口为循环口,在该接口有一个管道连到罐的顶部。提取时,将药液排出阀关闭,打开循环口阀门,启动循环泵,罐底部温度低的液体不断通过强制循环管道被泵输送到罐顶部,将药液送回罐内,罐内药液整个形成一个强制循环,提高药材的溶出速度和提取率。

3)加压循环:在多功能提取罐的罐外上方安装与液体体积相当的缓冲容器,底部设有管路通过控制电磁阀与提取罐底部相连,容器顶部始终与大气相通,并装有排空控制阀。提取时,提取罐顶部排空阀关闭,罐内压力随夹套不断供热而增大,当上升到一定的表压,通常为0.05MPa 左右时,连通控制阀打开,由于两容器之间存在压力差,提取罐内的药液会进入缓冲容器。待药液完全进入后,连通控制阀关闭,同时打开排空控制阀,提取罐内恢复常压,打开连通控制阀,缓冲罐内的药液在重力作用下又自动全流回提取罐内,关闭连通控制阀和排空阀,完成一次药液循环过程。该系统就是利用两个容器间的压力差,通过电磁阀自动控制,使药液往复循环于两个容器之间,起到搅拌混合的作用,药液不断与药材和罐壁做相对运动,从而使罐内各处的温度和浓度趋于相同,利于药材中有效成分的溶出。

上述三种强化方法都能够很好地强化提取效果,前两种属于动力强化,需要额外消耗一定的能量,而且泵循环强化对泵的轴封要求较高;第三种强化方法无须消耗额外的能量,但需要增加一个缓冲容器。一般对于大容量多功能提取罐宜采用搅拌强化或循环泵强化;加压循环强化更适用于小容量多功能提取罐。

(3)设备特点:多功能提取罐的提取是全封闭的循环系统,可用于常温常压提取,也可用于高温高压或减压低温提取。这种提取设备适用范围广泛,可用于水提、醇提、提取挥发油、回收药渣中的溶剂等;出渣口采用气压自动排渣,操作方便,安全可靠;提取时间短,生产效率高;设备设有集中控制台,可大大减轻劳动强度,可应用于全自动控制的提取生产线。

(4)注意事项:在出渣口关闭前检查密封圈及密封面是否清洗干净,如果有残存的药渣,关闭后会导致漏液。出渣口关闭后,放入少量的溶剂检查出渣口的密闭情况,检查锁口是否正常。检查压力表、流量计和温度计是否正常工作。加料完成后,检查投料口是否正常关闭。冷凝器循环水是否开启。打开蒸汽阀后,检查蒸汽压力是否正常。煎煮时,检查罐内压力是否正常。提取完成出料后,检查出料量是否正常,如发现因过滤堵料,提取液未出完,须及时处理后才能排渣。打开出渣门前须先解锁后开启，开启后须检查药渣是否出净，并清洗确认。

2. 渗漉罐 渗漉罐适用于制药、生物、食品等行业的渗漉操作，除乳香、松香、芦荟等非组织药材不宜用渗漉外（因其遇到溶剂会软化成团，堵塞孔隙使溶剂无法均匀通过药材），其他药材都可用此法浸取。常用于贵重药材、毒性药材及高浓度制剂的提取；也可用于有效成分含量较低的药材的提取。

（1）基本原理：渗漉法是往药材粗粉中不断添加浸取溶剂使其渗过药粉，从下端出口流出浸取液的一种浸取方法，其结构如图 3-18 所示。渗漉时，溶剂渗入药材中，溶解大量的可溶性物质之后，浓度增加，密度增大而向下移动，与上层的浸取溶剂或稀浸液置换位置，形成良好的浓度差，使扩散较好地自然进行，故浸润效果优于浸渍法，提取也较安全。

（2）结构与特点：渗漉罐大多由简体、椭圆形封头（或平盖）、气动出渣门、气动操作台等组成。渗漉设备上部设有大口径快开人孔作为投料口，方便投料；溶剂从上部经分布管加入，缓慢经过药材得到渗漉液；设备采用不锈钢材质制造，内、外均经抛光处理，无死角，符合 GMP 要求。

图 3-18　小型渗漉罐

（四）浓缩设备

中药生产存在品种多、各种成分复杂、物料量多少不一的特点，加上药品生产的特殊要求，对浓缩器的结构方面也有特殊的要求。中药浓缩设备与食品、化工、生物发酵等生产所用的浓缩器有很大的区别，主要区别有：

（1）清洗更方便，确保无残留。中药生产品种多，因此更换品种频繁，必须要容易清洗。

（2）浓缩温度可控。中药有效成分复杂，含有很多热敏性成分，浓缩温度的控制可以减少热敏性成分的破坏，对保持药品的疗效有至关重要的作用。

（3）溶剂回收效率高。中药的提取及醇沉等都要大量地用到乙醇等有机溶剂，浓缩时有机溶剂被蒸发后需要进行冷凝回收。所以，浓缩器通常都配有溶剂冷凝回收系统。

基于以上原因，对单一物料进行浓缩的升膜、降膜浓缩器虽然加热效果好，但在中药生产的浓缩里却比较少应用，主要原因是升膜或降膜浓缩器的加热管比较长，且中药的提取液浓缩比较大，所以容易造成管内壁结垢。

在中药生产中，浓缩设备种类较多，常用的真空浓缩器有单效、双效、三效外循环浓缩器和蒸汽机械再压缩（mechanical vapor recompression，MVR）浓缩器等。

1. 单效浓缩器 单效浓缩器适用于制药、食品、化工等行业液体物料的蒸发浓缩，具有浓缩时间短、蒸发速度快的特点，能较好地避免热敏性物料被破坏。

（1）工作原理：加热蒸汽进入加热室的壳程将管程中料液加热，同时在真空的作用下，料液从喷管被切向吸入蒸发室，物料在单效浓缩器中没有加热源，一部分物料在惯性和重力的作用下螺旋下降,一部分水分在真空作用下蒸发,进入汽液分离器,螺旋下降的料液从蒸发室底部弯道回到加热室,再次受热喷入蒸发室,形成循环,蒸发室蒸发出来的二次蒸汽进入冷凝器,被循环冷却水冷凝,流入接收罐经排水泵排出。多次循环浓缩,料液里的水不断被蒸发,直至浓缩到所需的相对密度后由出膏口出膏。

（2）结构：单效浓缩器由加热室、分离器、除沫器、汽液分离器、冷凝器、冷却器、贮液桶、循环管等部件组成（图3-19）。加热室内部为列管式,生蒸汽进入壳程,加热列管内部的液体,加液室配有压力表、安全阀,以确保生产安全。分离室正面设有视镜,供操作者观察料液的蒸发情况,后面人孔便于更换品种时清洗室内部,并设有温度表、真空表,以便观察掌握蒸发室内部的料液温度与负压蒸发时的真空度。

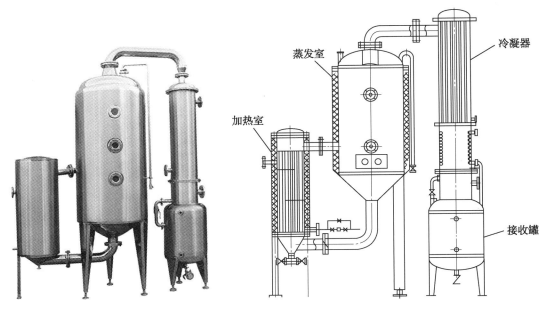

图3-19　单效蒸发器构造图

（3）特点：回收能力大,采用真空浓缩流程,比同类设备的生产率提高5～10倍,能耗降低30%,具有投资小、回收效益高的特点。物料在全密封状态下无泡沫浓缩,具有无污染、损耗小的特点,而且清洗方便。采用外加热自然循环与真空负压蒸发相结合的方式,蒸发速度快,浓缩比可达1.3。设备操作简单,占地面积小。

2. 双效浓缩器　双效浓缩器主要适用于制药、化工、生物工程、环保工程等行业进行低温浓缩。

（1）基本原理：双效浓缩器是中药生产中前处理的关键设备,中药产品的生产在药材提取后都要经过浓缩工艺,使提取后得到的浓度（固形物浓度1%左右）较低的提取液的浓度提高到20%～35%,然后进行接下来的工艺处理。

双效浓缩器的一效加热器和二效加热器均采用列管式结构。一效加热器上部和下部均与一效蒸发器相连接,在一效加热器和二效加热器都加入物料后,打开蒸汽阀,一效加热器的壳程通蒸汽加热管内的物料,物料被加热后,温度升高,比重变小,在加热管内向上运动后进入蒸发器进行蒸发,蒸发器内经过蒸发的物料比重变大后向下运动,然后进入加热器内,如此循环加热蒸发。一效蒸发器产生的蒸汽被称为二次蒸汽,二次蒸汽在真空的作用下进入二效加热器的壳程,对二效加热器列管内进行加热,与一效加热器相同,物料在加热器与蒸发器间循环进行蒸发。二效蒸发器产生的二次蒸汽在真空的作用下进入冷凝器,冷凝器为列管式,通入循环冷却水对二次蒸汽进行冷却,二次蒸汽凝结成流体后流入最下部的冷凝液罐内,进行排放。

利用一效加热器产生的二次蒸汽对二效加热器的物料加热蒸发,与二次蒸汽被直接冷凝相比,双效浓缩器更节能。按蒸发 1t 水来计算,单效浓缩器的蒸汽消耗 1.1t,而双效浓缩器仅消耗蒸汽 0.55t,同时循环水的用量也减少一半左右。当然,三效浓缩器又比双效浓缩器的节能效果更好。

(2)基本结构:浓缩设备属于蒸发类设备,需要满足对药材进行浓缩、回收溶剂等要求,如图 3-20 中所示,有对药液进行加热的加热器,加热后的药液进行蒸发的蒸发器,防止产生泡沫后带走药液的汽液分离器,回收溶剂用的冷凝器、冷却器及收集罐等。收膏类浓缩器的加热采用的是在蒸发器外的夹套加热,所以加热器与蒸发器为一体式。还有一种盘管式浓缩器是将加热器置于蒸发器内的下部制成一体式。

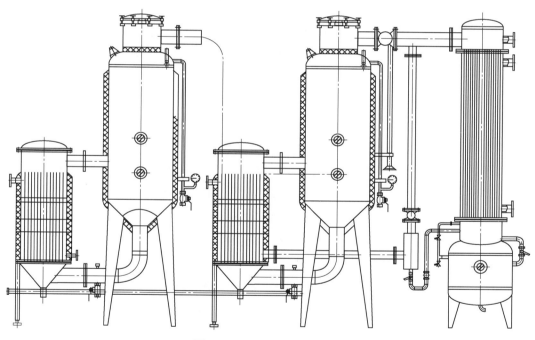

图 3-20　双效浓缩器构造图

(3)特点:加热器下部增设物料分布室,上部增设液封,上下循环口管径改进,符合汽液流速要求,壳程生蒸汽进口加大,壳程增加不凝性气体出口,按其蒸发能力对蒸发室进行重新计算设计,由于一效加热器真空度比二效加热器低,但蒸发能力大,故一效加热器蒸发室比二效加热器大,采用外部汽液分离器,可有效缓解跑料现象。适宜增加长径比,加热器横截面积减小,管间物料流速提高,传热系数高,不易结垢。

在一效加热器和二效加热器加热面积之和略有减小的情况下,一效加热器加热面积小,二效加热器加热面积大,一效加热器和二效加热器加热面积分配合理,让二效加热器尽可能将一效加热器产生的二次蒸汽利用完全,提高其蒸发能力,降低能耗。

（4）设备工艺参数的影响：浓缩器的生产过程中需要控制的技术参数有以下几点。

1）药液的进料量：浓缩器的加热器与蒸发器是相连通的,进料量一般以加热器的高度来定,蒸发器上部须留有一定的蒸发空间,同时防止产生泡沫跑料。

2）料量的控制：浓缩设备内必须有最低液位和最高液位控制,即当药液浓缩到低液位时必须补料,而到最高液位时则必须停止补料。

3）浓缩温度的控制：根据不同的药液性质,考虑温度控制要求,一方面可以通过加大真空的抽气量提高真空度来降低蒸发温度,另一方面也可以通过对进入加热器的蒸汽压力进行控制,来调节浓缩蒸发时的温度。同一台浓缩设备,蒸发温度降低,蒸发量也相应地会降低。

（5）注意事项：需要严格控制进料量,尤其是易产生泡沫的品种,进料量如太多,则容易造成跑料。操作时经常观察蒸发器的视镜,如发现泡沫产生,及时排空消泡。自动控制可以通过液位控制进料量,在蒸发器上部安装泡沫检测传感器自动进行消泡操作。

溶剂收集罐须及时排出所收集的溶剂。通过观察冷凝液收集罐的液位指示及时排出蒸发的溶剂冷凝液,设备也可以配套自动排液。

及时补充料液。蒸发一段时间后,浓缩器的物料量减少,需要及时补料,也可以连续进行补料,但补料流量须小于或等于设备的蒸发量。

防止加热器的加热管结垢。加热管结垢一方面会造成加热器换热效率降低,使能耗加大；另一方面,给换品种清洗时造成麻烦,如清洗不彻底,会造成品种间相互污染。要避免或减少这一现象产生需要注意养成良好的操作习惯,尽量保持相对高的液位浓缩,缩短低液位浓缩时间。浓缩完成及时进行加热器的清洗,不要等下次开机时再清洗,因为关机后设备的余热会将加热器管壁上粘留的残余物料蒸发造成结垢。

浓缩器的列管冷凝器和盘管冷却器须定时进行除垢清洗,循环水进行定时更换。

浓缩器在正常生产中,难免还是会产生加热器结垢之类的问题,如果经常产生这个问题,就需要检查操作是否按操作规程的要求进行,同时应对浓缩的工艺进行检查和调整,降低浓缩的出料比重要求,尽量减少物料量比较少的浓缩操作。

3. 三效浓缩器　三效浓缩器适用于制药、食品、化工等行业液体物料的蒸发浓缩,具有浓缩时间短、蒸发速度快的特点,能较好地避免热敏性物料被破坏。此外,二效加热器产生的二次蒸汽可作为三效加热器的热源给物料加热,提高热能利用率,能有效节能。

三效蒸发器（图 3-21）主要由加热室、蒸发室（含视孔）、冷凝器、收集塔等组成。其工作原理可分为以下四个步骤。

（1）预热：原料液进入三效蒸发器的第一效,与热源进行热交换,使原料液的温度升高,达到沸点温度。

（2）蒸发：原料液在沸点温度下开始蒸发,产生蒸汽。蒸汽从第一效进入第二效,第二效的操作条件与第一效相同,蒸汽继续蒸发,进一步浓缩。

（3）冷凝：在第三效中,蒸汽被冷却水冷凝,冷凝水排出系统,第三效中的物料液被进一步浓缩。

（4）排出浓缩液：经过三效蒸发器处理后的浓缩液被排出系统,完成整个蒸发过程。与

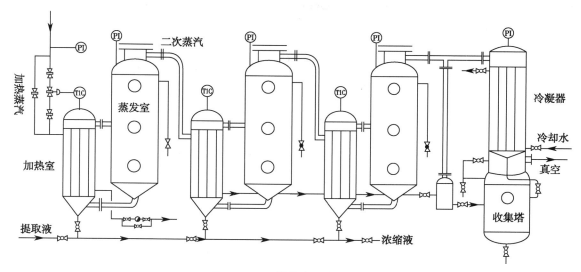

图 3-21　三效蒸发设备流程图

传统的单效蒸发器相比,具有节能、高效、节省空间和易于操作等优点。

4. MVR 浓缩器　MVR 浓缩器是 20 世纪 90 年代末开发出来的一种新型高效节能蒸发设备。MVR 蒸发器是采用低温和低压汽蒸技术,以及清洁能源"电能",产生蒸汽,将媒介中的水分分离出来。目前,MVR 是国际上最先进的蒸发技术之一,其蒸发器是替代传统蒸发器的升级换代产品。在制药行业可用于中药提取液的浓缩,化学药品的蒸发、浓缩、结晶和干燥。

MVR 是重新利用自身产生的二次蒸汽的能量,从而减少对外界能源的需求的一项节能技术。早在 20 世纪 60 年代,德国和法国已成功地将该技术用于化工、食品、造纸、医药、海水淡化及污水处理等领域。

(1)基本原理:在 MVR 蒸发器系统内,降膜式蒸发器在一定的压力下工作,物料循环泵在加热管内循环。初始蒸汽用新鲜蒸汽,在管外给热,将溶液加热沸腾产生二次蒸汽。产生的二次蒸汽经机械式热能压缩机(类似于鼓风机)作用后,并在蒸发器系统内多次重复利用所产生的二次蒸汽的热量,使系统内的温度提升 5～20℃,热量可以连续多次被利用,新鲜蒸汽仅用于补充热损失和补充进出料热焓,大幅度减低了蒸发器对外来新鲜蒸汽的消耗,提高了热效率,降低了能耗,避免了使用外部蒸汽和锅炉(本蒸汽再压缩式节能蒸发器的主要运行费用仅仅是驱动压缩机的电能)。由于电能是清洁能源,MVR 蒸发器真正达到了"零"污染的排放(完全没有二氧化碳的排放)。特别是在我国大力提倡节能减排的今天,MVR 技术的应用具有特别重要的现实意义。

(2)基本结构:MVR 浓缩器由单效或双效蒸发器、分离器、压缩机、真空泵、循环泵、操作平台、电气仪表控制柜及阀门、管路等系统组成(图 3-22),结构非常简单。MVR 技术的核心设备是压缩机系统。

(3)特点

1)热效率高,节省能源,能量消耗小。蒸发 1t 水的能耗只相当于传统蒸发器的 1/5～1/4,节能效果十分显著,运行成本低。MVR 蒸发器耗能一般是传统多效蒸发器的 1/4～1/3。所用能源为清洁能源,没有任何污染,MVR 蒸发器只需要有电就可以运行。通过二次蒸汽

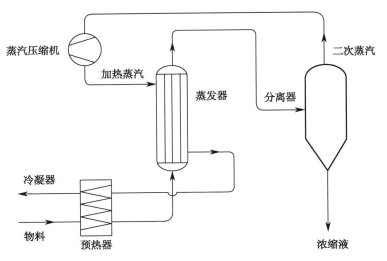

图 3-22　MVR 蒸发器蒸发流程示意图

循环应用技术,蒸汽冷凝水的生化需氧量(biochemical oxygen demand,BOD)值、化学需氧量(chemical oxygen demand,COD)值及氨氮含量远低于传统的多效蒸发器,完全符合国家规定的排放标准。

2)采用单级真空蒸发,蒸发温度低,特别适合热敏性较强的物料,不易使物料变性。

3)自动化程度高。MVR 蒸发器采用工业控制计算机、可编程逻辑控制器(programmable logic controller,PLC)及变频技术,完全实现了可无人值守的全自动运行。

4)体积小,具有可移动性。中小型 MVR 蒸发器,占地面积在 $10\sim50m^2$ 的范围内,可以设计成移动式结构,便于安装、调试和运输。

(五)分离设备

醇沉罐主要是用于将浓缩后的中药提取液进行冷冻或常温乙醇沉淀操作的分离设备,也可用于醇提后的中药浓缩液进行水沉淀的操作,也适用于其他制药、化工、食品等行业悬浮液的冷冻或常温沉淀、固液相分离的工艺操作。

(1)结构:醇沉罐构造如图 3-23 所示。底部一般呈 90°角,便于沉积物的排出。有时也会安装自动浮球出液器,可减轻工人劳动强度,自动完成出液过程;上清液出口应确保上清液抽净,而不使沉淀物被抽出;锥形底部装有切线蒸汽夹套,通入蒸汽可使沉淀物软化,有利于沉淀物排出;罐的底部可通过转盘、真空或过滤压缩气体进行搅拌。

(2)工作原理:醇沉罐属沉降式固液相分离设备。中药水煎浓缩液(一般相对密度

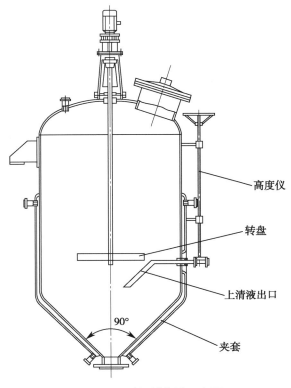

图 3-23　醇沉罐构造示意图

为 1.1 左右）除去非醇溶性的淀粉、蛋白质等杂质，根据工艺要求加入乙醇配成一定浓度的混合液体，低温沉降，放置 24 小时以上，进行固液分离以提高中药提取液的纯度，从而提高产品质量。浓缩液和乙醇按工艺要求，投入各自的配比量并开启冷冻盐水或冷却水，搅拌混合均匀，达到料液所需的温度后停止搅拌，继续在夹套内通入冷冻盐水或冷却水，保证所需的液温。待沉淀完成后开启上清液出料阀，用自吸泵将上清液抽出，内装浮球式出液器，随上清液液面逐渐下降，浮球也随液面下降，待上清液抽完，因浊液密度远大于上清液，浮球浮在沉淀物表面不再下降，出液器自动停止出液。此时可打开出渣口，将沉淀物排出。根据物料不同，沉淀物质不同，可先打开底部蝶阀将稀料放出。某些沉淀物（如淀粉类）可能会结块，造成出渣不畅，可向沉淀物中通入加热蒸汽使其软化，再将渣排出。待沉淀物放净，用水将罐内壁清洗干净，关闭蝶阀。如果一次处理药液量较多，一台醇沉罐的容量不足以完成相应的工作，那么可以配备一台或多台静置罐。在醇沉罐中将乙醇和浓缩药液按工艺搅拌后，经由自吸泵吸入静置罐。静置罐中同样具有夹套和浮球式出液器，可对混合液进行冷却沉淀和出液。利用一台搅拌罐配置多台静置罐，此工艺操作既可节省能源，又能减少投资。这是因为醇沉工艺搅拌操作时间短、静置时间长，搅拌器大部分时间是闲置的。

（3）操作规程

1）开启进料阀及物料输送泵电源进料，观察液位高度，到适量后关闭进料阀及输送泵电源。

2）开启夹套蒸汽或冷冻水进口和出口，通过夹套对料液进行加热或冷却处理，观察温度表，达到工艺要求的温度后，关闭换热系统进出口阀门。

3）运行中时刻注意换热系统的温度表、压力表的变化，避免超压超温现象。

4）需要出料时，开启出料阀，通过泵输送至各使用点。

5）搅拌适时后，关停搅拌器；先关闭媒介进口，后关闭媒介出口。

6）开启出料阀，排料送出。

7）出料完毕，关闭出料阀。

三、中药丸剂制备的主要设备

（一）丸剂概述

中药丸剂系指中药细粉或药材提取物与适宜的辅料制成的球形或类球形固体制剂。

1. 丸剂的特点　古代药书中有"丸者缓也"的记载，表明丸剂作用缓和、持久，适用于缓释药物、调和气血药物及剧毒药物。丸剂在胃肠道中溶散缓慢，逐渐释放药物，吸收显效迟缓，能减小毒性和不良反应。丸剂不仅能容纳固体、半固体药物，还可以较多地容纳黏稠性液体药物，并可掩盖药物的不良嗅味。丸剂制作简便，适于药厂生产和基层医疗单位制作。

丸剂一般使用药材原粉，服用剂量较大，小儿吞服困难。若制作技术不当，制品的溶散时限很难控制，同时药材原粉易造成微生物污染和霉变，其有效成分的含量也难掌握。

2. 丸剂的分类

（1）按制备方法分为：①塑制法，如蜜丸、糊丸、浓缩丸、蜡丸等；②泛制法，如水丸、水蜜丸、浓缩丸、糊丸等；③滴制法，如滴丸。

（2）按赋形剂分为：水丸、蜜丸、水蜜丸、糊丸、蜡丸等。

蜜丸：饮片细粉以炼蜜为黏合剂制成的丸剂。其中每丸重量在0.5g（含0.5g）以上的称大蜜丸，每丸重量在0.5g以下的称小蜜丸。

水蜜丸：饮片细粉以炼蜜和水为黏合剂制成的丸剂。

水丸：饮片细粉以水（或根据制法用黄酒、醋、稀药汁、糖液、含5%以下炼蜜的水溶液等）为黏合剂制成的丸剂。

糊丸：饮片细粉以米粉、米糊或面糊等为黏合剂制成的丸剂。

蜡丸：饮片细粉以蜂蜡为黏合剂制成的丸剂。

浓缩丸：饮片或部分饮片提取浓缩后，与适宜的辅料或其余饮片细粉，以水、炼蜜或炼蜜和水等为黏合剂制成的丸剂。根据所用黏合剂的不同，分为浓缩水丸、浓缩蜜丸和浓缩水蜜丸等。

滴丸：原料药物与适宜的基质加热熔融混匀，滴入不相混溶、互不作用的冷凝介质中制成的球形或类球形制剂。

糖丸：以适宜大小的糖粒或基丸为核心，用糖粉和其他辅料的混合物作为撒粉材料，选用适宜的黏合剂或润湿剂制丸，并将原料药物以适宜的方法分次包裹在糖丸中而制成的制剂。

3. 常用的赋形剂

（1）黏合剂：用于增加药物细粉的黏性、增加丸块的可塑性和帮助成型的赋形剂。如蜂蜜、米糊、面糊、糖液及植物性浸膏等。

（2）润湿剂：主要用于引发或增加药物黏性、增加丸块的硬度，有利于加工成型。常用的有水、酒、米醋、水蜜汁、药汁等。

（3）稀释剂或吸收剂：稀释剂及吸收剂的作用是使丸剂具有一定的重量和体积，便于成型。如方中提取的挥发油等液体成分可以用固体物质吸收，常用的有药材细粉、硫酸钙、磷酸钙及糖粉。

4. 丸剂的质量要求 丸剂在生产与贮藏期间应符合下列有关规定。

供制丸剂用的药粉应为细粉或最细粉；炼蜜按炼制程度分为嫩蜜、中蜜和老蜜，制备时可根据品种、气候等具体情况选用，蜜丸应细腻滋润、软硬适中；浓缩丸所用饮片提取物应按制法规定，采用一定的方法提取浓缩制成；蜡丸制备时，将蜂蜡加热熔化，待冷却至适宜温度后按比例加入药粉，混合均匀；水蜜丸、水丸、浓缩水蜜丸和浓缩水丸均应在80℃以下干燥，含挥发性成分或淀粉较多的丸剂（包括糊丸）应在60℃以下干燥，不宜加热干燥的应采用其他适宜的方法干燥；糖丸在包装前应在适宜条件下干燥，并按丸重大小要求用适宜筛号的药筛过筛处理；凡需包衣和打光的丸剂，应使用各品种制法项下规定的包衣材料进行包衣和打光；丸剂外观应圆整，大小、色泽应均匀，无粘连现象；蜡丸表面应光滑无裂纹，丸内不得有蜡点和颗粒；丸剂的微生物限度应符合要求；根据原料药物和制剂的特性，除来源于动、植物多组分且难以建立测定方法的丸剂外，溶出度、释放度、含量均匀度等应符合要求；除另有规定外，丸剂应密封贮存，防止受潮、发霉、虫蛀、变质。

（二）丸剂制备的主要设备

1. 泛制法制丸的主要设备 丸剂的泛制是利用一定量的黏合剂，在转动、振动、摆动或搅动下使固体粉末黏附成球形颗粒的操作，又称为转动造粒。丸剂的泛制是在包衣锅内进行的，方法是将适量的混合药粉加入包衣锅内，然后使包衣锅旋转，再向锅内喷入适量的水或其他黏合剂，使药粉在翻滚过程中逐渐形成坚实而致密的小粒，此后间歇性地将水和药粉加入锅内，使小粒逐渐增大，泛制成所需大小的丸剂。在泛制过程中，可用预热空气和辅助加热器对颗粒进行干燥。

泛制法制丸主要设备是糖衣机，糖衣机由机身、涡轮箱体、包衣锅、加热装置、风机、电机等组成（图3-24）。其工作原理为电机带动三角带驱动涡轮、蜗杆减速器，带动包衣锅旋转，在离心力的作用下，使物料在锅内上下翻转，达到制丸和打光的目的。

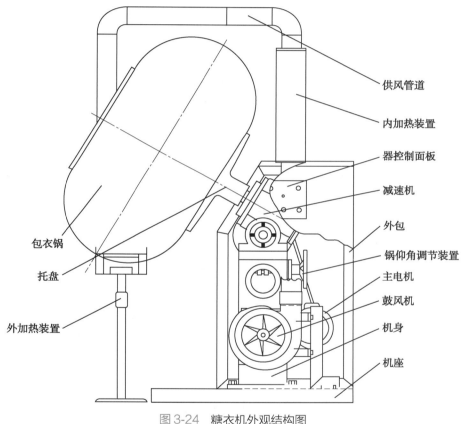

图 3-24 糖衣机外观结构图

2. 塑制法制丸的主要设备 塑制法又称为丸块制丸法，是指药材细粉或药材提取物与适宜的赋形剂混匀，制成软硬适宜的可塑性丸块，再依次制成丸条，分割及搓圆而制成的丸剂。

（1）捏合机：是制成软硬适宜的可塑性丸块的设备。丸块的软硬程度应不影响丸粒的成型和以贮存中不应变形为度，生产时一般选用捏合机（图3-25）。捏合机是由金属槽及两组强力的 S 形桨叶构成，槽底呈半圆形，两组桨叶的转速不同，并沿着相对方向旋转，利用桨叶间的挤压、分裂、搓捏及桨与槽壁间的研磨制成丸块。合坨丸块取出后应立即搓条，若暂时不搓条，应以湿布盖好防止干燥。

（2）螺旋式出条机：将制好的丸块放置一定时间，习称醒坨，使蜂蜜等黏合剂充分润湿药

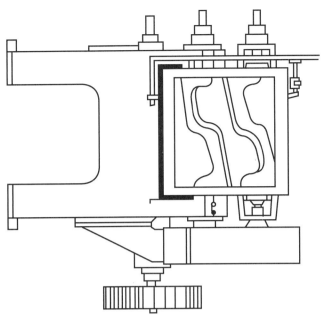

图 3-25 捏合机结构示意图

粉,再将丸块制成粗细均匀、表面光滑、内部充实无空隙的条形。大生产时,制丸条、制丸在同一台设备中完成。若分步骤生产,常采用螺旋式出条机(图 3-26)和挤压式出条机。

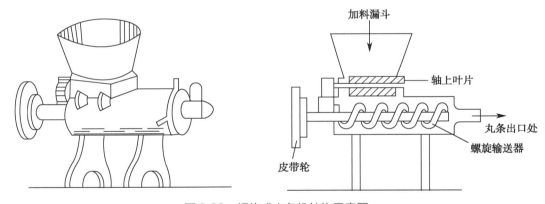

图 3-26 螺旋式出条机结构示意图

(3)全自动制丸机:中药全自动制丸机是一款自动化程度相对较高的制丸机,能同时挤出三路中药条,分三路同时制成圆形丸。该设备易于更换药丸品种,可生产直径为 3~24mm 的小蜜丸、水蜜丸、蜜丸、浓缩丸及糊丸。

设备工作原理:将混合、炼制均匀的药料膏坨送入制丸机料仓中,在螺旋推进器的挤压下,制出 3~10 条规格相同的药条,再经过自控轮、导条轮同步进入搓丸刀轮,连续、快速地切搓出圆整均匀的药丸,如图 3-27 所示。

中药全自动制丸机可持续全自动生产加工丸剂。使用时设备要安装在光照充足的工业厂房中,无须底脚,放置平稳;生产加工前务必清除料斗上的污渍,用酒精将导轮、导向性架、制丸刀等消毒杀菌,开启电加热器。

空运转 3~5 分钟,无异常就可以加料,观察药条,若没达到要求放回到料斗,等药条达标

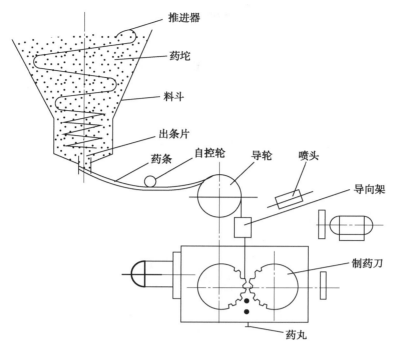

图 3-27 全自动制丸机工作原理图

后再开制丸部分,运行中投料应匀称;如发觉出条和制丸不同步时可通过旋钮调整,顺时针方向制丸速度快,反方向制丸速度慢,丸径尺寸可以通过拆换不同的出条口、制丸刀及导轮来解决;加料时注意不得将手伸进料斗内,以防销钉将手夹伤,要常常查验各处零件有没有出现异常,出现异常马上停车检查。

制丸结束后,关闭电源、关掉总闸和其他电源开关;清理时先拆下出条口、电加热罩。卸机头时,可用钩形扳手,然后抽出支架和推进器。拆卸料斗上部分清理两翻板钩轴,清理后涂植物油,再应用时用酒精将各部分去油、消毒杀菌。

3. 滴制法制丸主要设备 滴制法是指将药物溶解、乳化或混悬于适宜的熔融基质中,再滴入不相混溶的冷却剂中,由于表面张力作用,液滴收缩成球状,并冷凝成丸的方法。其主要设备为滴丸机,主要部件有滴管系统(滴头和定量控制器)、保温设备(带加热恒温装置的贮液槽)、控制冷凝液温度的设备(冷凝柱)及滴丸收集器等(图 3-28)。其型号规格多样,有单、双滴头和多至 20 个滴头的类型,可根据情况选用。

4. 选丸设备

(1)振动筛丸机:振动筛丸机是丸剂

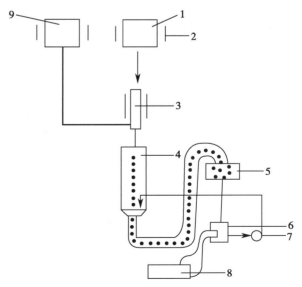

1. 熔融物料贮槽;2. 保温电热器材;3. 分散装置;4. 冷却柱;5. 滤槽;6. 冷却液贮槽;7. 循环泵;8. 制冷剂;9. 药液贮槽。

图 3-28 滴丸机结构示意图

生产的配套设备。振动筛丸机由振动室、振动电机、减振器、机座等组成（图3-29）。振动室内装有两层抽屉式筛网，筛网上孔径为上大下小合理匹配，设3个出料口，工作时对物料丸粒进行大、中、小丸径的快速筛分。电机振动参数可调，被筛分的物料丸粒在筛面上被抛起，同时沿筛面向前做直线运动，保证物料丸粒严格按照规定尺寸顺利筛分。被筛分的物料丸粒分别从三个出料口流入不同的容器内。筛网更换、清理方便，符合GMP要求。

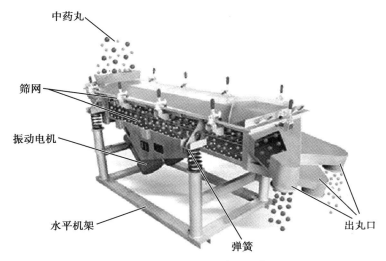

图3-29　振动筛丸机结构示意图

（2）滚筒式筛丸机：滚筒式筛丸机是中药小丸生产过程中的主要筛选设备（图3-30）。滚筒式筛丸机可自动完成对药丸直径大小的分选，保证成品丸剂的重量差异及均匀度，可广泛广用于中药小丸及其他圆形物料的筛选。

由带除粉尘的吸料机将制成成品的丸剂吸入上料斗内，药丸借助上料斗内的电振系统振动进入筛丸滚筒。筛筒孔径按所需药丸直径冲制成梅花形，滚筒筛在两个主动摩擦轮带动下顺时针旋转，分别选出不同规格的丸粒（图3-30）。

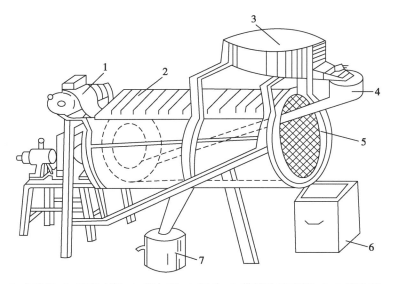

1.电动机；2.活络木架；3.贮丸器；4.漏斗；5.带筛孔的滚筒；6、7.接收器。

图3-30　滚筒式筛丸机结构图

（3）螺旋式选丸机：螺旋式选丸机是螺旋式塔形结构（图3-31），螺旋式选丸机工作时将物料送入高处入料口，药丸靠自身重量顺螺旋轨道向下自然滚动，利用丸的圆整度、重量等性质不同，转速也不同，分别对药丸进行分选，螺旋式选丸机将一些不规则的异形丸、双丸分离出来，保证药丸的装瓶质量。螺旋式选丸机在出料口处安装有小型振动器，利于物料均匀流落。螺旋式选丸机操作简单，清洗方便，工作中可选配真空上料机进行物料的提升。

图 3-31　螺旋式选丸机结构

第二节　典型单元操作流程

一、纯化水制备操作流程

1. 纯化水制备工艺流程　纯化水的制备是以饮用水作为原水，经逐级提纯水质，使之符合生产要求的过程。纯化水制备系统没有固定模式，要综合权衡多种因素，根据各种纯化技术的特点灵活组合应用。既要考虑原水性质、用水标准与用水量，又要考虑制水效率的高低、能耗的大小、设备的繁简、管理维护的难易和产品的成本。采用离子交换法、反渗透法、超滤法等非热处理纯化水，称为去离子水。采用特殊设计的蒸馏器，用蒸馏法制备的纯化水称为蒸馏水。

纯化水应严格控制离子含量，通常通过控制电阻率的方法加以控制。图 3-32 为纯化水制备的典型工艺流程框图。

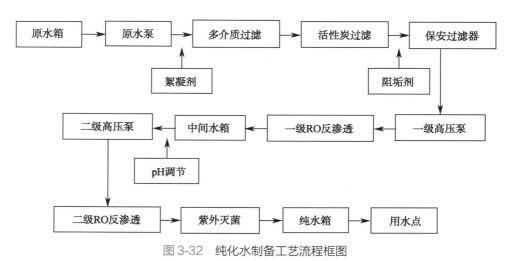

图 3-32　纯化水制备工艺流程框图

纯化水具有极高的溶解性和不稳定性,极易受到其他物质的污染而降低纯度。为了保证纯化水水质稳定,制成后应在系统内不断循环流动,即使暂时不用也仍要返回贮槽重新纯化和净化,再进行循环,不得停滞。并应定期检测纯化水水质,定期清洗设备管道,更换膜材或再生离子活性。

2. 纯化水制备操作规程　随着 EDI 的发展,在纯化水的工艺流程设计中,不断引入该项技术和装备,设计了一体化的超纯水系统(图 3-33),操作简述如下。

（1）先将原水(饮用水)引入原水箱(V01),通过设置的高、低水位电磁感应液位计(L),动态监测水箱液位。

（2）开启原水泵(P02),并通过加药装置(V03)加入絮凝剂,经饮水管线(S),通过机械过滤器(M04)和活性炭过滤器(M05),去除水中一部分的固体颗粒或容易沉降的杂质,以及清除原水中色度及有机氯等。此外,反冲洗系统宜采用自动多路阀以实现自动反冲 M04 和 M05,达到无人操作的目的。

（3）通过软化加药装置(V06),以防止钙、镁等离子在 RO 膜表面结垢,再经保安过滤器(M07)降低水的硬度,使原水变成软水后,出水硬度能达到<1.5mg/L。

（4）软化后的水,经一级高压泵(P08)进入一级反渗透装置(X10),到达中间水箱(V11),并经过 pH 自动调节水箱(M12),调节 pH 至 6~7,进入无菌纯水贮罐(V13)。此外,清洗装置(V09)也定期对反渗透膜装置进行自动冲洗 3~5 分钟,以去除沉积在膜表面的污垢,对装置和反渗透膜进行有效保养。

（5）开启纯化水泵(P14),经纯化水管线(C),通过 UV 灭菌器(X15)消灭微生物后,再通过终端膜过滤器(M16),去除微生物,进入 EDI 成套装置(X17),到达超纯水箱(V18)。

（6）最后,超纯水通过循环系统分配到不同的用水点,并形成内部循环。

二、中药多功能提取罐操作流程

煎煮法是指以水作为浸出溶剂,将药材加水煎煮一定时间,以提取其药材中的有效成分或有效部位的方法,又称水煮法或水提法。煎煮法适用于有效成分溶于水,且对湿、热均较稳定的药材。煎煮法所得的煎出液中杂质较多,一些不耐热成分在煎煮过程中易被破坏,且煎出液易霉败变质,应及时处理。但因其符合中医传统用药习惯,且溶剂价廉易得,对于有效成分尚未清楚的中药或方剂进行剂型改进时,通常采用煎煮法粗提。

煎煮法属于间歇式操作,其流程为:取药材饮片或粗粉置煎煮器中,加适量水浸没药材,浸泡适宜时间,加热煮沸,保持微沸状态一定时间,分离煎出液,药渣再依法煎煮(一般为 2~3 次),至煎出液味淡为止。合并煎出液,除杂,浓缩,供进一步制成所需制剂。常用的水是经纯化或软化的饮用水,若煎出液直接用于注射液,应选用蒸馏水或去离子水。

多功能提取罐是目前普遍用于中药煎煮的典型设备,可调节压力、温度,具有密闭间歇式提取或蒸馏等功能。利用多功能提取罐进行提取的流程简图如图 3-34 所示,具体操作如下。

（1）加热方式:进行水提时,在水和药材投入提取罐后,开始向罐内通入蒸汽进行直接

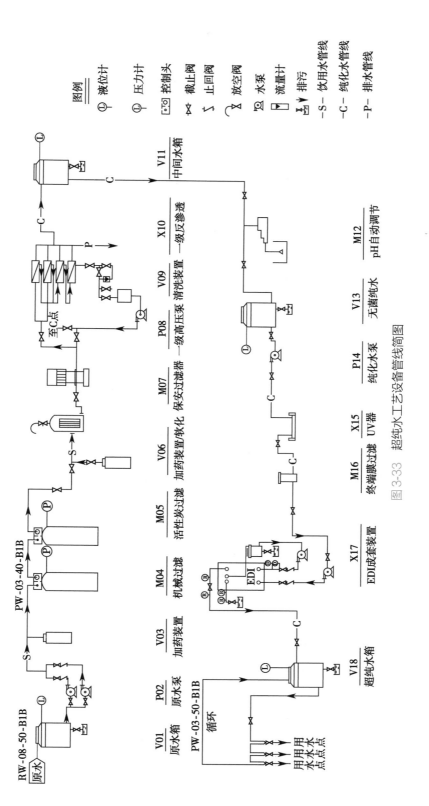

图3-33 超纯水工艺设备管线简图

图例

① 液位计	① 压力计	$\boxed{[\cdot]}$ 控制头	⋈ 截止阀
⅃ 止回阀	⌒ 放空阀	⊡ 水泵	▣ 流量计
▼ 排污	—S— 饮用水管线	—C— 纯化水管线	—P— 排水管线

RW-08-50-B1B　原水

V01	P02	V03	M04	M05	V06	M07
原水箱	原水泵	加药装置	机械过滤	活性炭过滤	加药装置/软化	保安过滤器

P08	V09	X10
一级高压泵	清洗装置	一级反渗透

V11　中间水箱

X17	M16	X15	P14
EDI成套装置	终端膜过滤	UV器	纯化水泵

V13	M12
无菌纯水	pH自动调节

V18　超纯水箱

PW-03-40-B1B

PW-03-50-B1B　循环

用水点　用水点

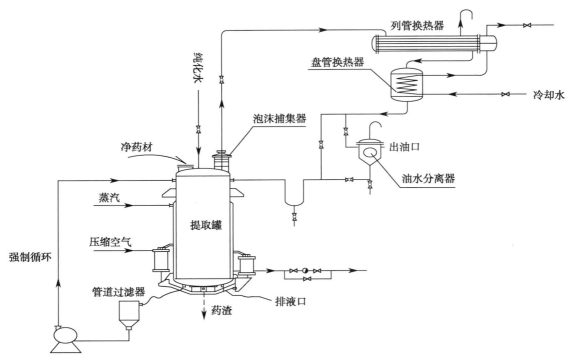

图 3-34　多功能提取罐流程简图

加热,当温度达到提取工艺的要求后,停止向罐内通蒸汽,而改向夹套通入蒸汽,进行间接加热,以维持罐内温度稳定在规定范围内。进行醇提时,采取向夹套通蒸汽的间接加热方式。

（2）强制循环:在提取过程中,为提高效率,可以用泵对药液进行强制循环,但对含淀粉多和黏性较大的药材不适用。强制循环即药液从罐体下部排液口放出,经管道过滤器滤过,再用水泵打回罐体内。此法可加速固液两相间的相对运动,从而增强对流扩散,提高浸出效率。

（3）回流循环:在提取过程中,罐内必然产生大量蒸汽,这些蒸汽经泡沫捕集器进入冷凝器进行冷凝,再经冷却器进行冷却,最后液体回流到提取罐内。如此循环,直至提取结束。

（4）提取液放出:提取完毕,提取液从罐体下部排液口放出,经管道过滤器滤过,再用泵输送到浓缩工段进行浓缩。

（5）提取挥发油:在进行一般水提或醇提时,通向油水分离器的阀门必须关闭,但在提取挥发油时必须打开。经冷却器冷却后的液体进入油水分离器,所需要的油从油出口放出,水液从回流管道经气液分离器回流到罐体内,油水分离器内最后残留而回流不了的液体从其底部放水阀排出。如果药材既要提取有效成分又要提取挥发油,一般是先提取挥发油。

在综合实训中,认真研究现场的管道布置具有重要意义,这是因为管道在制药车间起着输送物料及公用工程介质的重要作用,是制药生产中必不可少的重要部分。因此,正确地理解管道设计和安装,对于了解工艺过程的组织、设备如何运行保障及产品的生产操作及维护有着十分重要的意义。多功能提取罐汇集了中药制药的常压、微压、水煎、温浸、热回流、强制循环渗漉作用,以及芳香油提取、有机溶媒回收等多种工艺操作。为了在同一个设备上实现上述操作,配管设计有很多技巧。具体设计如图 3-35 所示。

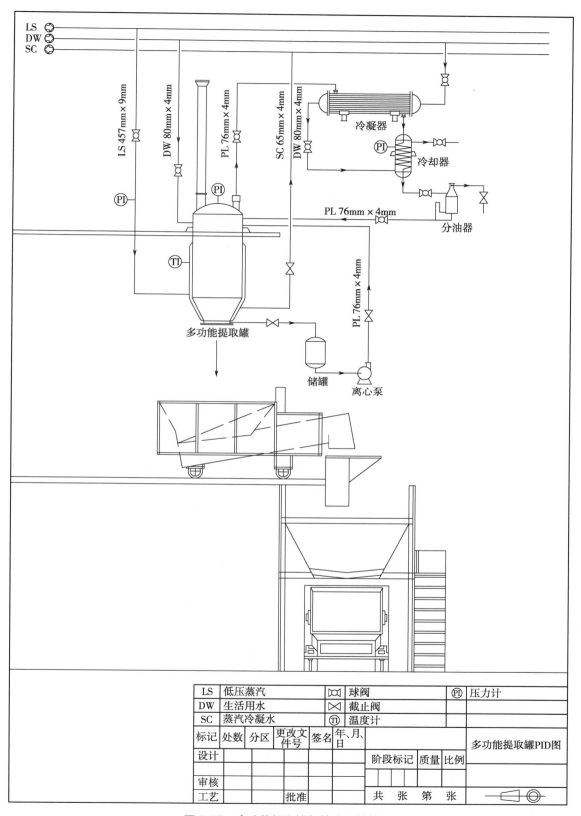

图 3-35　多功能提取罐与管路设计简图

三、中药丸剂制备操作流程

中药丸剂的制备方法主要有塑制法和泛制法。

1. 塑制法——以蜜丸为例

塑制法流程包括原辅料的准备、制丸块、制丸条、分粒搓圆、干燥、整丸、质检、包装,如图 3-36 所示。

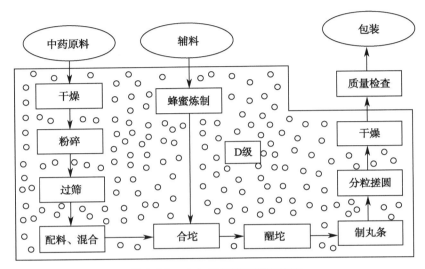

图 3-36 蜜丸制备工艺流程框图

(1)原辅料的准备:按照处方对所需药材进行处理,包括挑选、清洁、炮制、配料、干燥、粉碎、过筛(一般过六号筛)、混合均匀;蜂蜜按处方中药材的性质炼制成适宜程度的炼蜜。为了防止药物与工具粘连,保证丸粒表面光滑,在制丸过程中应该加入适量的润滑剂,大生产时,蜜丸所用的润滑剂为乙醇,手工操作时为蜂蜡和麻油的融合物,油蜡配比为 7∶3。

(2)制丸块(合坨):将混合均匀的药粉与适宜的炼蜜混合成软硬适度、可塑性较大的丸块的操作。炼蜜的程度、和药的蜜温是影响药物质量的因素。

一般采用热蜜和药:含挥发性药物(冰片、麝香等),黏性较强的树脂、胶类、糖类、黏液质等的药物应以 60~80℃和药;黏性很小的药物粉末,须用老蜜趁热和药。

用蜜量:炼蜜与药粉的比例一般为 1∶1~1∶1.5,含糖类、胶类及油脂较多的黏性药粉,用蜜量宜少;含纤维或质轻的黏性差的药粉,用蜜量宜多,最多可用到 1∶2 以上;夏季用蜜少,冬季用蜜多;机械和药用蜜少,手工用蜜多。

在合药时,充分搅拌均匀,使其内外全部滋润,颜色一致。

丸块的软硬程度应不影响丸粒的成型和以贮存中不应变形为度。生产时一般使用双桨槽形混合机,也可选用捏合机。合坨丸块取出后应立即搓条,若暂时不搓条,应以湿布盖好防止干燥。

(3)制丸条:将醒坨后的丸块制成粗细均匀、表面光滑、内部充实无空隙的条形。大生产时,制丸条、制丸在同一台设备中完成。若分步骤生产,常采用螺旋式出条机和挤压式出条机。

（4）分粒搓圆：将丸条切割成大小适宜的小段或丸粒，由一个斜面滚下，以增加其圆整度，也可将其置于旋转锅内或转盘内，利用离心力使其滚圆。

（5）干燥：丸剂应干燥后贮存。蜜丸剂所用的炼蜜已预先加热，炼蜜中水分可控制在一定范围之内，一般成丸后可在室内放置适宜时间，保持蜜丸的滋润状态；大生产时老蜜制的蜜丸无须干燥，室内放置适宜时间即可，嫩蜜制的蜜丸须在 60～80℃ 干燥至符合质量要求后，即可包装。水蜜丸等因黏合剂中含水，所制成的丸剂的含水量较高，必须干燥，使含水量达到现行版《中国药典》丸剂项下的相关要求，否则易发霉变质。同时由于中草药原料常带菌，操作过程中也可能带来污染，使制成的丸粒带菌，贮存期间易发霉生虫，因此大生产丸剂制成后应进行灭菌，目前采用的微波加热、远红外辐射等方法干燥，也可起到一定的灭菌作用。

（6）包装：使用选丸机选出符合质量要求的丸剂，按各品种项下规定包装。

2. 泛制法——以水丸为例

泛制法工艺流程为原辅料的准备、起模、泛制成型、盖面、干燥、选丸、质量检查、包装，如图 3-37。

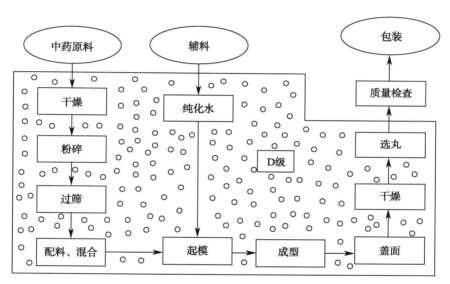

图 3-37　水丸制备工艺流程框图

（1）原辅料的准备：泛丸前，处方中适于打粉的药材应经净选、炮制合格后粉碎，水泛丸的药粉一般应以 100 目左右为佳（即过五至六号筛），为保证丸剂质量，须将药粉混合均匀。用细粉泛丸，泛出的丸粒表面细腻光滑圆整。如药材粉碎较粗，则泛成的丸粒表面粗糙有花斑或纤维毛，不易成型。故某些纤维性成分较多或黏性过强的药物（如丝瓜络、大腹皮、灯心草、生姜、红枣、桂圆等）不易粉碎或不适于泛丸时，应将其加水煎煮，或提取有效成分的煎液作黏合剂，以供泛丸应用。动物胶类，如阿胶、鹿角胶等可加水加热熔化（烊化），稀释后泛丸应用；树脂类药物，如乳香、没药、安息香等，可用适量黄酒溶解，以代水作润湿剂泛丸；对于黏性强、刺激性大的药物，如蟾酥等，也需要用酒溶化后加入泛丸。因起模用的药粉或盖面包衣用的药粉要求更细，过筛时宜选取适量细粉（过六至七号筛），并与成型药粉分开。

泛丸用黏合剂应为 8 小时以内的新鲜纯化水或者药汁等。

（2）起模：利用水的湿润作用诱导出药粉的黏性，使药粉相互黏着成细小的颗粒，并在此基础上层层增大成直径为 0.5～1mm 大小丸模的过程。起模是泛制法的关键工序，也是丸剂成型的基础。药模形状直接影响成品的圆整度、药模的大小和数目，也同时影响加大过程中筛选的次数、丸粒的规格及含量的均匀性。起模的方法有粉末加水起模法、喷水加粉起模法、湿粉制粒起模法等。常用设备为泛丸锅或泛丸匾。

粉末加水起模法较为常用，操作时先将一部分起模用粉置包衣锅中，开动机器，药粉随机器转动，用喷雾器喷入水，借机器转动或人工搓揉使药粉分散，使其全部均匀地受水润湿，继续转动部分药粉成为细粒状，再撒布少许干粉，搅拌均匀，使药粉黏附于细粒表面，再喷水润湿，如此反复操作直至模粉用完，取出、过筛、分等，即得丸模。

喷水加粉起模法是取适量的起模用水，将包衣锅锅壁湿润，然后撒布少量药粉，使其均匀黏附于锅壁上，用刷子在锅内沿着转动相反方向刷下，使成为细小颗粒，包衣锅继续转动，再喷入冷水，加入药粉，再加水加粉后搅拌、搓揉，使黏粒分开。如此反复操作，直至模粉全部用完，达到规定标准，过筛分等即得丸模。

因处方药物的性质不同，起模的用粉量多凭经验。吸水量大，如质地疏松的药粉，起模用药量宜少；吸水量少，如质地黏、韧的药粉，起模用药量宜多。成品丸粒较大，用粉量少；反之，则用粉量多。大生产时一般用下列经验公式进行计算。

$$X = 0.625\ 0D/C \qquad\qquad 式（3-1）$$

式中，X 为起模用粉量（kg）；C 为成品 100 粒干重（g）；D 为药粉总量（kg）；0.625 0 为标准模子 100 粒湿重（g）。

此外，生产上也有直接购买空白模子的情况。

（3）泛制成型：系指将经筛选合格的丸模逐渐加大至接近成品的过程。操作要点包括：①每次加水量以丸粒表面润湿而不粘连为宜，加粉量以能被润湿的丸粒完全吸附为度，泛制水蜜丸、糊丸和浓缩丸时所用赋形剂的浓度和加粉量应随丸粒的增大而逐步增加；②在丸粒的增大过程中，保持丸粒的硬度和圆整度，滚动时间以丸粒坚实致密而不影响溶散为宜；③制备过程中的歪粒、粉、过大或过小的丸粒应随时用水调成糊状泛在丸上；④含挥发性和特殊气味及刺激性较大的药材，泛于丸粒中层；⑤含有朱砂、硫黄及酸性药物，不能用铜制或铁制锅。

（4）盖面：使用盖面用粉将已成型的并筛选均匀的丸粒继续泛制的过程，其作用是使丸粒大小均匀、色泽一致，并提高其圆整度和光洁度。常用的盖面方法有干粉盖面、清水盖面、清浆盖面和浆头盖面。

（5）干燥：成型的丸粒含 15%～30% 的水分，易引起发霉，须及时进行干燥，将含水量控制在 10% 以内，干燥时注意温度并及时翻料，干燥温度一般控制在 80℃ 左右，含芳香挥发性成分或遇热易分解变质的成分时，干燥温度不宜超过 60℃。

采用流化床干燥，可以降低温度、缩短干燥时间，且可增加丸剂中的毛细管和孔隙率，有利于丸剂的溶散。

（6）选丸：制备的丸剂有大小不均匀和畸形的丸粒，必须经过筛选以求均匀一致，保证丸粒圆整,计量准确。用适宜孔径筛网将过大或过小的丸粒去除,并挑除畸形丸粒。常用的设备为筛丸机或选丸机等。

第三节　中药制剂生产实例

一、双黄连口服液制备前处理工艺与操作

双黄连的最早剂型是汤剂,是由"大连翘汤"和"银翘散"组方化裁而来,由金银花(双花)、黄芩、连翘组成,取三种中药的第一个字,因此称为双黄连。现行版《中国药典》收载了双黄连口服液、双黄连片、双黄连栓、双黄连胶囊、双黄连颗粒、双黄连滴眼剂、注射用双黄连(冻干粉针)等制剂。

(一)质量标准(以现行版《中国药典》为例)

【性状】本品为棕红色的澄清液体;味甜,微苦〔规格(1)、规格(2)〕;或为深棕色的澄清液体;味苦、微甜〔规格(3)〕。

【鉴别】(1)取本品1ml,加75%乙醇5ml,摇匀,作为供试品溶液。另取黄芩苷对照品、绿原酸对照品,分别加75%乙醇制成每1ml含0.1mg的溶液,作为对照品溶液。照薄层色谱法(《中国药典》通则0502)试验,吸取上述三种溶液各1~2μl,分别点于同一个聚酰胺薄膜上,以醋酸为展开剂,展开,取出,晾干,置紫外光灯(365nm)下检视。供试品色谱中,在与黄芩苷对照品色谱相应的位置上,应显相同颜色的斑点;在与绿原酸对照品色谱相应的位置上,应显相同颜色的荧光斑点。

(2)取本品1ml〔规格(1)、规格(2)〕或0.5ml〔规格(3)〕,加甲醇5ml,振摇使溶解,静置,取上清液,作为供试品溶液。另取连翘对照药材0.5g,加甲醇10ml,加热回流20分钟,滤过,滤液作为对照药材溶液。照薄层色谱法(《中国药典》通则0502)试验,吸取上述两种溶液各5μl,分别点于同一个硅胶G薄层板上,以三氯甲烷-甲醇(5∶1)为展开剂,展开,取出,晾干,喷以10%硫酸乙醇溶液,在105℃加热至斑点显色清晰。供试品色谱中,在与对照药材色谱相应的位置上,应显相同颜色的斑点。

【检查】相对密度:应不低于1.12(《中国药典》通则0601)〔规格(1)、规格(2)〕或不低于1.15〔规格(3)〕。

pH:应为5.0~7.0(《中国药典》通则0631)。

其他应符合合剂项下有关的各项规定(《中国药典》通则0181)。

【含量测定】(1)黄芩照高效液相色谱法(《中国药典》通则0512)测定。

色谱条件与系统适用性试验:以十八烷基硅烷键合硅胶为填充剂;以甲醇-水-冰醋酸(50∶50∶1)为流动相;检测波长为274nm。理论板数按黄芩苷峰计算应不低于1 500。

对照品溶液的制备:取黄芩苷对照品适量,精密称定,加50%甲醇制成每1ml含0.1mg的溶液,即得。

供试品溶液的制备:精密量取本品1ml,置50ml量瓶中,加50%甲醇适量,超声处理20

分钟,放置至室温,加50%甲醇稀释至刻度,摇匀,即得。

测定法:分别精密吸取对照品溶液与供试品溶液各5μl,注入液相色谱仪,测定,即得。

本品每1ml含黄芩以黄芩苷($C_{21}H_{18}O_{11}$)计,不得少于10.0mg〔规格(1)、规格(2)〕或20.0mg〔规格(3)〕。

(2)金银花照高效液相色谱法(《中国药典》通则0512)测定。

色谱条件与系统适用性试验:以十八烷基硅烷键合硅胶为填充剂;以甲醇-水-冰醋酸(20∶80∶1)为流动相;检测波长为324nm。理论板数按绿原酸峰计算应不低于6 000。

对照品溶液的制备:取绿原酸对照品适量,精密称定,置棕色量瓶中,加水制成每1ml含40μg的溶液,即得。

供试品溶液的制备:精密量取本品2ml,置50ml棕色量瓶中,加水稀释至刻度,摇匀,即得。

测定法:分别精密吸取对照品溶液10μl与供试品溶液10~20μl,注入液相色谱仪,测定,即得。

本品每1ml含金银花以绿原酸($C_{16}H_{18}O_9$)计,不得少于0.60mg〔规格(1)、规格(2)〕或1.20mg〔规格(3)〕。

(3)连翘:照高效液相色谱法(《中国药典》通则0512)测定。

色谱条件与系统适用性试验:以十八烷基硅烷键合硅胶为填充剂;以乙腈-水(25∶75)为流动相;检测波长为278nm。理论板数按连翘苷峰计算应不低于6 000。

对照品溶液的制备:取连翘苷对照品适量,精密称定,加50%甲醇制成每1ml含60μg的溶液,即得。

供试品溶液的制备:精密量取本品1ml,加在中性氧化铝柱(100~120目,6g,内径为1cm)上,用70%乙醇40ml洗脱,收集洗脱液,浓缩至干,残渣加50%甲醇适量,温热使溶解,转移至5ml量瓶中,并稀释至刻度,摇匀,即得。

测定法:分别精密吸取对照品溶液与供试品溶液各10μl,注入液相色谱仪,测定,即得。

本品每1ml含连翘以连翘苷($C_{27}H_{34}O_{11}$)计,不得少于0.30mg〔规格(1)、规格(2)〕或0.60mg〔规格(3)〕。

【功能与主治】疏风解表,清热解毒。用于外感风热所致的感冒,症见发热、咳嗽、咽痛。

【用法与用量】口服。一次20ml〔规格(1)、规格(2)〕或10ml〔规格(3)〕,一日3次;小儿酌减或遵医嘱。

【规格】每支装(1)10ml(每1ml相当于饮片1.5g);(2)20ml(每1ml相当于饮片1.5g);(3)10ml(每1ml相当于饮片3.0g)。

【贮藏】密封,避光,置阴凉处。

(二)双黄连口服液提取工艺

中药成分黄芩苷是黄酮类化合物,极性较大,根据相似相溶原理,可以用沸水煎煮提取。此外,黄芩药材采用直接加水煎煮可防止黄芩苷被酶水解,且由于黄芩苷呈酸性,在酸性条件下溶解度较小,可沉淀析出,故可采用酸碱法提取。绿原酸和连翘苷的提取可采用水提醇沉法,通过增加乙醇的浓度去除多糖等极性大分子。

1. 黄芩提取工艺流程 黄芩加水煎煮三次,每次加8倍量水,第一次2小时,第二、三次各1小时,合并煎液,滤过,滤液浓缩至相对密度1.05～1.10(70～80℃),并在80℃时加入2mol/L 盐酸溶液适量调节 pH 至 1.0～2.0,保温 1 小时,静置 12 小时,滤过,沉淀加 6～8 倍量水,用 40% 氢氧化钠溶液调节 pH 至 7.0,再加等量乙醇,搅拌使溶解,滤过,滤液用 2mol/L 盐酸溶液调节 pH 至 2.0,60℃保温 30 分钟,静置 12 小时,滤过,沉淀用乙醇洗至 pH 为 7.0,回收乙醇,即得。图 3-38 为黄芩提取工艺流程框图。

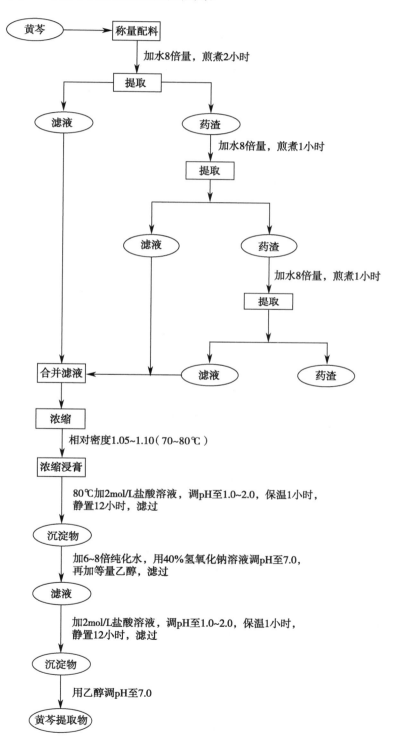

图 3-38　黄芩提取工艺流程框图

2. **金银花、连翘提取工艺流程**　金银花、连翘加水温浸 30 分钟后煎煮两次,每次加 8 倍量水,每次 1.5 小时,合并煎液,滤液浓缩至相对密度为 1.20～1.25g/cm³(70～80℃)的清膏,冷至 40℃时缓缓加入乙醇,使含醇量达 75%,充分搅拌 30 分钟,静置 12 小时,滤取上清液,残渣加 75% 乙醇适量,搅匀,静置 12 小时,滤过,合并乙醇液,回收乙醇,浓缩至相对密度1.20～1.30g/cm³,即得。图 3-39 为金银花、连翘提取工艺流程框图。

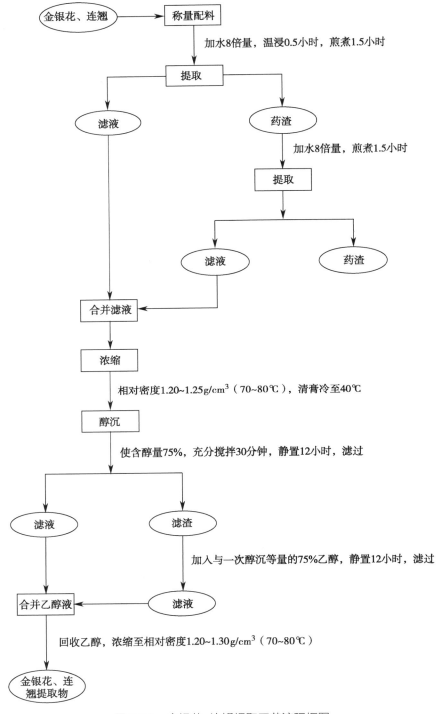

图 3-39　金银花、连翘提取工艺流程框图

（三）生产工艺流程描述

1. 生产前检查　检查生产现场卫生清洁状况,是否有"清场合格证";检查设备是否有"设备完好证";检查计量器具是否有"校检合格证";检查生产文件是否正确、齐全;检查所有证件是否在有效期内。

2. 生产前准备　准备生产所需物料、器具;再次核对物料(原辅料)品名、批号、规格、数量、标示含量、来源等是否与生产指令单一致,是否有"合格证"。

3. 提取生产操作

（1）按生产指令到净料库领料,并仔细核对原辅料品名、批号、规格、数量等。

（2）核对药材与实物相符后,按工艺要求进行投料提取,做好记录,操作者与复核者应签名。

（3）按工艺要求采用煎煮、乙醇回流、回收乙醇、提取挥发油等方法。按各种工艺要求加入药材与规定的溶剂后,依据"设备操作规程"进行操作。

4. 浓缩操作

（1）浓缩时注意控制温度、蒸汽压力等参数,防止浓缩过快。浓缩至浸膏相对密度达到工艺规定的要求时,停止浓缩。

（2）水提取液如果需要乙醇沉淀,应先将药液浓缩至相对密度 1.05～1.10,再泵入醇沉罐中调节适宜的乙醇浓度进行醇沉操作,完成后放出药液,再进行下一步浓缩。

（3）浓缩后的浸膏及时装入专用的洁净容器中,标明品名、批号、数量、生产日期等,及时转交下一工序或在冷柜内存放。

5. 提取、浓缩过程操作的控制、复核

（1）复核人应对上述过程进行监督、复核。必须复核传入的物料的名称、批号、数量与主配方(批记录)一致无误。完成复核后,开始提取、浓缩。

（2）复查应根据操作过程的实际情况,严格执行影响产品质量的重点操作的复核、签字规定。

（3）确定提取、浓缩过程中的蒸汽、压力等条件均具备,并再次复核提取人填写的批记录与生产过程准确无误,在复核人项下签名。

（4）重点操作的复核、复查应根据操作过程的实际情况,严格执行影响产品质量的重点操作的复核、签字规定。

（5）注意操作过程中工艺卫生和环境卫生的控制。

6. 操作过程的安全事项及注意事项　投料时注意轻投,以免造成粉尘飞扬;提取过程中,要注意蒸汽的压力,防止药液溢出;注意控制浓缩过程中温度、压力等参数,防止药液浓缩速度过快,使浓缩物变焦;注意提取、收膏等重要环节的复核;当溶液开始沸腾时开始计时,此时为提取、浓缩时间的开始,按工艺要求确定的提取时间与次数进行提取,并浓缩至复核工艺规定的浸膏;操作过程应及时、如实填写生产记录;操作过程中严禁明火;检查提取、浓缩装置是否清洁;注意计算、投料等重要环节的复核。

7. 操作异常情况的处理　在操作过程中,每个数值都必须与规定的数值一致,如发现数值有差异,必须及时分析,并立即报告车间管理员与车间 QA,同时在有关生产记录上详细记录,并有参加分析、处理人员的签字。操作过程中药液溢出时,要迅速关小或关掉蒸汽阀门,使罐内温度降低。

8. 操作结束 操作结束后应将提取、浓缩好的药液移交下一个生产操作工序或入冷柜存放;按规定进行清场操作;操作人员按规定离开操作岗位。

二、中药丸剂制备工艺与操作

六味地黄丸最早见于宋代太医丞钱乙的《小儿药证直诀》,其配方是钱乙将张仲景《金匮要略》中的肾气丸,减去附子、桂枝,易干地黄为熟地黄而成。该方由熟地黄、山药、酒萸肉、泽泻、茯苓、牡丹皮六味药材组成,其中以地黄为君药,后世逐渐形成了"六味地黄丸"之名。方中重用熟地黄,以滋阴补肾,填精益髓,为君药;酒萸肉补养肝肾,且能涩精,山药补益脾阴,亦能固精,共为臣。三药相配合,有助于滋养肝脾肾,称为"三补"。熟地黄的用量是酒萸肉与山药两味之和,故以强肾阴为主,补其不足以治本。配伍泽泻利湿泄浊,并防熟地黄之滋腻恋邪;牡丹皮清泄相火,并制酒萸肉之温涩;茯苓淡渗脾湿,助益山药之健运。泽泻、牡丹皮、茯苓三药为"三泻",渗湿浊,清虚热,平其偏胜以治标,均为佐药。诸药合用,滋阴补肾,用于肾阴亏损、头晕耳鸣、腰膝酸软、骨蒸潮热、盗汗遗精。

六味地黄丸在历代医者的临床使用中,治疗范围不断扩大,剂型也在不断改进。六味地黄丸在成方之初,其剂型便为丸剂,中医认为:丸者缓也,不能速去之,其用药之舒缓,而治之意也。作为一味滋补用药,往往需要长期使用,循序渐进,故六味地黄丸在临床使用中多为丸剂。传统的剂型为大蜜丸,随着制药技术的发展,逐渐出现了水丸、水蜜丸、片剂、硬胶囊、软胶囊、滴丸、浓缩丸等不同的剂型。

在六味地黄丸传统剂型的生产工艺中,大蜜丸、小蜜丸、水丸是以药材原粉混合水或者蜂蜜制成;六味地黄片、六味地黄硬胶囊将牡丹皮、山茱萸、茯苓粉碎成细粉,其余3味通过水煎煮进行提取。在六味地黄丸的现代生产工艺中,除牡丹皮提取了挥发性成分之外,酒萸肉用乙醇提取,熟地黄、山药、泽泻水煎煮浓缩成膏,膏中加乙醇提取上清液与酒萸肉的提取液混合,茯苓水煮后温浸,如软胶囊和滴丸的生产工艺。在六味地黄丸浓缩丸的生产中采用了水煎煮、浓缩、蒸馏、醇提相结合的办法,把各种药材中的有效成分进行充分的提取与浓缩,既保留了传统制造工艺,又使用了现代先进的超微粉碎、微波干燥等技术。

(一)质量标准(以现行版《中国药典》为例)

【性状】本品为棕黑色的水丸、水蜜丸,棕褐色至黑褐色的小蜜丸或大蜜丸;味甜而酸。

【鉴别】(1)取本品,置显微镜下观察:淀粉粒三角状卵形或矩圆形,直径24~40μm,脐点短缝状或人字状(山药)。不规则分枝状团块无色,遇水合氯醛试液溶化;菌丝无色,直径4~6μm(茯苓)。薄壁组织灰棕色至黑棕色,细胞多皱缩,内含棕色核状物(熟地黄)。草酸钙簇晶存在于无色薄壁细胞中,有时数个排列成行(牡丹皮)。果皮表皮细胞橙黄色,表面观类多角形,垂周壁连珠状增厚(酒萸肉)。薄壁细胞类圆形,有椭圆形纹孔,集成纹孔群;内皮层细胞垂周壁波状弯曲,较厚,木化,有稀疏细孔沟(泽泻)。

（2）取本品水丸 3g、水蜜丸 4g，研细；或取小蜜丸或大蜜丸 6g，剪碎。加甲醇 25ml，超声处理 30 分钟，滤过，滤液蒸干，残渣加水 20ml 使溶解，用正丁醇-乙酸乙酯（1∶1）混合溶液振摇提取 2 次，每次 20ml，合并提取液，用氨溶液（1→10）20ml 洗涤，弃去氨液，正丁醇液蒸干，残渣加甲醇 1ml 使溶解，作为供试品溶液。另取莫诺苷对照品、马钱苷对照品，加甲醇制成每 1ml 各含 2mg 的混合溶液，作为对照品溶液。照薄层色谱法（《中国药典》通则 0502）试验，吸取供试品溶液 5µl、对照品溶液 2µl，分别点于同一个硅胶 G 薄层板上，以三氯甲烷-甲醇（3∶1）为展开剂，展开，取出，晾干，喷以 10% 硫酸乙醇溶液，在 105℃加热至斑点显色清晰，置紫外光灯（365nm）下检视。供试品色谱中，在与对照品色谱相应的位置上，显相同颜色的荧光斑点。

（3）取本品水丸 4.5g、水蜜丸 6g，研细；或取小蜜丸或大蜜丸 9g，剪碎，加硅藻土 4g，研匀。加乙醚 40ml，回流 1 小时，滤过，滤液挥去乙醚，残渣加丙酮 1ml 使溶解，作为供试品溶液。另取丹皮酚对照品，加丙酮制成每 1ml 含 1mg 的溶液，作为对照品溶液。照薄层色谱法（《中国药典》通则 0502）试验，吸取上述两种溶液各 10µl，分别点于同一个硅胶 G 薄层板上，以环己烷-乙酸乙酯（3∶1）为展开剂，展开，取出，晾干，喷以盐酸酸性 5% 三氯化铁乙醇溶液，加热至斑点显色清晰。供试品色谱中，在与对照品色谱相应的位置上，显相同颜色的斑点。

（4）取本品水丸 4.5g、水蜜丸 6g，研细；或取小蜜丸或大蜜丸 9g，剪碎，加硅藻土 4g，研匀。加乙酸乙酯 40ml，加热回流 20 分钟，放冷，滤过，滤液浓缩至约 0.5ml，作为供试品溶液。另取泽泻对照药材 0.5g，加乙酸乙酯 40ml，同法制成对照药材溶液。照薄层色谱法（《中国药典》通则 0502）试验，吸取上述两种溶液各 5～10µl，分别点于同一个硅胶 G 薄层板上，以三氯甲烷-乙酸乙酯-甲酸（12∶7∶1）为展开剂，展开，取出，晾干，喷以 10% 硫酸乙醇溶液，在 105℃加热至斑点显色清晰。供试品色谱中，在与对照药材色谱相应的位置上，显相同颜色的斑点。

【检查】应符合丸剂项下有关的各项规定（《中国药典》通则 0108）。

【含量测定】照高效液相色谱法（《中国药典》通则 0512）测定。

色谱条件与系统适用性试验：以十八烷基硅烷键合硅胶为填充剂；以乙腈为流动相 A，以 0.3% 磷酸溶液为流动相 B，按表 3-3 中的规定进行梯度洗脱；莫诺苷和马钱苷检测波长为 240nm，丹皮酚检测波长为 274nm；柱温为 40℃。理论板数按莫诺苷、马钱苷峰计算均应不低于 4 000。

表 3-3 梯度洗脱流动相比例

时间/min	流动相 A/%	流动相 B/%
0～5	5→8	95→92
5～20	8	92
20～35	8→20	92→80
35～45	20→60	80→40
45～55	60	40

对照品溶液的制备：取莫诺苷对照品、马钱苷对照品和丹皮酚对照品适量，精密称定，加50% 甲醇制成每 1ml 中含莫诺苷与马钱苷各 20μg、含丹皮酚 45μg 的混合溶液，即得。

供试品溶液的制备：取水丸，研细，取约 0.5g，或取水蜜丸，研细，取约 0.7g，精密称定；或取小蜜丸或重量差异项下的大蜜丸，剪碎，取约 1g，精密称定。置具塞锥形瓶中，精密加入50% 甲醇 25ml，密塞，称定重量，加热回流 1 小时，放冷，再称定重量，用 50% 甲醇补足减失的重量，摇匀，滤过，取续滤液，即得。

测定法：分别精密吸取对照品溶液与供试品溶液各 10μl，注入液相色谱仪，测定，即得。

本品含酒萸肉以莫诺苷（$C_{17}H_{26}O_{11}$）和马钱苷（$C_{17}H_{26}O_{10}$）的总量计，水丸每 1g 不得少于0.9mg；水蜜丸每 1g 不得少于 0.75mg；小蜜丸每 1g 不得少于 0.50mg；大蜜丸每丸不得少于4.5mg；含牡丹皮以丹皮酚（$C_9H_{10}O_3$）计，水丸每 1g 不得少于 1.3mg；水蜜丸每 1g 不得少于1.05mg；小蜜丸每 1g 不得少于 0.70mg；大蜜丸每丸不得少于 6.3mg。

【功能与主治】滋阴补肾。用于肾阴亏损，头晕耳鸣，腰膝酸软，骨蒸潮热，盗汗遗精，消渴。

【用法与用量】口服。水丸一次 5g，水蜜丸一次 6g，小蜜丸一次 9g，大蜜丸一次 1 丸，一日 2 次。

【规格】（1）大蜜丸每丸重 9g；（2）水丸每袋装 5g。

【贮藏】密封。

（二）生产工艺

丸剂的制法有泛制法、塑制法和滴制法。

泛制法生产丸剂的一般工艺流程为：

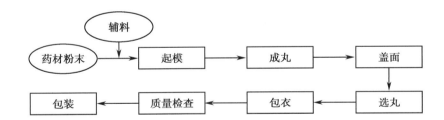

供制丸用的药粉应为细粉或极细粉：起模、盖面、包衣的药粉，应根据处方药物的性质选用。丸剂的赋形剂种类较多，选用恰当的润湿剂、黏合剂，既有利于成型，又有助于控制溶散时限，提高药效。

泛制法制备水丸时，根据药料性质、气味等可将药粉分层泛入丸内，以掩盖不良气味、防止芳香成分的挥发损失，也可将速效部分泛于外层，缓释部分泛于内层，达到长效的目的。一般选用黏性适中的药物细粉起模，并应注意掌握好起模用粉量，如用水为润湿剂，必须用 8 小时以内的纯化水，水蜜丸成型时先用低密度的蜜水，然后逐渐用稍高浓度的蜜水，成型后再用低浓度的蜜水撞光，盖面时要注意分布均匀。泛制丸因含水分多，湿丸粒应及时干燥，干燥温度一般为 80℃左右，含挥发性、热敏性成分或淀粉较多的丸剂，应在 60℃以下干燥，丸剂在制备过程中极易染菌，应采取恰当的方法加以控制。

1. 六味地黄丸（蜜丸）的制备　取熟地黄 160g、酒萸肉 80g、牡丹皮 60g、山药 80g、茯苓

60g、泽泻 60g，粉碎成细粉，过筛，混匀。每 100g 粉末加炼蜜 80～110g，制丸块，搓丸条，制丸粒，每丸重 9g，即得。

2. **六味地黄丸（水丸）的制备** 取熟地黄 160g、酒萸肉 80g、牡丹皮 60g、山药 80g、茯苓 60g、泽泻 60g，粉碎成细粉，过筛，混匀。用乙醇泛丸，干燥，制成水丸，即得。

（三）生产工艺流程描述

1. **班前检查** 检查生产现场卫生清洁状况，是否有"清场合格证"；检查设备是否有"设备完好证"；检查计量器具是否有"校检合格证"；检查生产文件是否正确、齐全；检查所有证件是否都在有效期内，后由车间 QA 发放"生产许可证"。

2. **生产前准备** 准备生产所需物料、器具；再次核对物料（原辅料）品名、批号、规格、数量、标示含量、来源等是否与生产指令单一致，是否有"合格证"。

3. **配料工序**

（1）配料前，操作人员首先检查是否有上批清场合格证（合格证必须在有效期内），核对原辅料品名、批号、规格、重量是否准确无误，称量器具调零。

（2）将领来的饮片按生产指令规定数量分别进行称量，配料，将配好的药材装入洁净无纺布中，扎紧袋口，拴挂标签：注明生产日期、批号、品名、规格、重量及操作人和复核人签字，由质检员检查合格后转入下一工序。

（3）生产结束后对车间生产环境、配料盘及各种工具进行清扫冲洗。按照"配料岗位清场标准操作程序"进行，由质检员检查清场情况，确认合格后，签发清场合格证。

4. **粉碎、混合工序**

（1）检查核对：生产前，由岗位负责人及质监人员对该岗位进行全面检查，是否有上批清场合格证（合格证必须在有效期内），工器具（粉碎机、混合机、不锈钢桶、不锈钢铲、磅秤、薄膜袋）是否齐全并已清洗、干燥，设备是否清洗，确认无其他异物，开始生产。

（2）粉碎：由岗位负责人检查粉碎机及辅助设备的运转情况、传动部位的润滑情况。空车试机，一切正常后，按工艺要求的目数，选择筛网并装于筛框上紧固，然后将整个筛子固定好，用手轻轻转动，应与周围不摩擦。闭合膛门，拧紧紧固螺丝。检查收集布袋和风袋是否清洁，有无漏洞，然后用布袋扎紧出料口。操作人员按生产指令领料，领料时操作人员应检查包装是否严密、完好、无污染，并核对品名、批号、重量并复称。按照粉碎机标准操作程序进行生产操作，将所有饮片粉碎成细粉，过 80 目筛。

（3）总混：由岗位负责人检查混合机及辅助设备的运转情况、传动部位的润滑情况，空车试机，一切正常之后，开始生产。将粉碎好的药粉进行混合，按照混合机标准操作程序进行生产操作。

（4）称重：将混合好的药粉分别装入衬有双层洁净薄膜袋的无纺布袋中，扎紧袋口，拴挂标签，注明生产日期、批号、品名、岗位、重量、编号及操作人和复核人签字，由质检员检查合格后，放入暂存间，填写请检单，送质检室，取样做微生物限度检查，合格后转入制剂车间备料间。

（5）清场：生产结束后按"粉碎岗位清场标准操作程序"及"混合岗位清场标准操作程序"对车间生产环境、设备及各种工具进行清洁，由质检员检查清场情况，确认合格后，签发清场合格证。

5. 制剂工序

（1）炼蜜工序

1）生产前：由岗位负责人及质检人员对该岗位进行全面检查，是否有上批清场合格证（合格证必须在有效期内），工器具（夹层锅、不锈钢桶、不锈钢铲、磅秤）是否齐全并已清洗、干燥，设备是否清洗，确认无其他异物，开始生产。

2）炼蜜：按生产指令从仓库领取蜂蜜，送入制剂车间炼蜜室进行炼蜜（按照"夹层蒸药锅标准操作程序"操作），炼蜜温度、密度达到规定要求。

3）称重：将炼好的蜂蜜装入不锈钢桶内，称重，拴挂标签，注明生产日期、批号、品名、岗位、重量及操作人和复核人签字，转入制丸工序。

4）清场：生产结束后按"炼蜜岗位清场标准操作程序"对车间生产环境、设备及各种工具进行清洁，由质检员检查清场情况，确认合格后，签发清场合格证及合格标记。

（2）制丸工序

1）生产前：由岗位负责人及质检人员对该岗位进行全面检查，是否有上批清场合格证（合格证必须在有效期内），工器具（夹层锅、槽形混合机、炼药机、四级分离机、包衣机、不锈钢桶、不锈钢盘、磅秤等）是否齐全并已清洗、干燥，设备是否清洗，确认无其他异物，开始生产。

2）制软材：按生产指令从制剂车间备料间分次领取药粉，核对好品名、批号、重量。按每公斤药粉加炼蜜425g，加纯化水90g，在槽形混合机中混合15分钟（按照"槽形混合机标准操作程序"操作），制成软材，再在炼药机上炼制20分钟（按照"炼药机标准操作程序"操作）。

3）制丸：将制好的软材用制丸机制丸（按照"制丸机标准操作程序"进行生产操作）。

4）整丸：将制好的药丸用不锈钢糖衣机进行滚圆（按照"不锈钢糖衣机标准操作程序"进行生产操作）。

5）干燥：将滚圆好的药丸用微波干燥机进行干燥（按照"微波干燥机标准操作程序"进行生产操作），干燥时控制干燥温度在80℃。

6）选丸：将干燥后的药丸用选丸机进行选丸（按照"选丸机标准操作程序"进行生产操作）。

7）称重：将干燥、选好的药丸装入不锈钢桶内，称重，拴挂标签，注明生产日期、批号、品名、岗位、重量及操作人和复核人签字，箱上覆盖一层塑料薄膜。由质检员检查合格后，放入中间站，由中间站管理员填写请验单，送质检室，取样做微生物限度检查。

8）清场：生产结束后按"丸剂制丸岗位清场标准操作程序"对车间生产环境、设备及各种工具进行清洁，由质检员检查清场情况，确认合格后，签发清场合格证及合格标记。

参考文献

[1] 国家药典委员会.中华人民共和国药典：一部［M］.2020年版.北京：中国医药科技出版社，2020.

［2］李范珠，狄留庆.中药药剂学［M］.3版.北京：人民卫生出版社，2021.

［3］刘精婵.中药制药设备［M］.北京：人民卫生出版社，2009.

［4］王沛.制药设备与车间设计［M］.北京：人民卫生出版社，2014.

［5］魏增余.中药制药设备［M］.3版.北京：人民卫生出版社，2018.

［6］柯学.药物制剂工程［M］.北京：人民卫生出版社，2014.

第四章　生物药生产综合实训

第一节　常用设备及其原理

一、发酵设备

发酵设备，或称发酵罐，一般指利用生物催化剂来制造生物产品的反应装置。传统的酶反应器、采用固定化技术后的固定化酶或固定化细胞反应器、动植物细胞反应器等都属于发酵设备的范畴。发酵设备的功能是为微生物代谢提供优化稳定的物理和化学环境，使微生物能更快、更好地生长，产生更多所需的生物量或目标代谢物。通常而言，发酵设备主要为发酵罐和种子罐，其各自都附有原料（培养基）调制、蒸煮、灭菌和冷却设备，以及通气调节、除菌设备、搅拌器等。

（一）发酵设备类型和发展趋势

1. 发酵设备的分类　发酵设备是指能满足微生物发酵活动的设备，可从以下五个方面进行分类。

（1）根据发酵用培养基的状况，分为固体发酵设备和液体发酵设备。

（2）根据微生物类型，分为嫌气和好气两大类，酒精、丙酮、丁醇等产品发酵须用嫌气发酵设备；谷氨酸、柠檬酸、酶制剂和抗生素等好气发酵产品在发酵过程中要不断通入无菌空气，须用通风发酵设备。

（3）根据发酵罐材料，分为玻璃发酵罐、不锈钢发酵罐等。

（4）根据发酵罐容积，一般小于 500L 的是实验室发酵罐，500～5 000L 的是中试发酵罐，大于 5 000L 的属于规模化生产的发酵罐。

（5）根据微生物生长环境，分为菌体悬浮生长型和支持生长型发酵罐。

2. 微生物发酵设备的发展趋势　随着生物发酵产业的不断发展，微生物发酵产品品种越来越多，市场需求量越来越大，发酵设备日趋完善，智能化、自动化、大型化、连续型和环保型发酵设备已经成为发酵设备产业的主流。发酵过程中的温度、压力、pH、溶氧、搅拌速度、物料添加、设备清洗等都已基本实现智能自动控制。

大型发酵罐和连续发酵设备能够简化管理，节省辅助设备（原料处理设备、空气除菌设备、空气输送设备等）投资，降低成本。把新型环保发酵设备的研发与旧的发酵设备技术改造结合起来，通过设计更加优化的发酵工艺，充分利用发酵基质，使用辅助设备处理好废水、废气、废渣，切实做到节能减排，降低污染，发酵废液、废渣二次利用，提高发酵工业综合利用率,已成为目前国家大力支持的发展方向。

（二）通风发酵设备

大多数的生化反应都是需氧的,故通风发酵设备是需氧生化反应设备的核心和基础。在发酵罐中,微生物在适当的环境中进行生长、新陈代谢和形成发酵产物。20世纪40年代青霉素的工业化生产,标志着近代通风发酵工业的开端。

通风发酵罐又称好气性发酵罐,如谷氨酸、柠檬酸、酶制剂、抗生素、酵母等发酵用的发酵罐。好气性发酵需要将空气不断通入发酵液中,以提供微生物所需要的氧。

常用的通风发酵罐有以下几种类型:①机械搅拌通风发酵罐;②自吸式发酵罐;③气升式发酵罐;④通风固相发酵设备;⑤其他类型的通风发酵反应器。本节主要讨论与生物制药相关的前三种发酵罐的原理和结构。

1. 机械搅拌通风发酵罐 机械搅拌通风发酵罐,又称通用型发酵罐,约占发酵罐总数的70%～80%,广泛应用于生物制药工业。其借助机械搅拌器的作用,使空气和发酵液充分混合,促使氧在发酵液中溶解,以供给微生物生长繁殖和发酵所需的氧。首个大规模的微生物发酵生产青霉素就是在机械搅拌发酵罐中进行的。

（1）机械搅拌通风发酵罐的基本要求:一个性能优良的机械搅拌通风发酵罐必须具有适宜的径高比;能承受一定压力;能使气液充分混合;具有足够的冷却面积;尽量减少死角;灭菌能彻底;轴封严密。

（2）机械搅拌发酵罐的结构:机械搅拌通风发酵罐是一种密封式受压设备,其主要部件包括罐身、轴封、搅拌器、中间轴承、挡板、空气分布管、换热装置、人孔及管路等。

下面以图4-1和图4-2为例,对该类发酵罐的主要部件加以说明。

1）罐体:发酵罐的罐体由圆柱体及椭圆形或碟形封头焊接而成,材料以不锈钢为宜。为满足工艺要求,罐体必须能承受一定压力和温度,通常要求耐受130℃和0.25MPa(绝对压力)。管壁的厚度取决于罐径、材料及耐受的压强。小型发酵罐罐顶和罐身采用法兰连接,材料一般为耐压玻璃或不锈钢。为便于清洗,小型发酵罐顶设有清洗用的手孔。中大型发酵罐设有快开入孔和清洗用的快开手孔。罐顶装有视镜及灯镜。在罐顶上的接管有进料管、补料管、排气管、接种管和压力表接管。在罐身上的接管有冷却水进出管、进空气管、取样管、温度计管和测控仪表接口。

2）搅拌器:搅拌器的主要作用是混合和传质,即把通入的空气分散成气泡并与发酵液充分混合,使气泡细碎增大气-液界面,以获得所需要的溶氧速率,并使生物细胞悬浮分散于发酵体系中,以维持适当的气-液-固(细胞)三相的混合与质量传递,同时强化传热过程。

按照桨叶结构特征分为浆式、涡轮式、推进式和锚式四大类。其中机械搅拌通风发酵罐中常用的为涡轮式搅拌器。

图4-3所示为涡轮式搅拌器,其由1个圆盘和3个以上叶片组成,叶片为垂直安装和倾斜安装。垂直安装的平叶涡轮式搅拌器主要产生径向液流和少量的轴向液流;倾斜安装的折叶涡轮式搅拌器可产生相对较大的轴向液流。涡轮直径与搅拌罐内径的比为0.2～0.5,涡轮线速度一般为4～8m/s。涡轮式搅拌器能在较大范围内产生强烈的径向流动和比较大的轴向流动,在叶片周围能够产生强烈的剪切效应,适用于气体的溶解、热传质、不相溶液体的分散和

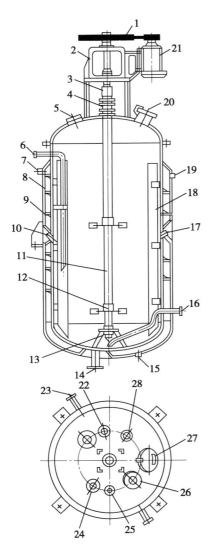

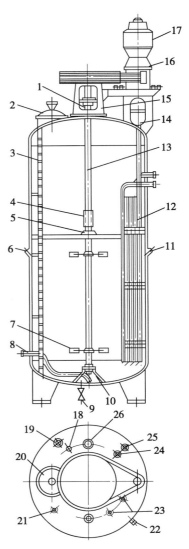

1. 带轮；2. 轴承支撑；3. 联轴器；4. 轴封；5、26. 视镜；6、23. 取样口；7. 冷却水出口；8. 夹套；9. 螺旋片；10. 温度计接口；11. 轴；12. 搅拌器；13. 底轴承；14. 放料口；15. 冷却水进口；16. 通风管；17. 热电偶接口；18. 挡板；19. 接压力表；20、27. 手孔；21. 电动机；22. 排气口；24. 进料口；25. 压力表接口；28. 补料口。

图 4-1　小型发酵罐

1. 轴封；2、20. 人孔；3. 梯子；4. 联轴器；5. 中间轴承；6. 热电偶接口；7. 搅拌器；8. 通风口；9. 放料口；10. 底轴承；11. 温度计；12. 冷却管；13. 轴；14、19. 取样口；15. 轴承支座；16. 三角皮带转动；17. 电动机；18. 压力表；21. 进料口；22. 空气进口；23. 补料口；24. 排气口；25. 回流口；26. 视镜。

图 4-2　大型发酵罐

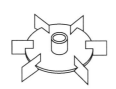 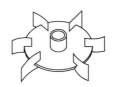 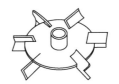

图 4-3　涡轮式搅拌器示意图

固体的溶解。

3）挡板：当发酵液为黏度较低的液体时，如果搅拌器在罐内对称安装，并且转速足够高时，会产生很大的切向环流，在离心力的作用下，液体涌向发酵罐内壁，形成周边高而中间低的漩涡。为了抑制漩涡的产生和增强传质，须在发酵罐内安装挡板，其作用是使液流方向由径向流改为轴向流，促使液体剧烈翻动，增加溶解氧。通常，挡板宽度取（0.1～0.12）D（发酵罐直径），装设4～6块，即可满足全挡板条件。

全挡板条件是指在一定转数下再增加罐内挡板而轴功率仍保持不变。要达到全挡板条件必须满足下式要求：

$$\left(\frac{b}{D}\right)n=\frac{(0.1\sim0.12)D}{D}n=0.5 \qquad 式（4-1）$$

式中，D 为发酵罐直径，mm；b 为挡板宽度，mm；n 为挡板数。

挡板的高度自罐底起至设计的液面高度为止，同时挡板应与管壁留有一定的间隙，大小一般为（1/8～1/5）D。挡板分为两类：一类是垂直安装于罐壁的常规挡板，另一类为特殊挡板，其形状和位置各有差异，有底挡板、表面挡板等。

4）轴承：中小型发酵罐一般在罐内装有底轴承，大型发酵罐装有中间轴承。罐内轴承采用液体润滑的塑料轴瓦（如聚四氟乙烯等），轴瓦与轴之间的间隙常取轴径的0.4%～0.7%。为了防止轴颈磨损，可在与轴承接触处的轴上增加一个轴套。

5）轴封：轴封的作用是使罐顶或罐底与轴之间的缝隙密封，防止泄漏和污染杂菌。常用的轴封有填料函式轴封（图4-4）和端面式轴封（图4-5）两种。

a. 填料函式轴封由填料箱体、填料底衬套、填料压盖和压紧螺栓等零件构成，其优点是结构简单，缺点主要包括：①死角多，难以彻底灭菌，易渗漏和染菌；②轴的磨损严重；③填料

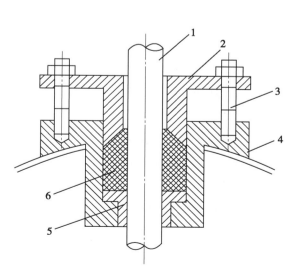

1. 转轴；2. 填料压盖；3. 压紧螺栓；4. 填料箱体；5. 铜环；6. 填料。

图4-4　填料函式轴封

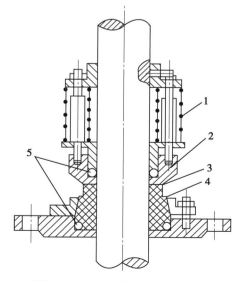

1. 弹簧；2. 动环；3. 堆焊硬质合金；4. 静环；5. O形圈。

图4-5　机械端面式轴封

压紧后摩擦功率消耗大；④寿命短。该类轴封现已基本不采用。

b. 端面式轴封又称机械轴封。密封作用是靠弹性元件（弹簧、波纹管等）的压力使垂直于轴线的动环和静环光滑表面紧密地相互贴合，并做相对转动而达到密封。其优点包括清洁、密封可靠、无死角（可防止杂菌污染）、使用寿命长、摩擦功率损耗小、轴或轴套不受磨损及对轴的震动敏感性小。其缺点包括装拆不便和对动环及静环的表面光洁度及平直度要求高。

6）空气分布器：对于一般的通气发酵罐，空气分布管主要有环形管式和单管式。单管式结构简单实用，管口正对罐底中央，与罐底距离约为40mm。若用环形空气分布管，则要求环管上的空气喷孔应在搅拌叶轮叶片内边之下，同时喷气孔应向下以尽可能减少培养液在环形分布管上滞留。喷孔直径通常取2~5mm为宜，且喷孔总截面积之和等于空气分布管截面积。对机械搅拌通气发酵罐，分布管内空气流速取20m/s左右。

7）发酵罐的换热装置

a. 夹套式换热装置：该装置多应用于容积较小的发酵罐、种子罐；夹套的高度比静止液面高度稍高即可，无须进行冷却面积的设计。其优点是结构简单、加工容易、罐内无冷却设备、死角少、易进行清洁灭菌、利于发酵。其缺点是传热壁较厚、冷却水流速低、发酵时降温效果差。

b. 竖式蛇管换热装置：该装置是竖式的蛇管分组安装于发酵罐内，根据管的直径大小可分四组、六组或八组不等，多用于容积5m³以上的发酵罐。其优点是冷却水在管内的流速大、传热系数高。这种冷却装置适用于冷却用水温度较低的地区，水的用量较少。在气温高的地区，冷却用水温度较高，发酵时降温困难，发酵温度经常超过40℃，影响发酵产率，故采用冷冻盐水或冷冻水冷却。

c. 竖式列管（排管）换热装置：这种装置是以列管形式分组对称装于发酵罐内。其优点是加工方便，适用于气温较高、水源充足的地区。其缺点是传热系数较蛇管低，用水量较大。

2. 自吸式发酵罐 自吸式发酵罐是一种不需要空气压缩机提供加压空气，而依靠特设的机械搅拌吸气装置或液体喷射吸气装置吸入无菌空气，能同时实现混合搅拌与溶氧传质的发酵罐。这种设备的耗电量小，能保证发酵所需的空气，并能使气液均匀地接触，空气中70%~80%的氧能被吸入利用。20世纪60年代，欧洲和美国采用不同型式和容积的自吸式发酵罐成功生产出葡萄糖酸钙、利福霉素、维生素C、酵母和蛋白酶等产品。

与机械搅拌发酵罐相比，自吸式发酵罐不必配备空气压缩机及其附属设备，可节约设备投资、减少厂房面积。另外，自吸式发酵罐还具有溶氧速率和效率高、能耗较低的特点，在酵母生产和醋酸发酵应用中体现出较高的生产效率和经济效益。

由于一般的自吸式发酵罐是依靠负压吸入空气的，故发酵系统不能保持一定的正压，较易产生杂菌污染，必须配备低阻力损失的高效空气过滤系统。为克服上述缺点，可采用自吸气与鼓风相结合的鼓风自吸式发酵系统，即在过滤器前加装一台鼓风机，适当维持无菌空气的正压，不仅可减少染菌机会，还可增大通风量，提高溶氧系数。

（1）机械搅拌自吸式发酵罐：该类发酵罐的结构如图4-6所示。主要构件是吸气搅拌叶轮及导轮，简称转子和定子。当发酵罐内充有液体，启动搅拌电动机，转子高速旋转，转子框内液体被甩向叶轮外缘,液体获得能量。转子的线速度越大,液体(还含有气体)的动能越大,当其离开转子时,由动能转变成的静压能也越大,在转子中心所造成的负压也越大,故吸气量也越大,通过导向叶轮而使气液均匀分布甩出,并使空气在循环的发酵液中分裂成细微的气泡,在湍流状态下混合、湍动和扩散,在搅拌的同时实现充气作用。

(2)喷射自吸式发酵罐:该类发酵罐是应用文氏管喷射吸气装置或溢流喷射吸气装置进行混合通气的,不用空压机和机械搅拌吸气转子。

1)文氏管吸气自吸式发酵罐:图4-7是文氏管自吸式发酵罐结构示意图。其原理是用泵使发酵液通过文氏管吸气装置,由于液体在文氏管的收缩段中流速增加,形成真空而将空气吸入,并使气泡分散与液体均匀混合,实现溶氧传质。典型文氏管的结构如图4-8所示。

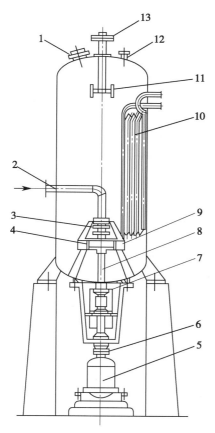

1.人孔;2.进风管;3.轴封;4.转子;5.电动机;
6.联轴器;7.轴封;8.搅拌轴;9.定子;10.冷却蛇
管;11.消泡器;12.排气管;13.消泡转轴。

图 4-6　机械搅拌自吸式发酵罐

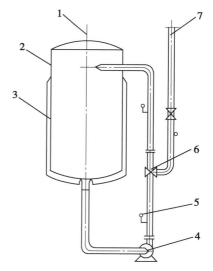

1.排气管;2.罐体;3.换热夹套;4.循环泵;
5.压力表;6.文氏管;7.吸气管。

图 4-7　文氏管自吸式发酵罐结构示意图

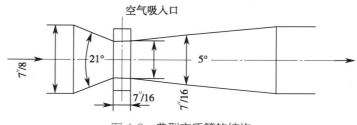

图 4-8　典型文氏管的结构

2）液体喷射自吸式发酵罐：液体喷射吸气装置是这种自吸式发酵罐的关键装置，其结构示意图如图4-9所示。

3）溢流喷射自吸式发酵罐：该类发酵罐的通气是依靠溢流喷射器，其吸气原理是液体溢流时形成抛射流，由于液体的表面层与其相邻的气体的动量传递，使边界层的气体有一定的速率，从而带动气体流动形成自吸气作用。要使液体处于抛射非淹没溢流状态，溢流尾管要略高于液面，尾管高1～2m时，吸气速率较大。此类型发酵罐结构如图4-10所示。

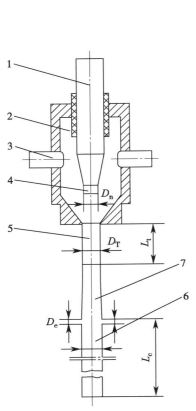

1.进风管；2.吸气室；3.进风管；4.喷嘴；
5.收缩段；6.导流尾管；7.扩散段。

图4-9 液体喷射吸气装置结构示意图

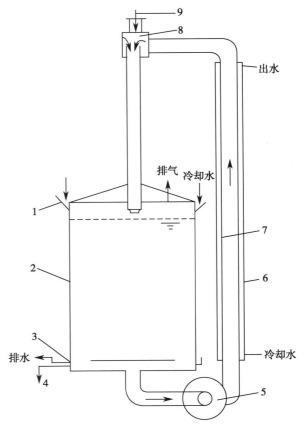

1.冷却水分配槽；2.罐体；3.排水槽；4.放料口；5.循环泵；6.冷却夹套；7.循环管；8.溢流喷射器；9.进风口。

图4-10 单层溢流喷射自吸式发酵罐结构示意图

3. 气升式发酵罐 该类发酵罐的工作原理是把无菌空气通过喷嘴或喷孔喷射进发酵液中，通过气液混合物的湍流作用使空气泡分割细碎，同时由于形成的气液混合物密度降低而向上运动，气含率小的发酵液则下沉，形成循环流动，实现混合与溶氧传质。气升式发酵罐可分为内循环式和外循环式两类，该类发酵罐具有结构简单、反应溶液分布均匀、溶氧速率和溶氧效率较高、剪切力小（对生物细胞损伤小）、传热良好、易于加工制造、操作和维修方便及易于放大设计和模拟等优点。

图4-11～图4-13分别为气升式内循环发酵罐、气液双喷射气升式内循环发酵罐和设有多层分布板的塔式气升式外循环发酵罐的结构示意图。

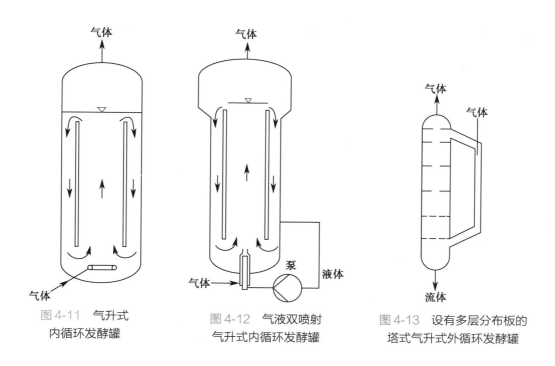

图 4-11　气升式　　　　图 4-12　气液双喷射　　　　图 4-13　设有多层分布板的
内循环发酵罐　　　　气升式内循环发酵罐　　　　塔式气升式外循环发酵罐

二、离子交换设备

离子交换过程一般包括离子交换、再生和清洗等操作步骤。因此,离子交换设备的设计除要考虑离子交换反应过程外,还要考虑再生和清洗过程。常用的离子交换设备主要有搅拌槽式离子交换器、固定床离子交换器和移动床离子交换器,下文分别加以介绍。

(一)搅拌槽式离子交换器

该类离子交换器是一种带有多孔支承板和搅拌器的圆筒形容器,离子交换树脂置于支承板上。在搅拌槽式离子交换器中进行的离子交换过程是一种典型的间歇操作过程。操作步骤如下:先将液体加入交换器,搅拌使液体与树脂充分混合,进行离子交换反应;当离子交换过程达到或接近平衡时,停止搅拌,放出液体;再将再生液加入交换器搅拌进行再生;等再生过程完成后,排出再生液;用清水对残留有少量再生液的树脂进行清洗;清洗过程结束后,即可开始下一循环的离子交换过程。

搅拌槽式离子交换器具有结构简单、操作方便等优点。缺点是间歇操作,分离效果较差,适用于小规模及分离要求不高的场合。

(二)固定床离子交换器

固定床离子交换器是制药化工生产中应用最为广泛的一类离子交换设备。对于该类离子交换器,要特别注意树脂的再生和清洗问题。为获得良好的再生效果,再生时常采用逆流操作。但离子交换树脂的密度与水的密度很接近,因此当液体向上流动时,树脂极易上浮形成流化状态,从而不能保证交换与再生之间的逆流操作。为此,可在固定床离子交换器的上方和下方各设置一块多孔支承板,如图 4-14 所示。交换时,原料液自下而上流动,若流速较大,全部树脂将集中于上支承板的下方形成固定床;若流速较小,则部分树脂将处于流化状态。改变料液的流速,可调节处于流化状态的树脂的比例。

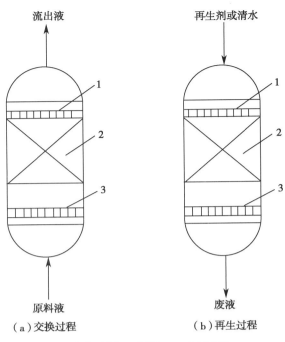

流出液　　　　　　　　再生剂或清水

（a）交换过程　　　（b）再生过程

1. 上支承板；2. 树脂；3. 下支承板。

图 4-14　固定床离子交换器

根据料液的组成、离子交换剂的种类及分离要求，固定床离子交换器可采用单床、复合床、混合床等形式。其中单床常用于回收或脱除溶液中的某种离子或物质；复合床由若干组阳离子与阴离子交换器串联而成，常用于纯化水的制备及溶液的脱盐和精制等；混合床是将阴、阳离子交换树脂按一定比例混合后填充于同一个固定床内。一般情况下，可根据阴、阳离子树脂密度的差异，用反洗水流使两种树脂分层，然后再分别用碱性水溶液和酸性水溶液处理碱性树脂层和酸性树脂层。

固定床离子交换器具有结构简单、操作方便、树脂磨损少等优点，适用于澄清料液的处理。缺点是树脂的利用率较低，操作的线速度较小，且不适用于悬浮液的处理。

（三）半连续移动床离子交换器

该类离子交换器的离子交换、再生和清洗等步骤是连续进行的，但树脂须在规定的时间内流动一部分，而在树脂的移动期间没有产物流出，故从整个过程来看是半连续的。该类型设备既保留了固定床操作的高效率，简化了阀门与管线，又将吸附、冲洗和洗脱等步骤分开进行。

系统运行过程如下：待处理液进入处理柱后，树脂随待处理液一起在柱内流动，进行交换反应。树脂悬浮液流到中间循环柱，进行固液分离，处理水外排。当再生信号发出，水处理系统内部分树脂进入饱和树脂存贮柱，同时有再生好的树脂进行补充。然后，存贮柱内的树脂进入再生柱再生。该装置可实现水处理、饱和树脂再生及再生后树脂返回等过程同时进行，从而达到连续产水的目的。半连续式移动床离子交换系统的示意图如图 4-15 所示。

（四）连续式离子交换器

固定床的离子交换操作中，只能在很短的交换带中进行交换。因此，树脂利用率低，生产周期长。如图 4-16 和图 4-17 所示，采用连续逆流式操作则可解决这些问题，而且交换速度快、产品质量稳定，连续化生产更易于自动化控制。

连续式离子交换设备分为压力式和重力式。压力流式设备包括再生洗涤塔和交换塔。交换塔为多室结构，其中的树脂和溶液为顺流流动，而对于全塔来说，树脂和溶液却为逆流。再生和洗涤共用一塔，水及再生液与树脂均为逆流。连续式装置的树脂在装置内不断流动，但又形成固定的交换层，具有固定床离子交换器的特点；另外，树脂在装置中与溶液顺流呈沸腾状态，因此又具有沸腾床离子交换器的特点，其工作流程如图 4-18 所示。这种装置的主要优点是能够连续生产，而且效率高、树脂利用率高、再生液耗量少、操作方便；缺点是树脂磨

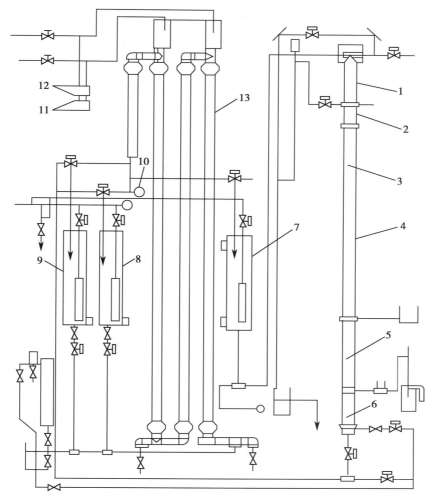

1.树脂计量段；2.缓冲段；3.再生段；4.再生柱；5.清洗段；6.快速清洗段；7.饱和树脂存贮柱；8、9.中间循环柱；10～12.传感器；13.处理柱。

图4-15　半连续式移动床离子交换系统

损较大。重力流动式又称双塔式，主要特点是被处理的料液与树脂为逆流流动，工作流程如图4-19所示。

三、盐析设备

盐析结晶法是向待结晶的溶液中加入某些物质，它可较大程度地降低溶质在溶剂中的溶解度以产生过饱和度。所加入的物质可以是固体，也可以是液体或气体，这种物质往往被称为稀释剂或沉淀剂。沉淀剂必须能溶解于原溶液中的溶剂，但不溶解被结晶的溶质，且溶剂与沉淀剂的混合物应易于分离。

盐析结晶可用于选择性沉淀不同的蛋白质，例如将$(NH_4)_2SO_4$加至蛋白质溶液中使之沉淀。巴龙霉素具有易溶于水而不溶于乙醇的性质，故可在巴龙霉素的浓缩液中加入10～12倍体积的95%乙醇（同时调pH至7.2～7.3），使巴龙霉素硫酸盐结晶析出。又如多黏菌素E的脱盐脱色液，以弱碱性树脂中和至近中性，加等量丙酮，使多黏菌素E硫酸盐结晶析出。

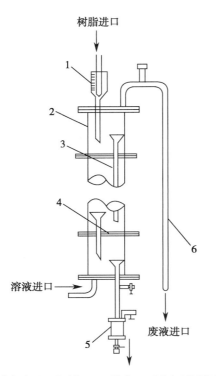

1. 树脂计量及加料口; 2. 塔身; 3. 漏斗形树脂加料口; 4. 筛板; 5. 饱和树脂接受器; 6. 虹吸器。

图 4-16　筛板式连续式离子交换设备

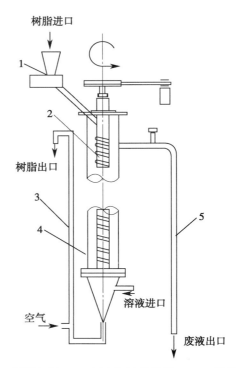

1. 树脂加料口; 2. 具有螺旋带的转子; 3. 树脂提升器; 4. 塔身; 5. 虹吸器。

图 4-17　涡旋式连续式离子交换设备

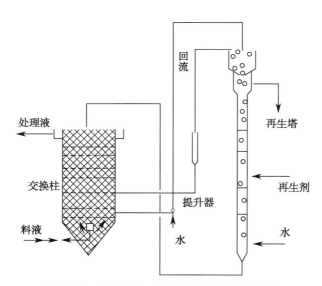

图 4-18　压力流动式离子交换装置工作流程

　　盐析结晶的优点包括:①可与冷却结晶法相结合,提高母液中溶质的回收率;②结晶过程具有较低的温度,有利于热敏性物质的结晶纯化;③某些杂质在溶剂与稀释剂的混合物中溶解度高而保留在母液中,使晶体的提纯简化。

(一)两性电解质表面特性

　　多肽、蛋白质等两性电解质,大多能溶于水溶液中,因多肽链中的氨基酸残基疏水折叠

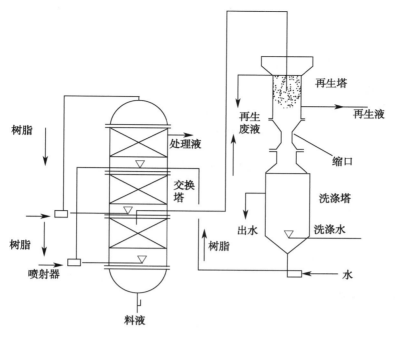

图 4-19　重力流动式离子交换装置工作流程

及所带电荷不同，其表面会形成疏水、亲水及荷电不同的区域（图 4-20），由于静电引力作用使溶液中带相反电荷的离子（称反离子，counterion）被吸附在其周围，在界面上形成双电层（electric double layer）。双电层可分为两部分：紧靠蛋白质表面的一层不流动反离子，称为紧密层（compact layer）；其余为紧密层外围反离子浓度逐渐降低直到为零的部分，称为分散层（Gouy-Chapman layer）（图 4-21）。双电层中存在距表面由高到低（绝对值）的电位分布，双电层的性质与该电位分布密切相关。接近紧密层和分散层交界处的电位值称为电位，带电粒子

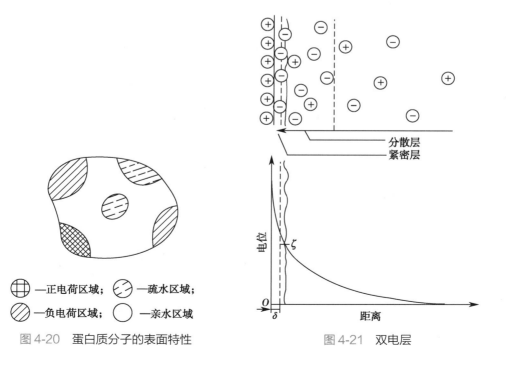

图 4-20　蛋白质分子的表面特性　　　　　　　　　图 4-21　双电层

间的静电相互作用取决于电位(绝对值)的大小。由于粒子表面电位一定,所以分散层厚度越小,电位越小。若分散层厚度为零,则电位为零,粒子处于等电状态,不产生静电相互作用。当双电层的ζ电位足够大时,静电排斥作用抵御分子间的相互吸引作用(分子间范德瓦耳斯力),使蛋白质溶液处于稳定状态。

除双电层外,在蛋白质分子周围存在与蛋白质分子紧密或疏松结合的水化层。紧密结合的水化层可达到 0.35g/g(蛋白质),而疏松结合的水化层可达到蛋白质分子质量的 2 倍以上。蛋白质周围的水化层使得蛋白质相互隔离形成稳定的胶体溶液,防止蛋白质凝聚而沉淀。

由于以上两种作用,蛋白质等生物大分子物质以亲水胶体形式存在于水溶液中,无外界影响时,呈稳定的分散状态。

(二)盐析原理

当向蛋白质溶液中逐渐加入中性盐时,会产生两种现象:低盐浓度情况下,随着中性盐离子强度的增高,蛋白质溶解度增大,称为盐溶(salting-in)现象。但是,在高盐浓度时,蛋白质溶解度随之减小,就发生了盐析作用。

产生盐析作用的其中一个原因是盐离子与蛋白质分子表面具相反电性的离子基团结合形成离子对,因而盐离子部分中和了蛋白质的电性,使蛋白质分子之间静电排斥作用减弱而能相互靠拢,聚集沉淀。产生盐析作用的另一个原因是中性盐的亲水性比蛋白质大,盐离子在水中发生水化而使蛋白质逐步脱去表面的水化膜,暴露出疏水区域,由于疏水作用相互聚集发生沉淀。蛋白质的盐析机制示意图见图4-22。

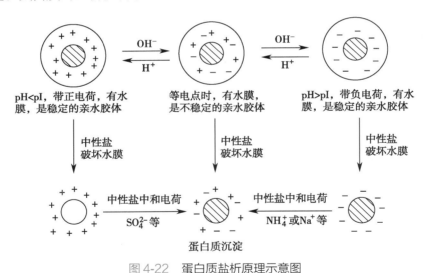

图 4-22　蛋白质盐析原理示意图

1. Cohn 方程　Cohn 经验公式常用来描述蛋白质的溶解度与盐浓度之间的关系:

$$\lg S = \beta - K_s I \qquad\qquad 式(4\text{-}2)$$

式中,S 为蛋白质溶解度,mol/L;β 和 K_s 为一对特定的盐析系统常数,K_s 称为盐析常数;I 为盐离子强度,$I = \dfrac{1}{2}\sum c_i Z_i^2$,其中,$c_i$ 为离子 i 的物质的量浓度,mol/L,Z_i 为 i 离子的电荷数。

有时也直接简化用浓度代替离子强度,则式(4-2)变为 $\lg S = \beta' - K_s' m$,式中 m 为盐的物质的量浓度。

式（4-2）的物理意义是：当盐离子强度为零时，蛋白质溶解度的对数值 $\lg S$ 是图中直线向纵轴延伸的截距 β（图4-23），它与盐的种类无关，但与温度、pH 和蛋白质种类有关。K_s 是盐析常数，为直线的斜率，与温度和 pH 无关，但与蛋白质和盐的种类有关。

2. 盐析分类　根据 Cohn 方程，可将盐析方法分为两种类型：

（1）在一定的 pH 和温度下改变离子强度（盐浓度）进行盐析，称作 K_s 盐析法。该法多用于分离工作的前期，通过向溶液中加入固体中性盐或其饱和溶液，以改变溶液的离子强度（温度及 pH 基本不变），使目标产物或杂质分别沉淀析出。在这种操作中，被盐析物质的溶解度剧烈下降，易产生共沉现象，分辨率不高。

（2）在一定离子强度下仅改变 pH 和温度进行盐析，称作 β 盐析法。该法因溶质溶解度变化缓慢，分辨率比 K_s 盐析法好，多用于分离的后期阶段，甚至可用于结晶。

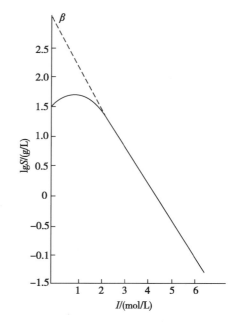

图4-23　25℃、pH=6.6 时，碳氧血红蛋白 $\lg S$ 与$(NH_4)_2SO_4$ 离子强度 I 的关系

3. 盐析方法的优缺点及应用范围

（1）优点：不需特殊设备，成本低廉，操作简便、安全，应用范围广，较少引起变性。

（2）缺点：沉淀物中常夹带杂质，分辨率较低；盐析剂须在后续操作中通过透析、凝胶过滤、超滤等方法除去。

（3）应用范围：主要用于蛋白质等生物大分子回收或粗分离。

（三）盐析结晶设备

常用的盐析结晶器有导流筒-挡板（draft tube and baffle，DTB）型、双螺旋桨（double propeller，DP）型、奥斯陆（Oslo）结晶器等。

1. 强制外循环结晶器　强制外循环（forced external circulation）结晶器简称 FC 结晶器，其结构如图4-24 所示，由结晶室、循环管、循环泵、换热器等组成。结晶室有锥形底构造，晶浆从锥形底排出后，经循环管用轴流式循环泵送经换热器，被加热或冷却后，沿切线方向重新进入结晶室，如此循环，故这种结晶器属于晶浆循环型。晶浆排出口位于接近结晶室的锥底处，而进料口在排料口之下的较低位置上。

FC 结晶器可通用于蒸发结晶法、间壁冷却结晶法和真空冷却结晶法。若用真空冷却结晶，则无须换热器存在。结晶室应与真空系统相连，以便在室内维持较高的真空。

现以蒸发结晶法为例说明其操作过程：晶浆被泵送至列管换热器，单程通过管内，用蒸汽加热，使其温度提高 2～6℃。由于加热过程并无溶剂汽化，对于具有正常溶解度物质的溶液，在加热管壁上不会造成晶垢板结。被加热的晶浆回到结晶室，与室内的晶浆混合，提高了进口处附近的晶浆温度。结晶室内液体表面上出现沸腾现象，溶剂蒸发，产生过饱和度，使溶

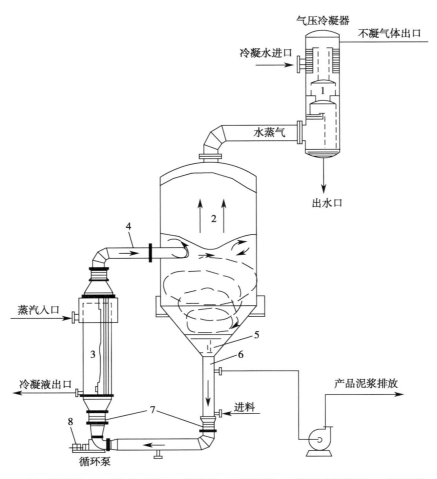

冷凝水进口
气压冷凝器
不凝气体出口
1
水蒸气
出水口
4
2
蒸汽入口
3
5
6
冷凝液出口
产品泥浆排放
进料
7
8
循环泵

1. 大气冷凝器；2. 真空结晶室；3. 换热器；4. 返回管；5. 旋涡破坏装置；6. 循环管；
7. 伸缩接头；8. 循环泵。

图 4-24　强制外循环结晶器

质沉积于呈旋转运动的悬浮晶体的表面。换热器设置于结晶室之外，循环路程较长，输送所需的压头较高，泵的叶轮转速较高，因而循环晶浆中的晶体与叶轮之间的接触成核速率必然高于强制内循环结晶器。此外，它的循环量也低得多。有研究表明，结晶室内的晶浆混合不均匀，存在局部过浓现象。这两方面的原因使得采用这种结晶器生产的晶体产品平均粒度较小，且粒度分布不均匀。

FC 结晶器多被应用于生产氯化钠、尿素、柠檬酸及其他类似的无机及有机晶体，产品粒度为 0.1～0.84mm。

设计 FC 结晶器需要通过计算确定的项目包括晶浆循环量、结晶室的体积、循环泵的尺寸和转速等。操作方式可以是连续的，也可以是分批的，后者要求结晶室有较大的体积。

2. Oslo 结晶器　Oslo 结晶器也常被称为粒度分级型结晶器，在工业上曾得到较广泛的应用。在我国建有年产量达万吨级的 Oslo 结晶器，用于 NH_4Cl 的生产。这种结晶器的主要特点为过饱和度产生的区域与晶体生长区分别设置在结晶器的两处，晶体在循环母液流中流化悬浮，为晶体生长提供一个良好的条件。在连续操作的基础之上，能生长成为大而均匀的晶体，即可用于生产均方（mean square，MS）较大而变异系数（coefficient of variation，CV）很小的晶体产品。

（1）Oslo 真空冷却结晶器：如图 4-25 所示，Oslo 真空冷却结晶器由汽化室与结晶室两部分组成，结晶室的器身常有一定的锥度，上部较底部有较大的截面积。母液与热浓料液混合后用循环泵送到高位的汽化室，在汽化室中溶液汽化、冷却而产生过饱和度，然后通过中央降液管流至结晶室的底部，转而向上流动。晶体悬浮于此液流中成为粒度分级的流化床，粒度较大的晶体富集于底层，与降液管中流出的过饱和度最大的溶液接触，得以长得更大。在结晶室中，液体向上的流速逐渐降低，其中悬浮晶体的粒度越往上越小，过饱和溶液在向上穿过晶体悬浮床时，逐步解除其过饱和度。当溶液到达结晶室的顶层，基本上已不再含有晶粒，作为澄清的母液在结晶室的顶部溢流进入循环管路。进料管位于循环泵的吸入管路上，母液在循环管路中重新与热浓料液混合，而后进入汽化室。

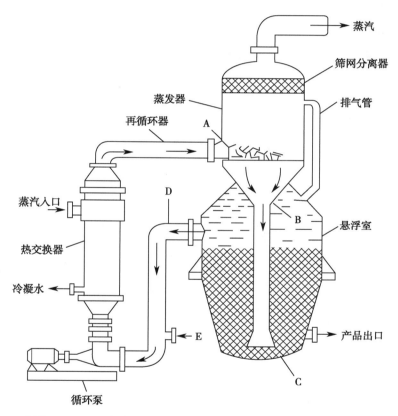

A. 闪蒸区入口；B. 介稳区入口；C. 床层区入口；D. 循环流入口；E. 结晶母液进料口。

图 4-25 Oslo 流化床真空结晶器

这种操作方式的结晶器属于典型的母液循环型，它的优点在于循环液中基本不含晶粒，从而可避免发生叶轮与晶粒间的接触成核现象，再加上结晶室的粒度分级作用，使这种结晶器所产生的晶体大而均匀，特别适合于生产在饱和溶液中沉降速度大于 20mm/s 的晶粒。母液循环型的缺点在于生产能力受到限制，因为必须限制液体的循环流量（亦即流速）及悬浮密度，把结晶室中悬浮液的澄清界面限制在溢流口之下，以防母液中挟带明显数量的晶体。

Oslo 结晶器也可采用晶浆循环方式进行操作，称为全混型操作。实现的方法只需增大循环量,使结晶室溢流的不再是清母液,而是母液与晶体均匀混合的晶浆,循环到汽化室中,结晶器各部位的晶浆密度大致相同。在汽化室中,溶液所产生的过饱和度立即被悬浮于其中的晶体所消耗,使晶体生长,所以过饱和度生成区与晶体生长区不再能作明确的划分。许多工业规模的母液循环型Oslo结晶器常常在远高于设计处理量下运行,此时即接近于晶浆循环或全混型操作。

晶浆循环或全混型操作的这种结晶器也存在与前述的FC结晶器相同的缺点,即循环晶浆中的晶粒与高速叶轮的碰撞会产生大量的二次晶核,降低了产品的平均粒度,并产生较多的细晶,使CV值增大。

（2）Oslo冷却结晶器:如图4-26所示,与真空冷却法相比,Oslo冷却结晶器取消了汽化室,而在循环管路上增设列管式冷却器,母液单程通过管方。热浓料液在循环泵前加入,与循环母液混合后一起经过冷却器,使溶液被冷却后变为过饱和,但是它的过饱和度不足以引起自发成核。按母液循环操作,循环液量与进料量之比约为50～200倍。晶浆产品可在器底通过设置在该处的捕盐器排出。悬浮在溶液表面附近的过量细晶与清母液一起通过溢流口排至器外。

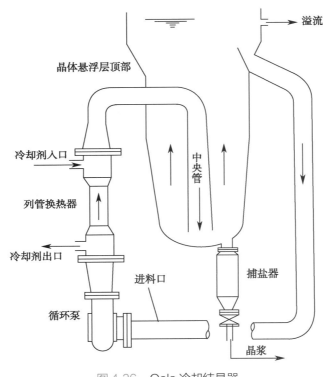

图4-26　Oslo冷却结晶器

生产上,曾用这种型式的冷却结晶器生产醋酸钠、硫代硫酸钠、硝酸钾、硝酸银、硫酸铜、硫酸镁、硫酸镍等无机盐。这种粒度分级型结晶器的产品粒度是相当大的,而各种全混型结晶器的产品粒度低于此值。此外,冷却器的换热面积相对来说是很大的,其原因在于母液与冷却剂之间的温度差必须控制在很低的数值,譬如说不大于2℃,以避免冷却面上结晶垢。

（3）Oslo蒸发结晶器:构造简图见图4-26,它基本上与图4-25中的真空冷却型相似,主要由汽化室及结晶室组成,只是在循环管路上增设蒸汽加热器。溶液流经加热器时处在一个足够大的静压头下,使之不致汽化而结晶垢。结晶室底部有时可装设支持晶体的筛板,这是为了使过饱和溶液能较均匀地流过悬浮的晶体床层。当然,只有采用母液循环的粒度分级型操作,装设筛板才起作用。这种结晶器曾用于氯化钠、重铬酸钠、硝酸铵、草酸等的生产。

3. DTB 结晶器　　DTB 结晶器是 20 世纪 50 年代出现的一种效能较高的结晶器,首先用于氯化钾的生产,后在化工、食品、制药等行业广泛应用。经过多年的运行考察,证明这种型式的结晶器性能良好,能生产较大晶粒(粒度可达 600～1 200μm)的产品,生产强度较高,器内不易结疤。它已成为连续结晶器的主要型式之一,可用于真空冷却法、蒸发法、直接接触冷冻法及反应法的结晶操作。

DTB 结晶器的构造简图如图 4-27 所示。它的中部有一个导流筒,在四周有一个圆筒形挡板。在导流筒内接近下端处有螺旋桨(也可以看作内循环轴流泵),以较低的转速旋转。悬浮液在螺旋桨的推动下,在筒内上升至液体表层,然后转向下方,沿导流筒与挡板之间的环形通道流至器底,重新被吸入导流筒的下端,如此循环,形成接近良好混合的条件。圆筒形挡板将结晶器分隔成晶体生长区和澄清区。挡板与器壁间的环隙为澄清区,其中搅拌的影响实际上已消失,使晶体得以从母液中沉降分离,只有过量的微晶可随母液在澄清区的顶部排出器外,从而实现对微晶量的控制。结晶器的上部为气液分离空间,用于防止雾沫夹带。热的浓物料加至导流筒的下方,晶浆由结晶器的底部排出。为了使所生产的晶体具有更窄的粒度分布,即具有更小的 CV 值,这种型式的结晶器有时在下部设置淘析器。

DTB 结晶器属于典型的晶浆内循环结晶器,由于设置了内导流筒及高效搅拌器,形成了内循环通道,内循环速率很高,可使晶浆质量密度保持在 30%～40%,并可明显地消除高饱和度区域,器内各处的过饱和度都比较均匀,而且较低,因而强化了结晶器的生产能力。DTB 结晶器还设有外循环通道,用于消除过量的细晶及淘析产品粒度,保证了生产粒度分布范围较窄的结晶产品。

这种晶浆内循环结晶器,与无搅拌结晶罐、循环母液结晶器、强制外循环结晶器相比,其效果可在图 4-28 中清楚地看到。器内溶液过饱和度的理论变化在图中由实线表示,而实际变化则由虚线表示。图中表现了内循环结晶器将大量生长中的晶体送至过饱和度生成区(沸腾区、冷却面或反应区),使过饱和度在生成的同时被消耗,从而明显地降低最大过饱和度的现象。

由于 DTB 结晶器循环流动所需的压头很低,使螺旋桨得以在很低的转速下工作,这样过剩晶核的数量也大为减少,这也是此种类型结晶器能够产生粒度较大的晶体的原因之一。

结晶器内结晶疤的现象是阻碍设备正常运行的主要原因。蒸发法及真空冷却法结晶器最容易结晶疤的部位为沸腾液面处的器壁上及结晶的底部。DTB 结晶器的良好内循环及导流筒把液面沸腾范围约束在离开器壁的区域内,故结疤的趋向大为减弱。在正常情况下这种结晶器可连续运行 3 个月到一年,而不需要清理。

DTB 结晶器适用于各种结晶方法,但各有一些差别。例如用于蒸发法,外循环量要大为增加,消除微晶用的加热器就成了主加热器,因此要求它有足够大的加热面积。用于接触冷

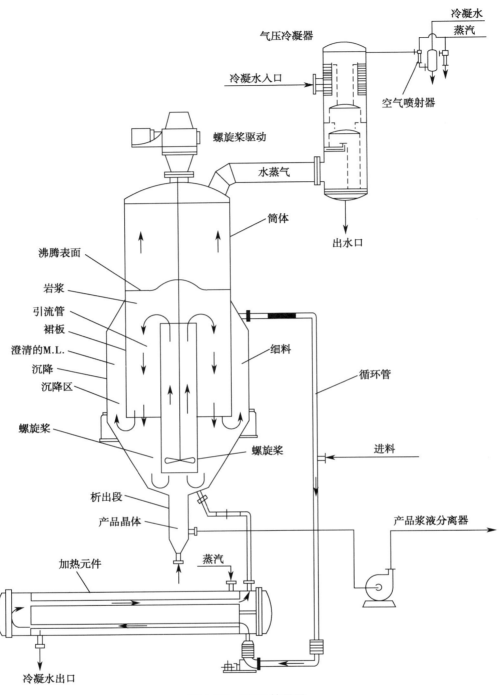

图 4-27　DTB 结晶器

冻法时,要另设冷冻剂加入管,将冷冻剂通至导流筒的下侧。用于反应法时,反应物(包括某些气态反应物)也可分别通入器底。用在间壁冷却结晶法时,结晶器的结构有较大的变化,也可以不再称为 DTB 型。如为了便于清理,将冷却器设在器外,把内循环改为外循环,气液分离空间也不再需要了。

　　通常 DTB 结晶器适用于晶体在母液中沉降速度大于 3mm/s 的结晶过程。设备的直径可以小至 500mm,也可大至 7.9m。

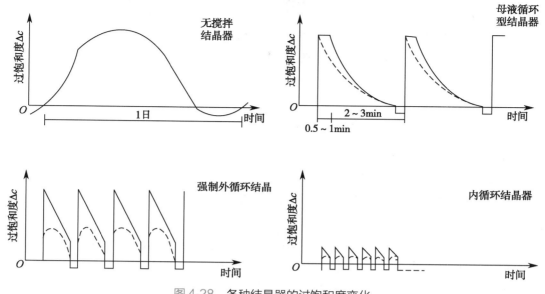
图4-28 各种结晶器的过饱和度变化

四、膜分离设备

膜分离技术（membrane separation technology）是指用膜作为选择障碍层，允许某些组分透过而保留混合物中其他组分，从而达到分离目的的技术。膜分离技术兼有分离、浓缩、纯化和精制的功能，又具有高效、环保、分子级过滤及过程简单易于控制等特征。因此，膜分离作为一种新型的分离技术已广泛应用于生物产品、医药、生物化工等领域，是药物生产过程中制水、澄清、除菌、精制纯化及浓缩等加工过程的重要手段。

（一）膜分离技术

1. 膜分离机制　膜分离技术是以选择性透过膜为分离介质，在膜两侧一定推动力的作用下，如压力差、浓度差、电位差等，原料侧组分选择性地透过膜，大于膜孔径的物质分子被截留，以实现溶质的分离、分级和浓缩，从而达到分离或纯化的目的。膜技术的分离机制主要有以下两类。

（1）机械过筛分离机制：依靠分离膜上的微孔，利用待分离混合物各组分在质量、体积大小和几何形态的差异，用过筛的方法使大于微孔的组分很难通过，而小于微孔的组分容易通过，从而达到分离目的。如微滤、超滤、纳滤和渗析。

（2）膜扩散机制：利用待分离混合物各组分对膜亲和性的差异，用扩散的方法使那些与膜亲和性大的成分能溶解于膜中，并从膜的一侧扩散到另一侧，而与膜亲和性小的成分分离。如反渗透、气体分离、液膜分离、渗透蒸发。

2. 膜分离特点　膜分离过程与传统的分离方法，例如蒸馏、萃取等分离过程相比，具有如下特点。

（1）高效：膜分离过程简单，整个过程需时少，是一种高效的分离方法。

（2）节能：多数膜分离过程在常温下操作，被分离物质不发生相变，是一种低能耗、低成本的单元操作。

（3）分离装置简单，操作方便。膜分离过程的主要推动力一般为压力，因此分离装置简单，占地面积小，操作方便，有利于连续化生产和自动化控制。

（4）分离系数大，应用范围广。膜分离不仅可以应用于病毒、细菌、微粒等有机物和无机物的广泛分离，而且还适用于许多特殊溶液体系的分离，如溶液中大分子与无机盐的分离、共沸点物或近沸点物系的分离等。

（5）适合热敏物质的分离，膜分离过程通常在常温下进行，因而特别适合于热敏物质和生物制品（如蛋白质、酶、药品等）的分离、浓缩和富集。

（6）工艺适应性强：膜分离的处理规模根据用户要求可大可小，工艺适应性强。

（7）无污染：由于膜分离过程中不需要从外界加入其他物质，既可节省原材料，又可避免对环境的污染。

3. 膜分类与膜材料 膜的传递性能是膜的渗透性，因此膜是膜分离技术的核心，膜材料的化学性质和膜的结构对膜分离的性能起着决定性作用。

（1）膜分类：膜可以是均相的或非均相的，对称性或非对称性的，固体的或液体的，中性的或荷电性的，其厚度可以从 $0.1\mu m$ 至数毫米。从不同角度膜有不同的分类方法。

1）按膜的来源，可分为天然膜和合成膜。

2）按膜的物态，可分为固膜、液膜与气膜三类。

3）按膜的材料，可分为树脂膜、陶瓷膜和金属膜等。一般分离膜由高分子、金属和陶瓷等材料制成，其中以高分子材料居多，高分子膜可制成多孔的或致密的、对称的或不对称的。

4）按膜的结构，可分为对称膜和不对称膜。若膜的横断面形态是均一的，则为对称膜，如多数的微孔滤膜；若膜的横断面形态呈不同的层次结构，则为不对称结构膜。

5）按膜的形状，可分为平板膜、管式膜、中空纤维膜及核孔膜等，核孔膜是具有垂直膜表面的圆柱形孔的核孔蚀刻膜。

6）按膜的功能，可分为离子交换膜、渗析膜、超滤膜、反渗透膜、渗透汽化膜和气体渗透膜。

（2）膜材料：选择性透过膜材料有无机膜材料和高分子膜材料两大类。无机膜材料主要有金属、陶瓷、金属氧化物、多孔玻璃等。其中，陶瓷膜具有耐高温、化学稳定性好、孔径分布窄、机械强度高、易于清洗等特点，具有广泛的应用前景。

高分子膜材料包括纤维素类、聚烯烃类、聚酯类、聚酰胺类、聚砜类等，详见表4-1。

表4-1　高分子膜材料的种类

材料类别	具体种类
纤维素类	再生纤维素、二醋酸纤维素、三醋酸纤维素、乙基纤维素等
聚烯烃类	聚丙烯、聚乙烯、聚四氟乙烯、聚氯乙烯、聚丙烯腈等
聚酯类	聚碳酸酯、聚对苯二甲酸丁二醇酯
聚酰胺类	芳香聚酰胺、脂肪族聚酰胺、聚醚酰胺
聚酰亚胺类	全芳香亚胺类、脂肪族二酸聚酰亚胺、含氟聚酰亚胺
聚砜类	聚砜、聚醚砜、磺化聚砜、聚砜酰胺

纤维素类膜材料是应用最早,也是目前应用最多的膜材料,主要用于反渗透、超滤和微滤。聚酰胺类主要用于反渗透。聚酰亚胺类具有耐高温和抗化学试剂等优点,用于超滤、反渗透等。聚砜类因其具有性能稳定、机械强度高等特性而作为支撑材料,用于超滤和微滤。聚丙烯腈也用于超滤和微滤,但其亲水性使膜的水通量比聚砜类大。

工业膜除应具有良好的成膜性、较大的透过性、较高的选择性外,还必须具有以下特点。

1)耐压:膜孔径小,要保持高通量就必须施加较高的压力,机械强度高,一般膜操作的压力范围在0.1～0.5MPa,反渗透膜的压力更高,为1～10MPa。

2)耐高温:满足高通量带来的温度升高和清洗需要,热稳定性好。

3)耐酸碱:防止分离过程中及清洗过程中的水解。

4)化学性能稳定:保持膜的稳定性。

5)生物相容性:防止生物大分子的变性失活。

6)成本低。

4. 常见的膜分离过程　膜分离过程的主要区别在于被分离物粒子的大小和所采用膜的结构与性能,膜分离法与物质大小的关系如图4-29所示。常见的膜分离过程有微过滤、超滤、纳滤、反渗透、电渗析等。

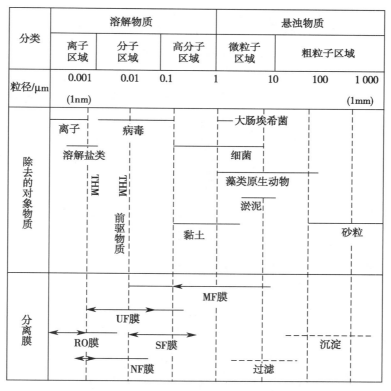

图4-29　膜分离法与物质大小的关系

（1）微过滤:微过滤是以0.01～10μm微细孔的多孔质分离膜为分离介质,可以把细菌、胶体及气溶胶等微小粒子从流体中比较彻底地除去。膜的这种分离能力称为膜对微粒的截留性能。微滤膜的截留作用可分为机械截留作用、吸附截留作用、架桥截留作用和膜内部网络中截留作用,如图4-30所示。

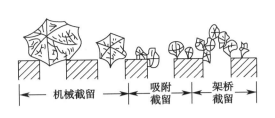 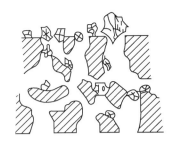

| （a）在膜的表面层截留 | （b）在膜内部的网络中截留 |

图 4-30　微滤膜截留机制示意图

目前，微滤技术已在药品生产中得到广泛应用，例如，葡萄糖注射液、左旋糖苷注射液、维生素注射液等药品生产过程及空气的无菌过滤等，均使用微过滤技术来除菌和除微粒，以达到提高产品质量的目的。

（2）超滤：超滤技术（ultrafiltration technology）是以特殊的超滤膜为分离介质，以膜两侧的压力差为推动力，将不同分子量的物质进行选择性分离的一项技术，是最近几十年迅速发展起来的一项分子级薄膜分离手段。超滤膜的最小截留分子量为 500Da，在生物制药中可用来分离蛋白质、酶、核酸、多糖、多肽、抗生素、病毒等。超滤的优点是没有相转移、无须添加任何强烈化学物质、可以在低温下操作、过滤速率较快、便于做无菌处理等。所有这些优点都能使分离操作简化，可避免生物活性物质的活力损失和变性。由于超滤技术有以上诸多优点，故常被用作：①大分子物质的脱盐和浓缩，以及大分子物质溶剂系统的交换平衡；②大分子物质的分级分离；③生化制剂或其他制剂的去热原处理。

在超滤过程中，外源压力迫使分子量较小的溶质通过薄膜，而大分子被截留于膜表面，并逐渐形成浓度梯度，这就是所谓"浓差极化"（concentration polarization）现象（图 4-31）。越接近膜，大分子的浓度越高，构成一定的凝胶薄层或沉积层。

浓差极化现象不但会引起流速下降，而且会影响到膜的透过选择性。在超滤开始时，透过单位薄膜面积的流量因膜两侧压力差的增高而增大，但由于沉积层随之增厚，沉积层达到一个临界值时，滤速不再增加，甚至反而下降。这个沉积层，又称"边界层"，其阻力往往超过膜本身的阻力，好像在超滤膜上又附加了一层"次级膜"。对于各向同性膜，大分子的堆积常造成堵塞而完全丧失透过能力。所以在进行超滤装置设计时，克服浓差极化、提高透过选择性和流率，是必须考虑的重要因素。

克服浓差极化的主要措施有震动、搅拌、错流、切流等技术，但应注意过于激烈的措施易使蛋白质等生物大分子变性失活。此外，将某种水解酶类固定于膜上，能降解造成极化现象的大分子，提高流速。不过这种措施没有通用性，只适用于一些特殊情况。

（3）纳滤：纳滤是一种介于超滤与反渗透之间的膜过滤技术，可截留能通过超滤膜的溶质，而让不能通过反渗透的溶质通过，从而填补了超滤与反渗透留下的空白。

纳滤能截留小分子有机物，并同时渗析出无机离子，是一种集浓缩与脱盐于一体的膜过滤技术。由于无机盐能通过纳滤膜，因而能大大降低渗透压，故在膜通量一定的前提下，所需的外压比反渗透的要低得多，从而可使动力消耗显著下降。

在制药工业中，纳滤技术可用于抗生素、维生素、氨基酸、酶等发酵液的澄清除菌过滤、

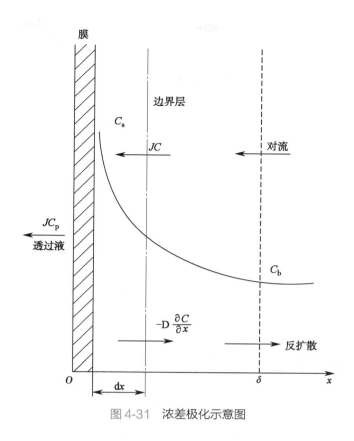

图 4-31　浓差极化示意图

剔除蛋白及分离与纯化等。此外，还可用于中成药、保健口服液的澄清除菌过滤及从母液中回收有效成分等。

（4）反渗透：反渗透所用的膜是半透膜，该膜是一种只能通过水而不能透过溶质的膜。反渗透原理如图 4-32 所示。将纯水和一定浓度的盐溶液分别置于半透膜的两侧，开始时，两边液面等高，如图 4-32（a）所示。由于膜两侧水的化学位不等，水将自发地由纯水侧透过半透膜向溶液侧流动，这种现象称为渗透。随着水的不断渗透，溶液侧的液位上升，使膜两侧的压力差增大。当压力差足以阻止水向溶液侧流动时，渗透过程达到平衡，此时的压力差 $\Delta\pi$ 称为该溶液的渗透压，如图 4-32（b）所示。若在盐溶液的液面施加一个大于渗透压的压力，则水将由盐溶液侧经半透膜向纯水侧流动，这种现象称为反渗透，如图 4-32（c）所示。

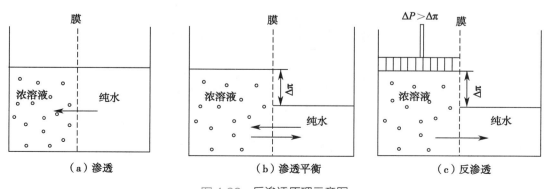

图 4-32　反渗透原理示意图

若将浓度不同的两种盐溶液分别置于半透膜的两侧,则水将自发地由低浓度向高浓度侧流动。若在高浓度侧的液面上方施加一个大于渗透压的压力,则水将由高浓度侧向低浓度侧流动,从而浓度较高的盐溶液被进一步浓缩。

反渗透技术在制药工业中的一个重要应用就是用来制备注射用水。此外,还常用于抗生素、维生素、激素等溶液的浓缩过程。如在链霉素提取精制过程中,传统的真空蒸发浓缩方法对热敏性的链霉素很不利,且能耗很大。如采用反渗透法取代传统的真空蒸发,则可提高链霉素的回收率和浓缩液的透光度,并可降低能耗。

(二)常见膜分离设备

膜分离设备通常包括膜分离组件、泵、阀门、管道和仪表,并配备常规预滤器、贮液罐和自动化控制装置等。膜分离组件,又称膜分离器,简称膜组件,它将分离膜以某种形式组装在一个基本单元设备内,在外力的驱动下,能对混合物进行分离。膜组件是膜分离装置的核心部件,泵是提供分离压力,以及待分离药液混合物流动的动能,阀门和仪表对各种操作参数进行显示和控制。

膜组件的结构要求:①流动均匀,无死角;②装填密度大;③有良好的机械、化学和热稳定性;④成本低;⑤易于清洗;⑥易于更换膜;⑦压力损失小。

目前工业上使用较多的膜装置形式有板式、管式、螺旋卷式和中空纤维式。现将4种典型的装置介绍如下。

(1)板式:又称为板框式,图4-33为典型的平板超滤组件示意图。平板组件的基本结构单元有刚性的支撑板、膜片及置于支撑板和膜片间的透过液隔网。透过液隔网提供透过液流动的通道。支撑板两侧均放置膜片和透过液隔网。将膜片的四周端边与支撑板、透过液隔网密封,且留有透过液排出口,遂构成各班。两相邻膜板借助其间放置的进料液隔网或其周边放置的密封垫圈而彼此间隔。此间隔空间作进料液/截留液流动的流道,该流道高度为0.3~1.5mm。若干膜板、进料液隔网有序叠放在一起,两端用端板、螺杆紧固便构成平板组件。

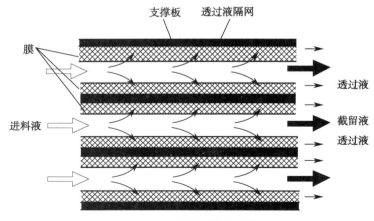

图4-33 平板组件示意图

(2)管式:管式组件是由管式膜和多孔支撑体制成的管状结构,如图4-34所示。管式膜可粘在支撑管内壁或外壁,管子是膜的支撑体,有微孔和钻孔两种。微孔管采用微孔环氧玻璃钢管或玻璃纤维环氧树脂增强管。钻孔管采用增强塑料管、不锈钢管或铜管,人工

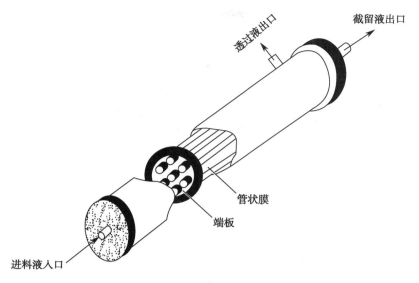

图 4-34　管式组件示意图

钻孔或用激光打孔（孔径约 1.5mm）。将管状膜用尼龙布（或滤纸）仔细包好装入管内（称间接膜），也可直接在管内浇膜（称直接膜）。管口的密封很重要，如有渗漏将直接影响其工作质量。

管式装置的型式很多。管的流通方式有单管（管径一般为 25mm）及管束（管径一般为 15mm）。液流的流动方式有管内流式和管外流式，管的形式有直通管式和狭沟管式。由于单管和管外流式液体的湍流情况不好，故目前倾向于采用管内流管束式装置（图 4-35）。

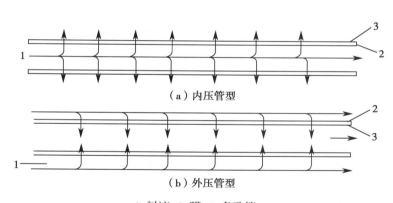

1. 料液；2. 膜；3. 多孔管。

图 4-35　管式组件

管式超滤器装置由于结构简单、适应性强、压力损失小、透过量大、清洗安装方便，并能耐高压，适宜处理高黏度及稠厚液体物料，故比其他型式应用得更为广泛。

（3）螺旋卷式：螺旋卷式装置的主要元件是螺旋卷，它的制法是将膜、支撑材料、膜间材料依次叠好，围绕一个中心管卷紧，即成一个膜组。料液在膜表面通过间隔材料沿轴向流动，透过液在螺旋卷中顺螺旋形向中心管流出。将两个膜组顺序连接装入压力容器中，即构成一个装置单元（图 4-36）。

螺旋卷式的特点是螺旋卷中所包含的膜面积很大，湍流情况良好，耐压强度大，适用于反

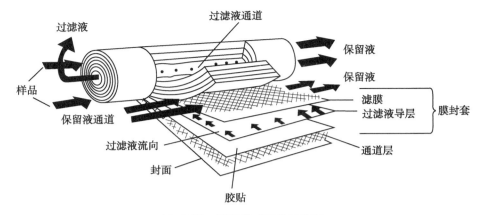

图 4-36 螺旋卷式组件示意图

渗透。缺点是膜两侧的液体阻力都较大,膜与膜边缘的黏接要求高,制造、装配要求也高,清洗、检修不便等。

（4）中空纤维式：中空纤维膜实质是管式膜,两者的主要差异是中空纤维膜为无支撑体的自支撑膜,其结构如图 4-37 所示。中空纤维膜分离器是把大量的中空纤维膜装入圆筒耐压容器内,进而形成膜束,膜束外侧覆盖以保护性隔网,内部中间放置供分配原液用的多孔管,膜束两端用环氧树脂加固。由于中空纤维很细,它能承受很高压力而无须任何支撑物,故设备结构大大简化。中空纤维膜组件的一个重要特点是可采用气体反吹或液体逆洗的方法除

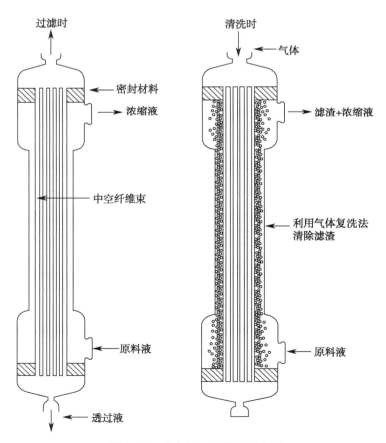

图 4-37 中空纤维膜组件示意图

去粒子,以恢复膜的性能。

通常用于反渗透及超过滤的中空纤维过滤器也有内流和外流之分。高压料液在丝外流动有很多优点,如纤维丝承受向内的压力比承受向外压力的能力要大得多,而且即使纤维强度不够时,纤维丝只能被压扁直至中空部分被堵塞,而不会破裂。这就能防止因膜的破裂而使料液进入透过液中。当发生污染甚至流道堵塞时,对这样细的管子进行管内清洗是很困难的,而在管外清洗是颇为方便的。用于超过滤的中空纤维过滤器因其操作压力不高,所以也有采用将料液流经管内(内流型)的操作装置。

中空纤维膜组件优点:设备紧凑、死体积小、膜的填充密度高、单位设备体积内的膜面积大、不需要支撑材料;单位膜面积的制造费用低;可以逆洗,操作压力较低(小于0.25MPa),动力消耗低。

中空纤维膜的缺点:内径小、阻力大、易堵塞;不能处理胶体溶液。但如采用带有自动反洗装置的外流式过滤器,则对胶体溶液也能比较容易地处理。采用自动反洗操作可使浓差极化减到最低限度,膜表面几乎不需要定期冲洗,维护大为简化。

不论何种型式的膜装置,都必须将料液预先处理,除去其中的颗粒悬浮物、胶体和某些不纯物,这对延长膜的使用寿命和防止膜孔堵塞都是非常重要的。对料液的预处理还应包括调节适当的 pH 和温度。对料液须进行循环的场合,料液温度会逐渐升高,故须设置冷却器加以冷却。

五、冷冻干燥设备

无菌药品常用的干燥方法有喷雾干燥、真空干燥、冷冻干燥等,而对于不耐热的药物,如酶、激素、核酸、疫苗和血液制品等,冷冻干燥是行之有效的方法。冷冻干燥是利用升华的原理进行干燥的一种技术,是将被干燥的物质在低温下快速冻结,然后再在适当的真空环境下,使冻结的水分子直接升华为水蒸气逸出,而物质本身保留在冻结时由冰固定位置的骨架里,形成块状干燥制品。

(一)基本原理

冷冻干燥设备的基本工作原理是就是把含有大量水分的物质,先冷却至共熔点或玻璃化转变温度以下,使物料中的大部分水冻结成冰,其余的水化和物料成分形成非晶态(玻璃态)。然后,在真空条件下,对已冻结的物料进行低温的加热,以使物料中的冰升华干燥(一次干燥)。接着,在真空条件下对物料进行升温,以除去吸附水,实现解析干燥(二次干燥),而物质本身留在冻结的冰架子中,从而使得干燥制品不失原有的固体骨架结构,能保持物料原有的形态,从而达到冷冻干燥的目的,且制品复水性极好,如图4-38所示。

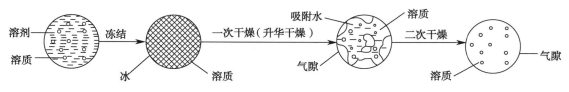

图4-38　冻干工艺流程示意图

（二）基本结构

1. 冻干机结构　常规冻干机按结构可以分为冻干箱、搁板、冷凝器，如图4-39所示。

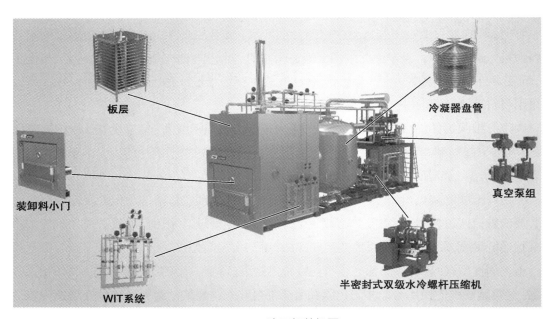

图 4-39　冻干机整机图

（1）冻干箱：冻干箱一般简称为"前箱"，通常由冻干箱体和密封门组成，其主要作用是形成一个密闭的空间。制品在冻干箱内，在一定的温度、压力等条件下完成冷冻、真空干燥、全压塞等操作。冻干箱一般为矩形容器，少数采用圆筒形容器。箱体内部材料采用优质不锈钢制成，采用碳钢或不锈钢进行箱体加强，不锈钢拉丝外包壳处理。考虑到无菌性的要求，与产品直接接触的材料选用 AISI 316L，箱体内表面（门、内壁、顶部和底部表面）粗糙度 $Ra \leqslant 0.5 \mu m$，箱体内角为圆角，便于清洗，箱体底面略向后倾斜，排水口设计在最低点，箱体内角均为满足 R50 的圆角，以利于排水等。

冻干箱采用无菌隔离设计，箱体前采用不锈钢围板与洁净室墙板之间形成密封，采用人工开冻干箱大门进出料或采用自动升降小门进出料。箱门与不锈钢门采用特殊形状的硅橡胶密封，箱门内壁与冻干箱内壁粗糙度相同。同时箱门的平整度也有较高的要求，确保在真空条件下能与密封条紧密贴合，冻干箱门中央有观察窗，便于在无菌室观察产品状态。多门的冻干机，门可互锁。与洁净室相连的门和锁定硬件，伸缩范围符合的维修区域所需空间。

冻干箱的主要参数指标：设计压力为常压容器或压力容器，压力容器设计压力可分为 –0.1～0.15MPa 或 –0.1～0.2MPa，设计温度 128℃或 134℃，内表面粗糙度 $Ra \leqslant 0.5 \mu m$，设计材料符合 GMP 要求的优质不锈钢。

（2）搁板：搁板组由 N+1 块搁板组成，其中 N 块搁板装载制品用，称为有效搁板。最上层的一块搁板为温度补偿加强板，不装载制品，目的是保证箱体内所有板层与板层之间的热辐射环境相同。每一块搁板内均设置有长度相等的流体管道，充分保证搁板温度分布的均匀性。搁板组件上面和下面有刚度很大的支撑板和液压板，目的是使压塞时板面变形很小。搁板组侧面有导向杆，引导搁板的运动方向，搁板间通常用螺栓吊挂，以便根据需要调节其间距。

　　带动搁板运动的压力活塞缸用波纹套覆盖表面,以使运动部件与冻干箱内环境隔离,保证箱体内的无菌环境。波纹套可伸展,末端密封,一般采用螺栓连接,法兰密封或O形圈密封,便于更换和维护。波纹套内部可排放及抽真空,以助于波纹套的伸缩。波纹套配有泄漏测试系统,以保证波纹套的完整性。主要参数指标为压力0.5MPa,温度−55～80℃,表面粗糙度$Ra \leqslant 0.4\mu m$,平整度$\leqslant 0.5mm/m$,板层温度均匀性±1℃(空载平衡后),设计材料符合GMP要求的优质不锈钢。

　　(3)冷凝器:冷凝器内部设置有不锈钢盘管,主要作用是用来捕捉冻干机箱体内升华出的水蒸气,使其在冷凝表面结成冰,从而使得冷冻干燥得以正常运行,冷凝器又称为"捕水器""冷阱""后箱"。

　　按照冷凝器结构可分为卧式、立式,按照冷凝器放置的位置来分,可以分为内置式、后置式、上置式、下置式及侧置式(图4-40)。冷凝器箱体有方形体、卧式圆筒体、立式圆筒体,此三种结构的主要区别是方形体一般和冻干箱连为一体,因此整个冻干机结构比较紧凑,适合厂房有限制的企业,缺点是水蒸气的流动不及圆筒后箱流畅。卧式圆筒体占地面积大,水蒸气的流动比较顺畅,但造价比方形体要高。立式圆筒体占地面积小,水蒸气的流动相对方形体来说更顺畅,但是不及卧式圆筒体,造价也是最高的。冷凝器与冻干箱相同,需拥有足够的设计强度和灭菌要求。

　　主要参数指标为设计压力常压容器,−0.1～0.15MPa或−0.1～0.2MPa,设计温度128℃

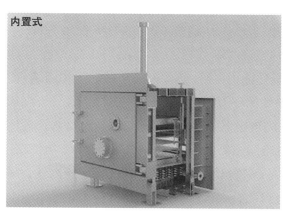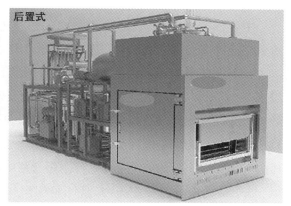
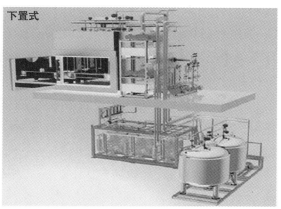

图4-40　冻干机冷凝器放置方式

或 134℃，内表面粗糙度 $Ra \leqslant 0.5 \mu m$，设计材料符合 GMP 要求的优质不锈钢，盘管最低温度 $-75℃$（空载）。

2. 冻干机系统 冻干机按系统分，主要由制冷系统、真空系统、循环系统、液压系统、就地清洁（cleaning in palce，CIP）和就地灭菌（sanitizing in place，SIP）系统、气动系统、控制系统等组成。

（1）制冷系统：制冷系统主要由压缩机、冷凝器、蒸发器、膨胀阀构成。除必备的四大部件外，制冷系统还设置有气液分离器、油分离器、干燥过滤器、板式换热器、电磁阀及各种关断阀、继电器等，具有一系列的多重保护作用，充分保证制冷系统的稳定运行。随着冻干机的不断发展，制冷系统的配置也可根据用户需求进行相应的选择，如压缩机可选择活塞式压缩机或螺杆式压缩机，其中螺杆压缩机又可选择定频螺杆机或变频螺杆机。膨胀阀也可选择电子膨胀阀或机械热力膨胀阀等。

主要参数指标：板层制冷速度（空载，搁板进口）：20℃ 降至 $-40℃$ 小于等于 60 分钟；冷凝器制冷速度（空载）：20℃ 降至 $-50℃$ 小于等于 30 分钟。

（2）真空系统：真空系统主要由冻干箱、冷凝器、真空泵组、小蝶阀、箱阱隔离阀、真空测试装置、放气装置、真空管道及相关辅助装置组成。

为了维持冻干箱体内适宜的无菌环境，真空系统通常通过真空挡板阀来实现防倒吸。真空系统真空度是与制品的升华温度和冷凝器的温度相匹配的，真空度过高或者过低都不利于制品升华干燥。因此，冻干箱内的真空度应维持在一个合适的范围内，方能达到缩短制品升华周期的目的。

主要参数指标：极限真空可达 1Pa；抽空速率，从大气压抽至 10Pa 小于等于 30 分钟；系统真空泄漏率通常达到 $5 \times 10^{-3} Pa \cdot m^3/s$ 即可满足工艺需求。

（3）循环系统：循环系统的主要作用是给导热油提供冷、热源及循环的动力和通路，使冷媒在循环管路、电加热器、搁板之间周而复始地循环流动。循环系统主要由循环泵、电加热器、板式换热器、集管、搁板、温度继电器、压力继电器、膨胀桶、温度变送器、冷媒及循环管道等组成。循环系统需要装有压力表、压力继电器主要是用于监测冷媒循环系统中的工作压力，当循环系统发生故障时或者循环管路中混入空气形成气塞时，系统的循环压力就会降低，低于压力继电器设定压力，此时备用泵将会自动投入运行，保证生产。压力表除了以上作用外，还可以作为循环系统打压的观察点。因为打入循环系统的压力不允许超过 0.2MPa（一般控制在 0.15MPa 或以下），如果没有压力表，就无法直接观察打入系统的压力。同时，循环系统中还需装有温度控制器，以限制电加热器工作时的上限温度，用以对制品加热时温度的控制。

作为循环系统中最为重要的循环泵，冻干机上常用的循环泵都是双头屏蔽泵或双循环泵备份，充分保证当一台泵在使用过程中发生故障时，就会自动切换到另一台泵备用，保证冻干制品的安全。

主要参数指标：加热速度达 1℃/min，搁板温度范围是 $-55 \sim 80℃$，冷凝器盘管最低温度达 $-75℃$。

（4）液压系统：液压系统的主要作用是给搁板在压塞、清洗及进出料时提供上下运动的动力;液压系统还给冻干箱和冷凝器间的中隔阀启闭提供前后移动的动力源,包括箱门液压锁紧。液压系统主要由液压泵站、油缸和各种阀门集成组件组合而成。主要参数指标:压塞压力在 0～100kPa 内可调。

(5)CIP 和 SIP 系统:CIP 和 SIP 系统的作用,一是给前箱、搁板、冷凝器等设备,提供清洗水源的启闭和排放,可配备外置清洗站;二是给设备在位消毒灭菌时提供对纯蒸汽源的启闭,以及控制箱体容器在灭菌时对蒸汽压力、温度和时间。同时 CIP 和 SIP 系统承担冷凝器捕冰后化霜的任务。CIP 和 SIP 系统主要由水环泵、清洗喷淋架、安全阀、压力变送器、温度变送器、压力表等组成。

喷淋球可选用陶瓷式旋喷,避免出现生锈,连接方式采用快插式连接,避免出现快开卡箍连接带来的清洗死角,排水管路设有一定坡度,通常坡度 i 为 0.5%～2%,保证排水时无残留;箱体内部的管口采用 3D 设计,保证所有的管口都不会产生积水,并配置水环式真空泵,在清洗结束后,抽取残余的水汽,保证无残留;排水口末端设置防倒吸装置,防止清洗水排尽时造成的地漏空气倒吸。管路及管路上安装的阀门等部件均应选用符合行业规范的卫生级材质,一般为 316L 材质。管路采用自动焊接,以避免人工焊接带来的应力变形或泄漏的风险。

CIP 主要参数指标:箱体的清洗覆盖率能够达到 98%,隔板的清洗覆盖率能够达到 100%,程序运行顺利 CIP 结束后箱体内部无积水,所有区域的维生素 B_2 被完全清洗掉(紫外灯检测),CIP 周期符合预设的操作参数。

SIP 主要参数指标:灭菌过程中,最冷点的温度不低于 121℃,所有的热电偶温度波动范围 ±1.5℃内,同一时间所有热电偶温度波动范围在 ±1℃内。灭菌后的生物指示剂降低 6 个对数单位,若对照品管呈阳性,则有微生物生长。

(6)气动系统:气动系统的主要作用是为设备安装的气动隔膜阀、气动球阀、气密封等提供动力源。气动系统主要由气动先导电磁阀、气动汇流板、油雾过滤器、减压器等组成。

(7)控制系统:控制系统的作用主要是对设备进行合适的配电,以及对设备中使用的软、硬件进行有效的手动和自动逻辑控制,包括电子签名、电子记录、真空趋势、温度趋势、报警状态、历史事件、批次查询等所有报表都可自动生成并实现互锁、联动及报警功能。

全自动控制(冷冻、清洗、灭菌、化霜)系统要求工艺控制稳定,符合《良好自动化生产实践指南》(第 5 版)(Good Automated Manufacturing Practice-Rev5,GAMP5)、美国食品及药物管理局指定的《联邦法规 21 章》第 11 款(Title 21 Code of Federal Regulations Part 11,21CFR Part11)关于电子记录与电子签名的相关要求,具体如下。

1)冻干工艺:①进料前预冷、出料前降温功能,对于特殊药品在生产前期需要进行降温、保温等操作,以保证药品成型,并保证符合药品进出箱要求;②冷冻控制二次回冻功能,即药品降温到一定值后,需要升温到设定值并保持,可满足特殊药品工艺要求;③自动压塞功能,针对西林瓶药品,在生产结束对胶塞压紧,实现自动控制能更多避免人为操作失误;④定制化设备工艺,通过客户的用户需求说明(user requirement specification,URS)需要,定制设备的控制工艺,配方无限制可保存无数组,针对不同药品,应具有不同配方保存,在生产过程中由操作权限人员下载即可;⑤掺气选择可分为掺气阀掺气、小蝶阀掺气方式,真空度是影响药品质量的重要因素,为实现设定真空度的稳定控制,可根据情况选择任意一种掺气方式;⑥便于管理公共冻干、灭菌、清洗、化霜参数界面，可恢复到出厂设置；⑦冷冻控制、一次升华、解析干燥各阶段，可定制详细工艺配方。

2）灭菌工艺：将冻干机冻干腔室（前室）和冷凝室抽真空；向冻干机腔室内通入蒸汽，达到设定蒸汽压力，关闭进气阀，保持一段时间，确保充分灭菌；灭菌结束后，经抽真空方式排出蒸汽，保证灭菌无残留冷空气；通过夹套水冷却，使前、后箱温度达到设定温度后，关闭夹套进水阀，打开夹套出水阀，排尽夹套内冷却水。

3）化霜工艺：由于结霜在冷凝盘管上，每个冻干周期结束，都必须进行化霜。采用蒸汽化霜时，可能整块掉落堵塞排水口，从而产生冰堵现象。采用抽真空方式，将化霜后冷凝水经排水口快速排出，有利于提升化霜效果。

4）清洗工艺：采用等高清洗隔板，由于隔板清洗喷嘴位置固定，需要每块隔板移动到对应等高位置，并循环清洗隔板、箱体，保证清洗无死角，由于清洗进水量大于排水的排水量，设有两个排水阶段进行排水。

5）多级权限管理：对于管理员组，拥有对系统操作的所有权限（配置系统参数、管理用户、分配用户权限等）；对于参数设定组，设定配方、参数，不能对机器进行操作；对于操作员组，可手动、自动对机器进行控制，可下载配方电子记录、运行批次记录、生产运行批次数据、运行报警记录、设备运行故障报警、系统操作记录、系统登入、系统登出、系统锁定、系统解锁。按照批号可查询冻干、灭菌、清洗、化霜的曲线报表、操作事件、历史报警、报警消息分析。

6）远程短信报警功能：通过接收冻干机报警信息，第一时间知晓并提供应对方案，可有效降低产品的生产风险。此外，通过以太网传输到制造商服务器，分析设备状况，自动分析历史数据，结果可通过短信或其他方式自动通知到客户，从而对设备进行预防性维护。通过远程维护模块（3G 路由器），实现供应商远程修改客户现场的 PLC 程序。

第二节　典型单元操作流程

一、发酵操作

生物反应器的间歇式操作即分批发酵（batch fermentation）。分批发酵操作简单，是最普遍使用的发酵方式之一。在发酵过程中，除了不断地输入空气（好氧发酵）和加入酸、碱调节发酵液 pH 外，与外界无物料交换。分批发酵的主要特征是菌体、底物、氧供给、产物和二氧化碳释放等全部工艺变量随时间变化。对于某些可溶性碳源而言，微生物菌种生长所需的底物浓度不高，菌种的 K_s 值大多在 1～100mg/L 范围内。当底物质量浓度为 10～100mg/L 时，微生物菌种将以接近最大比生长速率（μ_{max}）的速率生长。即使是底物浓度再提高，生长速率也将不再变化。然而，在分批发酵中，培养基中的底物营养会很快耗尽，导致培养物过早地从对数生长期向稳定期转变。为了提高生产率，须加大初始培养基营养物的浓度，提高底物浓度可以延长微生物的对数生长期，从而提高发酵的容量产率和产物浓度。值得注意的是，过高的底物浓度也会造成培养基渗透压变化等一系列不利影响，如底物抑制、降解物阻遏、葡萄糖效应等。另外,培养基底物浓度增高还会使发酵液的黏度升高,导致传质效率下降。

典型的分批发酵工艺操作流程如图 4-41 所示。主培养罐(主发酵罐)和种子培养罐(种子罐)是整个工艺的主要设备,它们都属于深层培养罐,并装配有培养基配料、蒸汽灭菌、冷却、通气、空气过滤、搅拌和消泡等装置。目标产物在主培养罐中产生。摇瓶培养及种子培养罐有时采用二级或二级以上的培养方式。摇瓶培养至种子培养,再至发酵主培养罐,一般以10 倍的体积逐级扩大。

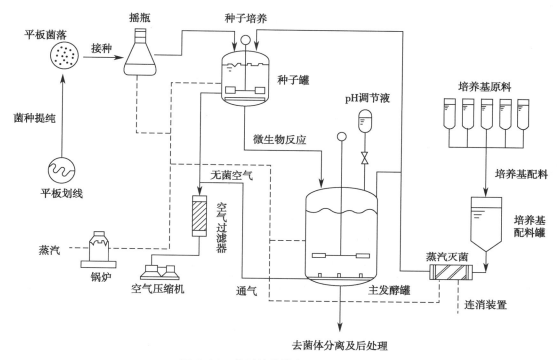

图 4-41　典型的分批发酵工艺流程图

典型的分批发酵工艺操作流程如下:从种子培养开始,先进行生产菌种活化,实验室扩大培养,种子罐发酵扩大培养。种子罐高压蒸汽灭菌空罐(空消),再加入培养基灭菌(实消),然后接入采用摇瓶等形式培养好的发酵菌种,进行种子罐培养。在种子罐开始进行发酵培养的同时,以同样的方式进行发酵罐的准备工作。对于大型发酵罐而言,一般不在罐内对培养基进行灭菌,而是利用专门的灭菌装置对培养基进行连续灭菌(连消)。培养过程中需要控制发酵温度和发酵液 pH,对于好氧微生物发酵而言,还需要通气和搅拌。当种子发酵罐中的菌体浓度达到规定浓度时,接种种子液至发酵罐。按照规定的发酵条件,控制发酵影响因素,当发酵达到终点条件时结束发酵。将积累有发酵产物的培养液输送至提取精制车间进行下游处理。

分批发酵中,微生物所处的环境不断变化,发酵罐内的化学及物理状态随时间而改变,故培养过程中各影响因素变化比较复杂。当菌体生长的最适条件与代谢产物积累的最适条件不同时,为获得最大产率,须人为干预控制发酵条件,比如发酵温度、发酵液 pH、发酵液中的溶氧浓度等。不同的发酵产品、不同的发酵菌种,发酵反应的时间不同,时间短者十几个小时,时间长者可达数周。此时,避免杂菌污染尤为重要,需要彻底进行高压蒸汽灭菌和空气过滤除菌,在接种时还须保证不混入杂菌。对于丝状微生物霉菌和放线菌,在发酵过程中菌体形态和生理生化反应状态会发生一定变化。发酵过程中,由于持续的机械搅拌,使得发酵液的流变学性质发生变化,发酵液的表观黏度增大,液体的牛顿流体(切应力与变形速率成正比的低黏性流体)特性逐步消失,这将直接影响发酵罐内氧的溶解与传递、热传递和调节 pH 酸碱液的混合等传递过程。因此,霉菌在培养初期和后期的平均生理活性会有一定差异。由于发酵周期涵盖每批次发酵反应的全过程,即加入灭菌后培养基、接种、培养的诱导期、反应过程、放罐、洗罐及空罐灭菌所需要时间的总和。因此,根据发酵周期的特点,严格遵循发酵生产罐的操作程序,合理安排整个工艺操作具有重要意义。

二、离子交换操作

离子交换分离操作除少数情况下采用间歇搅拌槽,一般多采用固定床(fixed bed)、吸附设备——吸附柱或吸附塔。如图 4-42 所示,吸附柱内填充固相吸附介质,料液连续输入吸附柱中,溶质被吸附剂吸附。从吸附柱入口开始,吸附剂的溶质浓度不断上升,达到饱和吸附浓度(即与入口料液浓度相平衡)。当吸附柱内全部吸附剂的溶质吸附接近饱和时,溶质开始从柱中流出,出口浓度逐渐上升,最后达到入口料液的溶质浓度,即吸附达到完全饱和。当吸附达到完全饱和后,若继续输入料液,则输入的溶质全部流出吸附柱。吸附过程中吸附柱出口溶质浓度的变化曲线称为穿透曲线(breakthrough curve),如图 4-43 所示。出口处溶质浓度开始上升的点称为穿透点(breakthrough point),达到穿透点所用的操作时间称为穿透时间。由于穿透点难以准确测定,故一般习惯上将出口浓度达到入口浓度 5%~10% 的时间称为穿透时间。

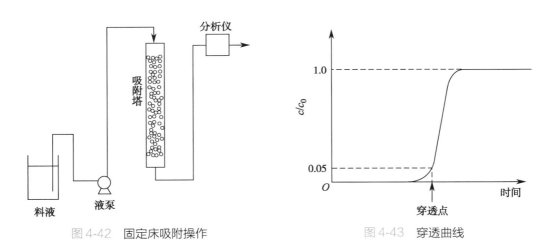

图 4-42　固定床吸附操作　　　　图 4-43　穿透曲线

当吸附操作达到穿透点时,继续进料不仅对增加吸附量的效果不大,而且由于出口溶质浓度迅速增大,会造成目标产物的损失。故在穿透点附近须停止吸附操作,顺次转入杂质清洗(contaminant washing)、吸附溶质的洗脱(product elution)和吸附剂再生(regeneration)操作。

图 4-42 所示的吸附操作仅使用一个固定床,在吸附剂再生操作过程中须停止吸附操作。如果同时使用多个吸附柱进行多柱串联吸附操作,则可不必停止吸附操作而使其中一柱得到

再生,而且输入的溶质由于多柱串联吸附,即使 1 号柱饱和了,也不致流出吸附柱。图 4-44 为使用 4 个吸附柱的多柱串联吸附操作示意图。首先 1 号柱直接输入料液,故其先于 2 号和 3 号柱达到吸附平衡,此时 4 号柱再生完毕[图 4-44(a)];之后,将料液输入口切换至 2 号柱,同时 1 号柱开始清洗、洗脱和再生[图 4-44(b)];如此,逐次转入图 4-44(c)和其后的状态,循环往复。显然,整个操作过程中进料(吸附)从未间断,因此从固相的角度,多柱串联吸附操作属于半连续操作,这是多柱串联吸附操作的优点之一。另外,由于多柱串联使整个系统中的流体流动更接近平推流,有利于提高吸附效率。

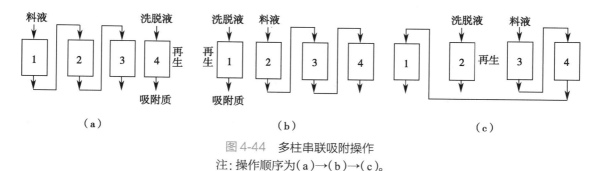

图 4-44 多柱串联吸附操作

注:操作顺序为(a)→(b)→(c)。

三、盐析操作

(一)盐析用盐计算

在生产和实验中的盐析用盐大多为硫酸铵。一般有两种操作方式:一种是直接加入固体细粉末,加入时速度不能太快,应分批加入并充分搅拌,使其完全溶解以防止溶液局部浓度过高,该法在工业生产中常采用;另一种是加入硫酸铵饱和溶液,在实验室和小规模生产中,或盐浓度不须太高时,可采用这种方式,它可有效防止溶液局部过浓,但加量较多时,料液会被稀释。

硫酸铵的加入量有不同的表示方法,常用"饱和度"来表征。"饱和度"指浓度相当于饱和溶解度的百分数。20℃时,$(NH_4)_2SO_4$ 的饱和浓度为 4.06mol/L(即 536.34g/L),密度为 1.235kg/L,即用 1.0L 水制备硫酸铵的饱和溶液,需要加入 761g 硫酸铵,饱和溶液体积约为 1.42L,定义此时的浓度为 100% 饱和度。盐析操作中为了使目标溶液达到所需要的饱和度,应加入固体 $(NH_4)_2SO_4$ 的量,可由下式计算:

$$X = \frac{G(P_2 - P_1)}{1 - AP_2}$$
式(4-3)

式中,X 为 1L 溶液所需加入 $(NH_4)_2SO_4$ 的量;G 为特定温度下 1L 饱和硫酸铵溶液中溶解的 $(NH_4)_2SO_4$ 的量,0℃时为 514.72g/L,10℃时为 525.05g/L,20℃时为 536.34g/L,25℃时为 541.24g/L,30℃时为 545.88g/L;P_1 和 P_2 分别为初始和最终溶液的饱和度,%;A 为常数,0℃时为 0.29,10℃和 20℃时为 0.3,25℃和 30℃时为 0.31。

如果加入的是 $(NH_4)_2SO_4$ 饱和溶液,为达到一定饱和度,所需加入的 $(NH_4)_2SO_4$ 饱和溶液的体积可由下式求得:

$$V_a = V_0 \frac{G(P_2 - P_1)}{1 - AP_2} \qquad\qquad 式（4\text{-}4）$$

式中，V_a 为加入的饱和 $(NH_4)_2SO_4$ 溶液的体积，L；V_0 为蛋白质溶液的原始体积，L；其余参数同式（4-3）。

实际操作中常将式（4-3）和式（4-4）计算所得数据制作成表格，方便快速查询，硫酸铵溶液由原来的饱和度达到所需要的饱和度时，每 100ml 硫酸铵水溶液应加固体硫酸铵的量见表 4-2。

表 4-2　每 100ml 硫酸铵水溶液应加固体硫酸铵的量　　　　　　　　　　　单位：g

硫酸铵初饱和度	在 0℃时硫酸铵终饱和度																
	20%	25%	30%	35%	40%	45%	50%	55%	60%	65%	70%	75%	80%	85%	90%	95%	100%
0	10.6	13.4	16.4	19.4	22.6	25.8	29.1	32.6	36.1	39.8	43.6	47.6	51.6	55.9	60.3	65.0	69.7
5%	7.9	10.8	13.7	16.6	19.7	22.9	26.2	29.6	33.1	36.8	40.5	44.4	48.4	52.6	57.0	61.5	66.2
10%	5.3	8.1	10.9	13.9	16.9	20.0	23.3	26.6	30.1	33.7	37.4	41.2	45.2	49.3	53.6	58.1	62.7
15%	2.6	5.4	8.2	11.1	14.1	17.2	20.4	23.7	27.1	30.6	34.3	38.1	42.0	46.0	50.3	54.7	59.2
20%	0	2.7	5.5	8.3	11.3	14.3	17.5	20.7	24.1	27.6	31.2	34.9	38.7	42.7	46.9	51.2	55.7
25%		0	2.7	5.6	8.4	11.5	14.6	17.9	21.1	24.5	28.0	31.7	35.5	39.5	43.6	47.8	52.2
30%			0	2.8	5.6	8.6	11.7	14.8	18.1	21.4	24.9	28.5	32.3	36.2	40.2	44.5	48.8
35%				0	2.8	5.7	8.7	11.8	15.1	18.4	21.8	25.4	29.1	32.9	36.9	41.0	45.3
40%					0	2.9	5.8	8.9	12.0	15.3	18.7	22.2	25.8	29.6	33.5	37.6	41.8
45%						0	2.9	5.9	9.0	12.3	15.6	19.0	22.6	26.3	30.2	34.2	38.3
50%							0	3.0	6.0	9.2	12.5	15.9	19.4	23.0	26.8	30.8	34.8
55%								0	3.0	6.1	9.3	12.7	16.1	19.7	23.5	27.3	31.3
60%									0	3.1	6.2	9.5	12.9	16.4	20.1	23.1	27.9
65%										0	3.1	6.3	9.7	13.2	16.8	20.5	24.4
70%											0	3.2	6.5	9.9	13.4	17.1	20.9
75%												0	3.2	6.6	10.1	13.7	17.4
80%													0	3.3	6.7	10.3	13.9
85%														0	3.4	6.8	10.5
90%															0	3.4	7.0
95%																0	3.5
100%																	0

实际操作中，盐析分离一种蛋白质料液所需的最佳硫酸铵饱和度可通过预实验确定，步骤如下（假设操作温度为 0℃）。

（1）取一部分料液，将其分成等体积的数份，冷却至 0℃。

（2）用式（4-3）计算饱和度达到 20%～100% 所需加入的硫酸铵量，并在搅拌条件下分别加到料液中，继续搅拌 1 小时以上（同时保持温度在 0℃），使沉淀达到平衡。

（3）2 200r/min 下离心 40 分钟后，将沉淀溶于 2 倍体积的缓冲溶液中，测定其中蛋白质的总浓度和目标蛋白质的浓度（如有不溶物，可离心除去）。

（4）分别测定上清液中蛋白质的总浓度和目标蛋白质的浓度，比较沉淀前后蛋白质是否保持物料守恒，检验分析结果的可靠性。

（5）以饱和度为横坐标，上清液中蛋白质的总浓度和目标蛋白质的浓度为纵坐标作图，如图 4-45 所示，图中纵坐标为上清液中蛋白质的相对浓度（与原料液浓度之比）。

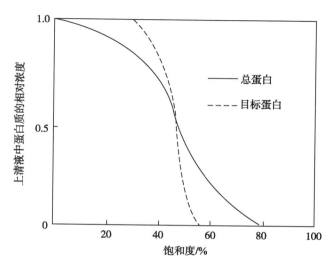

图 4-45　盐析沉淀平衡后上清液中蛋白质浓度与
硫酸铵饱和关系曲线

根据图 4-45 的结果得知，使目标蛋白质不出现沉淀的最大饱和度约为 35%，使目标蛋白质完全沉淀的最小饱和度约为 55%。因此，沉淀分级操作应选择的饱和度范围为 35%～55%，具体饱和度值应根据同时得到较大纯化倍数和回收率确定。

（二）盐析方法及注意事项

分部盐析法是最适用的常规操作法。通过不断增加盐浓度的方法可以从溶液中逐步沉淀制取多种成分。图 4-46 及图 4-47 为两种提取液分部盐析曲线。由图 4-46 可见，当盐析用

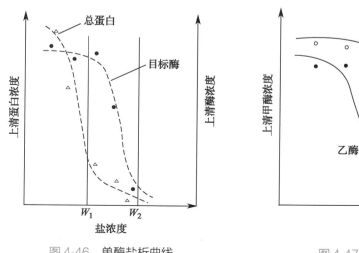

图 4-46　单酶盐析曲线　　　　　　　图 4-47　双酶盐析曲线

盐浓度达到 W_1 时提取液中总蛋白含量下降了约 3/4,而目标酶的活力下降极少;当盐浓度上升到 W_2 时,90% 以上的酶沉淀析出。而图 4-47 中,当盐浓度达到 S_1 时,乙酶大部分析出而甲酶很少析出;浓度上升到 S_2 时甲酶几乎全部析出。甲酶中所混乙酶很少,为后续纯化提供了方便。若一次盐析效果较差,可反复溶解多次盐析以提高分辨率。

实际制备过程中,有时为了排除共沉淀的干扰,可先在较高的盐浓度下将目标产物夹带杂质一同沉淀,然后再将沉淀用较低浓度盐溶液平衡,溶出其中的目标产物,该法称为反抽提法(图 4-48)。

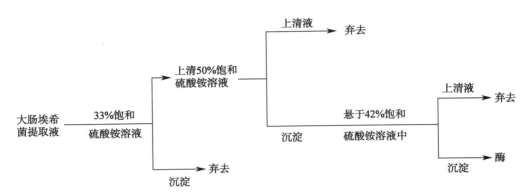

图 4-48　大肠埃希菌 RNA 聚合酶反抽提法制备过程

盐析操作过程中需要注意以下基本问题。

首先,要防止"局部过浓"。对于固体盐投入法,须先将盐研磨细(硫酸铵易吸潮,使用前,可先磨碎平铺放入烤箱内,60℃烘干后再称量),在不断搅拌下分批缓慢加至溶液中,边溶解边加入,不得使溶液底部留下未溶的固体盐,这样就能避免局部过浓造成共沉作用和某些蛋白质的变性;用饱和盐溶液进行盐析时同样需要慢慢加入并不断搅拌。

其次,由于蛋白质易变性,盐析温度一般控制在室温以下;盐析所得沉淀通常需要经一段"老化"时间后进行离心或过滤分离;盐析后的产物尽快用透析、超滤或凝胶过滤等手段进行脱盐处理;对于酶的盐析,为了避免盐对目标产物活性测定的影响,一般脱盐处理后再测活性。

(三)盐析的应用

盐析广泛应用于各类蛋白质的初级纯化和浓缩。例如,人干扰素的培养液经硫酸铵盐析沉淀,可使人干扰素纯化 1.7 倍,回收率为 99%;白细胞介素 -2 的细胞培养液经硫酸铵沉淀后,沉淀中白细胞介素 -2 的回收率为 73.5%,纯化倍数达到 7。

应用举例:免疫球蛋白 G(immunoglobulin G,IgG)是动物和人体血浆的重要成分之一,试用盐析法得到 IgG 粗提物。

分析:血浆中蛋白质成分多达 70 余种,要从血浆中分离出 IgG,首先要进行尽可能除去其他蛋白质成分的粗分离程序,使 IgG 在样品中比例大为增高,然后再纯化而获得 IgG。具体操作如下。

(1)在 1 支离心管中加入 5ml 血清和 5ml 0.01mol/L pH=7.0 的磷酸盐缓冲液,混匀。用滴管吸取饱和硫酸铵溶液,边滴加边搅拌于血浆溶液中,使溶液的最终饱和度为 20%。用滴管边加边搅拌是为了防止饱和硫酸铵一次性加入或搅拌不均匀造成局部过饱和的现象，从而导致盐析达不到预期的饱和度，得不到目的蛋白质。搅拌时不要过急，以免产生过多泡沫，致使蛋白质变性。加完后应在 4℃ 放置 15 分钟，使之充分盐析（蛋白质样品量大时，应放置过夜）。然后以 3 000r/min 离心 10 分钟，弃去沉淀（沉淀为纤维蛋白原），在上清液中为清蛋白、球蛋白。

（2）量取上清液的体积，置于另一个离心管中，用滴管继续在上清液中滴加饱和硫酸铵溶液，使溶液的饱和度达到 50%。加完后在 4℃ 放置 15 分钟，以 3 000r/min 离心 10 分钟，清蛋白在上清液中，沉淀为球蛋白。弃去上清液，留下沉淀部分。

（3）将所得的沉淀再溶于 5ml 0.01mol/L pH=7.0 的磷酸盐缓冲液中。滴加饱和硫酸铵溶液，使溶液的饱和度达 35%。加完后 4℃ 放置 20 分钟，以 3 000r/min 离心 15 分钟，球蛋白在上清液中，沉淀为 IgG。弃去上清液，即获得粗制的 IgG 沉淀。

为了进一步纯化，上文操作（3）可进行 1～2 次。将获得的粗 IgG 沉淀溶解于 2ml 0.017 5mol/L pH=6.7 的磷酸盐缓冲液中备用。

盐析沉淀法不仅是蛋白质初级纯化的常用手段，在某些情况下还可用于蛋白质的高度纯化。例如，利用无血清培养基培养的融合细胞培养液浓缩 10 倍后，加入等量的饱和硫酸铵溶液，在室温下放置 1 小时后离心除去上清液，得到的沉淀物中单克隆抗体回收率达 100%。对于杂质含量较高的料液，例如从胰脏中提取胰蛋白酶和胰凝乳蛋白酶，可利用反复盐析沉淀并结合其他沉淀法，制备纯度较高的酶制剂。蛋白质的盐析沉淀纯化实例见表 4-3。

表 4-3　蛋白质的盐析沉淀纯化实例

| 目标蛋白 | 来源 | （NH$_4$）$_2$SO$_4$ 饱和度 /% | | 收率 /% | 纯化倍数 |
		一次沉淀	二次沉淀		
人干扰素	细胞培养液	30（上清）	80（沉淀）	66	1.7
白细胞介素	细胞培养液	50（上清）	85（沉淀）	73.5	7
单克隆抗体	细胞培养液	50（沉淀）	/	100	>8
组织纤溶酶原激活物	猪心提取液	50（沉淀）	/	76	1.8
		/	35（沉淀）	81	1.5

四、超滤操作

超滤前应根据产品的特性，确定使用的目的，并根据溶液的成分、浓度、黏度、pH 及工作温度等指标，选用技术规格合适的超滤装置，通过预实验确定超滤压力、切向流速等技术参数，确保超滤技术在实际使用中达到最佳效果。

1. 充分了解超滤膜的性能　不同材质的超滤膜化学稳定性不同，对溶液的吸附量也不同。不同类型的超滤装置耐压性能不同，截留分子量不同，超滤膜的使用范围也不同。避免选择能与超滤液体中的成分发生化学反应的超滤膜材质。根据对加工液的性质和处理要求，选取合理的超滤膜。

2. 正确安装超滤装置 输液管道,进、出口压力表及阀门连接要牢固无渗漏,安装后可通过完整性试验进行验证。

3. 过滤操作 超滤膜一般不能干燥和受污染。新购的超滤膜都是密封包装的,使用前须按说明书检查是否破损及过滤效果,然后进行净化处理。

超滤器用前必须洗净,按说明装好滤膜后还须检验是否有短路泄漏。如超滤器不大,滤膜又耐热,可进行高温灭菌。如滤器或滤膜不耐热,则应选用化学药物灭菌,如5%甲醛、70%乙醇、环氧乙烷(浓度<20%)、5%过氧化氢、0.1%过氧乙酸等。

当选择了合适的膜和系统后,为了充分发挥膜的性能,节省时间,还需对超滤的操作参数进行适当优化。其主要工作是确定合适的压力梯度 $\Delta p(p_{in}-p_{out})$ 和通透膜压力梯度(transmembrane pressure, TMP)。

切向流速很小起不到切向过滤的作用,如果太大又浪费能源,产生的剪切力对生物分子不利。超滤膜厂商一般提供滤膜的最佳切向流范围。切向流与 Δp 成正比,不同料液达到最佳切向流时 Δp 并不相同。因此须首先测定不同 Δp 时的切向流,然后以切向流对 Δp 作图,找出最佳切向流时对应的 Δp。

找到最佳期 Δp 后,在保持 Δp 不变的条件下,设定不同的 p_{in}、p_{out},从而得到不同的 TMP。测定不同 TMP 条件下的滤速,其滤速与 TMP 之间形成对应曲线,见图4-49。图中所显示阴影部分即为最佳 TMP 范围。

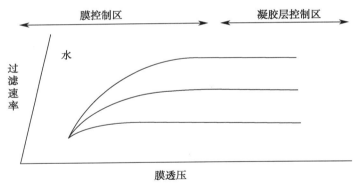

图 4-49 切向流的最佳 TMP

生物制药中,超滤多用于过滤蛋白质、核酸、多糖等生物大分子溶液。一般操作压力在0.05～0.5MPa 之间,对于"切流过滤"的膜装置,操作压为进口压力与出口压力的平均值:

$$\Delta p = \frac{p_{in} - p_{out}}{2} \qquad\qquad 式(4-5)$$

通常,使用前先用多量净水分数次在运转状态下洗涤超滤膜组件,直至将保养液充分去除干净。超滤接近完成时,还须向为数不多的保留液(大分子溶液)中加入一定量的净水,重复超滤2次(或多次),以脱去更多的小分子物质盐或提高小分子目的物的回收率。超滤完成后先用稀碱洗涤膜组可增加目的物回收率(5%～10%)。

超滤装置使用后须充分洗涤,再选用适当的溶液进一步对膜进行净化。常用的有盐水

（1～2mol/L NaCl 溶液）、稀酸碱（0.1mol/L HCl 溶液或 0.1mol/L NaOH 溶液）、稀氧化剂（万分之二以下的次氯酸钠溶液）。若膜被蛋白质等生物大分子污染不易除净，还可选用变性剂（6mol/L 脲溶液）、蛋白酶溶液等，如用 1% 的胰蛋白酶液浸泡过夜，然后用大量水洗，可恢复流速。

超滤膜比较稳定，若操作正确，通常可用 1～2 年。暂时不用可保存在 30% 甘油、2%～3% 甲醛、0.2% 叠氮化钠等溶液中。

4. 超滤流程 图 4-50 为典型的超滤操作流程。原液经过泵进入到微滤器进行预处理，随后通过超滤膜组件进行超滤分离，透过液贮存到透过液贮罐，保留液直接回到原液贮罐，不断往复，最终完成超滤操作。

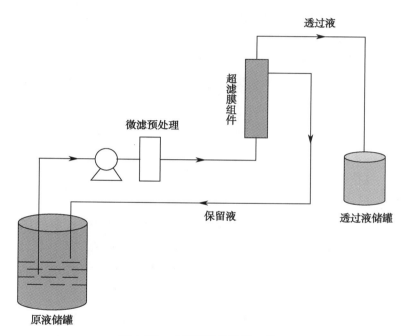

图 4-50　典型超滤操作流程简图

五、冷冻干燥操作

在冻干机运行中，操作者应严格按照操作规程进行各项操作，具体参数如温度、真空度、时间等，可根据具体冻干制品，根据工艺要求进行调整。

（一）冷冻干燥的操作规程

在水压力、气压力满足启动条件时，方可进入前箱预冷阶段。

1. 前箱预冷 进入前箱预冷阶段后，按设定选择开启循环泵；然后开启第一压缩机及对应的板冷阀；随后再分别开启另外一台压缩机及相应板冷阀。

当制品温度已达到设定值时，用一台压缩机继续对前箱进行制冷，保持设定的温度值一段时间（2～3h），另外的压缩机则可转入下一阶段，对后箱进行制冷。当运行阶段到达设定的"开始升华"设定值时，前箱预冷完成，开始进行后箱预冷。

2. 后箱预冷 后箱预冷时，首先，应关闭所有板冷阀；再开启各自冷凝器阀。在后箱制冷的过程中,可将压缩机进行前、后箱供冷切换,以保证前箱预冷过程中,制品温度的恒定。当后箱盘管温度达到设定值时,开始运行预抽真空。

3. **预抽真空** 预抽真空要先开启真空泵;再开启小蝶阀;然后再开启中隔阀;当到达设定的时间,内真空度达到设定要求,则开始运行升华控制。

4. **升华控制** 首先开启电加热,再关闭掺冷阀。升华过程共分为两个阶段:第一阶段干燥和第二阶段干燥。第一阶段干燥也称为升华干燥,此过程将有大量的水分从制品中升华出来,因此,需严格控制真空度。对制品的加热速度不易过快,真空度的控制,以其对应的温度不超过制品的共熔点为准。第二阶段干燥又称为解析干燥。在此过程中,由于水分不易升华,可通过调节干燥箱内的真空度来加速升华速率(循环压力法),上限压力可根据制品的冻干工艺进行设置。运行阶段到达设定的最后阶段并且温度、时间都满足要求时,即可结束升华控制,并进行终点判断。

5. **终点判断** 判断终点首先要关闭中隔阀,达到设定的时间后才能进行终点判断,如果泄漏量低于设定值则会自动运行结束;泄漏量高于设定值则报警,继续进行第二次阶段干燥,直到泄漏量低于设定值为止。

6. **自动结束** 先关闭小蝶阀;然后依次关闭真空泵;压缩机;冷凝器阀;循环泵。

(二)在位消毒的操作规程

在消毒之前,要打开夹套排水阀,排空夹套中的水。在水压力、蒸汽压力、压缩空气压力满足要求的条件下方可启动消毒程序。

1. **建立真空系统** 在开启水环泵进水阀之后,依次开启水环泵;水环泵隔离阀、后箱排出阀;在此操作结束后再开启中隔阀;然后开启前箱排出阀;判断门插销是否已全部插入,如果有门插销信号,则门插销进。时间到后,关闭水环泵隔离阀;之后依次关闭水环泵、水环泵进水阀;进水进气阀;蒸汽总阀。

2. **蒸汽消毒** 蒸汽进入箱体,后箱内的压力会逐渐升高,当箱内压力大于或等于 30kPa 时,打开总排出阀;之后再关闭总排出阀,打开疏水器阀,开始累计消毒时间。当消毒温度大于或等于设定温度时,开始累计计时。当消毒时间和 F_0 值都达到设定要求,消毒结束。关闭蒸汽总阀;关闭疏水器阀;打开总排出阀。

3. **消毒干燥** 首先判断箱内压力是否降到 10kPa,达到后,关闭总排出阀、门插销进;之后依次打开水环泵进水阀;打开水环泵;打开水环泵隔离阀时开始记录干燥时间。关闭进水进气阀;消毒干燥时间到后判断是否有门信号? 如果有,开启门插销出。判断门插销是否全部拔出? 时间到后未全部拔出则报警,若时间内或报警后拔出则依次关闭水环泵隔离阀、水环泵、水环泵进水阀、前箱出水阀、后箱出水阀、中隔阀;再打开前箱进气阀和后箱进气阀。

4. **进气** 无菌空气进入箱体直至箱内压力为大气压,关闭前箱进气阀、后箱进气阀,消毒结束。

5. **箱体消毒后的冷却** 消毒结束后冻干箱冷却方式有两种:一种是自然冷却,另一种是利用夹套水冷却。夹套水冷却的使用方法为:先打开夹套进水阀放水进夹套内,待前、后箱温度达到要求后关闭夹套进水阀,打开夹套出水阀排尽夹套内的冷却水。

注意: 夹套冷却结束后一定要将夹套内的水排放干净, 否则夹套内残余水会在下次冷冻干燥过程中结冰, 会导致夹套管路胀裂。

在位消毒自动时参数设定的两个注意事项: ①消毒压力和消毒的温度相对应, 压力低, 箱内的温度达不到 F_0 值不能记录; 压力高, 箱内温度高, F_0 比消毒时间早到。②干燥时间最好由实际的经验来确定, 在消毒时严禁断掉压缩空气。

（三）在位清洗的操作规程

1. 操作前准备

（1）确认注射用水、纯水、冷却水、压缩空气、总电源的稳定供应。

（2）确认板层升降时不会将测温探头拉断或压坏。

2. 清洗、化霜

（1）冻干箱的清洗: 关好冻干箱门, 插门销; 先打开水环泵进水阀, 接着打开水环泵, 再打开水环泵隔离阀、前箱排出阀, 对冻干箱抽真空。当左上方的门信号灯亮了, 打开门插销进, 当所有的门插销到位, 依次关闭水环泵隔离阀、水环泵、水环泵进水阀。打开总排出阀。

打开进水/进气阀1、进水/进气阀2, 再打开清洗总阀进行清洗, 在清洗的过程中, 让板层不停上下移动, 使得板层的上下表面也能被清洗。当板层下降最低时, 到上面的旋转喷头对箱壁进行冲洗。中隔阀正对面有一个专门的喷头直接对着中隔阀冲洗, 使清洗效果更佳。清洗20min后先关闭清洗总阀, 再关闭进水/进气阀1、2。

打开前箱进气阀进行进气排水。待水全部排完关闭前箱进气阀。关闭总排出阀, 打开水环泵进水阀、水环泵、水环泵隔离阀进行真空干燥, 30min后关闭水环泵隔离阀、水环泵、水环泵进水阀、前箱排出阀, 冻干箱清洗结束。在清洗结束时一定要先关闭进水总阀, 再关闭进水阀, 否则安全阀处会有水喷出。

（2）冷凝器化霜（后箱捕水器）: 在每个冻干周期结束后都必须进行化霜, 可采用喷淋式化霜。化霜前应注意事项:

1）事先要检查中隔阀、小蝶阀是否关闭。确保压缩空气压力 > 0.5MPa。喷淋式化霜应注意水温应在 50～80℃。

2）喷淋化霜, 开后箱排出阀、进水/进气阀3, 清洗总阀, 再打开管路上的手阀控制水的流量, 将盘管上的冰逐渐融掉。从以下两点判断是否结束: ①透过视镜窗观察冷凝器盘管上是否还有霜未被化掉; ②观察触摸屏上所显示的冷凝器温度（一般应大于等于20℃）。

（四）冻干产品的保存处理

已干燥的产品是一种疏松的多孔物质, 有很大的内表面积。如果暴露于空气之中, 就会吸收空气中的水分而潮解, 增加产品的残余水分含量。其次, 空气中的氧、二氧化碳与产品接触, 一些活性基因就会很快与氧结合产生不可逆的氧化作用。此外, 空气中如含有杂菌, 还会污染产品。因此, 在产品干燥的后处理不容忽视。后处理的主要内容是包装, 制品不同包装也不同。

对于生物制品, 冻干结束要向箱内充入干燥无菌的空气和氮气, 然后在无菌室内将容器封口, 或在干燥结束时, 在冻干箱内真空加塞。

第三节 生物药生产实例

一、重组人干扰素 α2b 的制备工艺

（一）重组人干扰素 α2b 概述

干扰素（interferon，IFN）是一种具有增强机体免疫、抗病毒、抗肿瘤等多种功能活性的细胞因子类药物，是一类具有广泛生物学活性的蛋白。在 1957 年，病毒学家 A. Isaacs 等在进行流感病毒实验研究中，使用灭活病毒感染鸡胚细胞时，发现鸡胚细胞囊膜生成了一种可以有效干扰病毒增殖的物质，A. Isaacs 将这种物质称之为"interferon"，即为干扰素。按照来源不同，干扰素类型可分为 α（白细胞）型、β（成纤维细胞）型、γ（淋巴细胞）型，三种干扰素的性质以及区别如表 4-4 所示。其中，由人白细胞产生的干扰素为 α 干扰素（IFN-α），按照氨基酸序列的不同，又进一步分为 α2a、α2b、α2c 三种；β 干扰素（IFN-β），又称之为人纤维母细胞干扰素，其结构与 α 干扰素相似，α 干扰素和 β 干扰素又统称为 I 型干扰素。近半个世纪以来，干扰素的研究一直是病毒学、细胞学、分子生物学、临床医学、免疫学、肿瘤学等相关领域的热点，特别是近几年来，随着干扰素在一些疾病（乙型肝炎、丙型肝炎）及肿瘤的治疗方面取得了较好的效果，人们越来越重视干扰素在体内的免疫特性及其制品的研究，而以往所用的干扰素是采用特定的诱生剂诱导白细胞，经提取后制成的血源性干扰素。血源性干扰素容易被全血中的病毒污染，威胁使用者的健康；并且血源性干扰素提取纯度低，比活性低，生产成本

表 4-4　三种干扰素的性质比较

性质	IFN-α	IFN-β	IFN-γ
分子量/kDa	20	20～30	20，25
活性结构	单体	二聚体	四聚体或三聚体
等电点	5～7	6.5	8.0
已知亚型数	＞23	1	1
主要产生细胞	白细胞	成纤维细胞	淋巴细胞
氨基酸残基数/个	165～166	166	146
免疫调节活性	较弱	较弱	强
抑制细胞生长活性	较弱	较弱	强
pH 2.0 的稳定性	稳定	稳定	不稳定
热（56℃）稳定性	稳定	不稳定	不稳定
种交叉活性	大	小	小
主要诱发物质	病毒	病毒、双链聚肌胞（PolyI：C）等	抗原、植物血球凝集素（phytohemagglutinin，PHA）、伴刀豆素球蛋白 A（concanavalin A，ConA）等
对 0.1% SDS 的稳定性	稳定	部分稳定	不稳定
诱导抗病毒状态的速度	快	快	慢

高，这些都严重地影响了干扰素在临床上的使用价值。而随着生物技术的发展，通过先进的基因工程重组技术，可以在体外大规模生产干扰素，这就是基因工程干扰素。基因工程干扰素是从细胞中克隆出干扰素基因。将该基因与大肠埃希菌表达载体连接物构成重组表达质粒，然后转化到大肠埃希菌中，从而获得高效表达干扰素蛋白的工程菌体。基因工程干扰素与血源性干扰素相比，具有无污染、安全性高、纯度高、比活性高、成本低、疗效确切等优点，因此基因工程重组干扰素得到了广泛的发展空间。

随着近年来基因工程技术的不断进步，干扰素 α 在肿瘤、病毒性肝炎等疾病的临床治疗中已得到广泛应用。尤其是干扰素 α2b 在诸如乙型肝炎和丙型肝炎等病毒性相关疾病的治疗中得到了广泛的应用。目前，干扰素 α2b 的相关剂型主要包括重组人干扰素 α2b 滴眼液、重组人干扰素 α2b 凝胶、重组人干扰素 α2b 喷雾剂、重组人干扰素 α2b 乳膏、重组人干扰素 α2b 栓、重组人干扰素 α2b 注射液。

（二）重组人干扰素 α2b 的制备工艺与操作

重组人干扰素 α2b：基因工程菌胞内表达产物，形成包涵体。包涵体：微生物表达的蛋白在细胞内凝集，形成无活性的固体颗粒。一般含有 50% 以上的重组蛋白，其余为核糖体元件、RNA 聚合酶、内毒素、外膜蛋白、质粒 DNA、脂体、脂多糖等杂质，大小为 0.5～1μm，具有很高的密度（约 1.3mg/ml），无定形，不溶于水，只溶于尿素、盐酸胍等蛋白变性剂。分子量大小 18kDa；等电点（isoelectric point，pI）6 左右。

重组人干扰素 α2b 的制备工艺包括工程菌活化与扩增、发酵、发酵液过滤、细胞破碎、离心分离、超滤、离子交换、灌装、冻干等工序，如图 4-51 所示。

1. 发酵工序

（1）发酵工艺流程介绍：在 C 级菌种间中，将培养一定代次的细菌，经传递窗传入 D 级发酵间，通过接种环接种到细菌培养罐系统，进行培养放大。大肠埃希菌培养采用单级放大，放

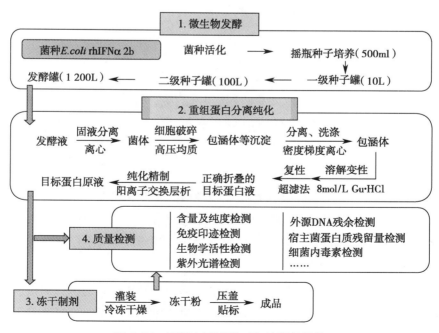

图 4-51　重组人干扰素 α2b 的制备工艺

大 10～20 倍。培养罐容积为 10L。

发酵工艺包含 CIP 系统、SIP 系统、纯化水系统、压缩空气系统、冷却系统、工业蒸汽加热系统、排放系统等（图 4-52）。采用全自动控制和检测，减少人为换作，可规避很多生产错误。

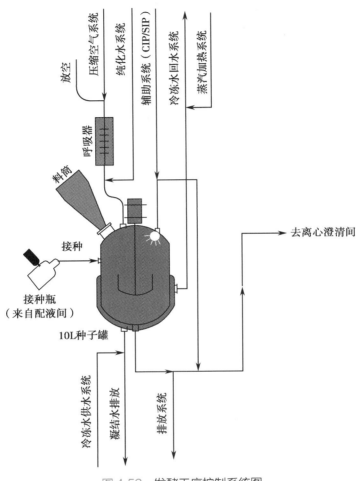

图 4-52　发酵工序控制系统图

发酵工段主要分为碱洗、纯化水清洗、注射用水清洗、灭菌、投料、加热溶解、实消、接种、发酵等九个工序（图 4-53），完成发酵后的菌液经管道输送至离心澄清间的离心机进行离心收集菌体。

（2）发酵工艺工段说明

1）碱液清洗：通过 CIP 系统，注入 NaOH 碱液清洗罐体和物料管道内部污渍。碱液清洗是一个循环过程，直到 CIP 系统自动检测碱液污染程度为恒定位（即不再变化），碱液清洗即可结束并排净污水。碱液清洗循环过程中，若碱液污染程度不断增加，此次碱液清洗还未彻底，应继续循环清洗。

2）纯化水清洗：通过 CIP 系统，注入纯化水清洗罐体和物料管道内部污渍。纯化水清洗是一个循环过程，直到 CIP 系统自动检测纯化水污染程度为恒定位（即不再变化），清洗即可结束并排净污水。

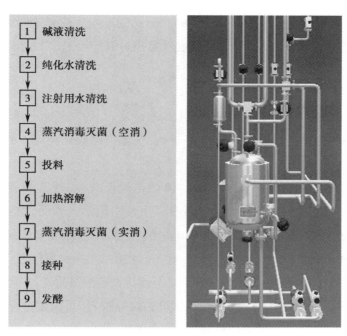

图 4-53　发酵工段示意图

3）注射用水清洗：通过 CIP 系统，注入注射用水清洗罐体和物料管道内部污渍。注射用水清洗是一个循环过程，直到 CIP 系统自动检测注射用水的污染程度为恒定位（即不再变化），结束循环清洗，放净清洗用水。用纯净的注射用水淋洗 3～5 分钟后同时排净淋洗污水。

4）蒸汽消毒灭菌（空消）：透过 SIP 系统，注入纯蒸汽（压力 0.3MPa）对罐体和物料管道内部消毒灭菌，同时对过滤器和呼吸阀进行消毒灭菌，温度保持在 121℃，持续 30 分钟，最后排出凝结水。若温度和持续时间不够，可能没有彻底消毒灭菌，导致染菌：若没有对过滤器和呼吸阀消毒灭菌也可能导致染菌。

5）投料：投料包含三部分，先通过纯化水系统加注纯化水，液位占有效容积的 1/3～1/2；配置培养基，胰蛋白胨 100g（10g/L）、酵母菌提取物 50g（5g/L）、氯化钠 100g（10g/L）和少量纯化水（300ml 左右），在料桶中混合导入种子罐；再注入纯化水定容，液位占有效容积的 80%，预留 1L 接种量、500ml 酸碱量和 500ml 培养液消毒灭菌过程产生的凝结水量。若定容过少，将导致放大系数没法达到设计的倍数，影响整个发酵的产量；若定容过多，发酵时间过长，培养基不足，影响菌种的繁殖，最后没法达到预定的产量。

6）加热溶解：来自工业蒸汽系统的工业蒸汽进入夹套中对培养液进行加热，使胰蛋白胨、酵母菌提取物和氯化钠充分溶解。夹套通工业蒸汽使罐体内温度达到 90℃以上。

7）蒸汽消毒灭菌（实消）：通过 SIP 系统，注入纯蒸汽（压力 0.3MPa）对罐内培养液和物料管道内部消毒灭菌，同时对过滤器和呼吸阀进行消毒灭菌。若消毒灭菌没彻底，将导致染菌。

8）接种：向配置好培养基的罐体注入菌种的过程。接种时注入微量压缩空气，保证罐体微压，在接种环火焰保护下接种。接种过程容易染菌，火焰保护要操作得当，否则，将导致大肠埃希菌的培养失败。

9）发酵：菌种在配好培养基的罐体中繁殖和分泌的过程。发酵是一个复杂的过程，为大肠埃希菌提供良好的培养环境，同时对发酵过程要按时取样检测，对发酵液的各项指标检测和调整。

（3）发酵工段操作

1）上罐准备：①开空压机至贮罐压力为 0.6MPa 以上，开发酵罐电源、蒸汽发生器；②若要放空原发酵罐中的液体，须将空气打开（开手动，关闭自动阀），将罐下的 2 个阀门打开，由取样口排出。

2）pH 电极校正：①准备 pH 4.0 和 pH 7.0 的电极校准液，使其溶液温度在 25℃左右；②打开主界面→系统设置→参数校正→选"pH"，出现密码输入界面，选择用户，输入密码；③第一点即零点校正，取出电极，与罐上 pH 电极线连接，用水冲洗电极，轻轻擦干，插入 pH 7.0 的校准液中，输入 pH 7.0，待读数稳定后按确定；④第二点即斜率校正，将电极取出用水冲洗，擦干，插入 pH 4.0 的校准液中，输入 pH 4.0，待读数稳定后按确定；⑤回复标定：将电极用水冲洗，擦干，置于 pH 7.0 的校正液中验证，如读数偏差较大，可重复进行上述校正。校准后取下电极，装入电极保护套中，插入发酵罐，连接电极线。

3）溶氧（dissolved oxygen，DO）电极校正：①打开主界面→系统设置→参数校正→选"DO"，出现密码输入界面，选择用户，输入密码；②第一点即零点校正，将溶氧电极线置于空气中，输入校正值"0"，待读数稳定后按确定，也可用饱和亚硫酸钠作为标准液进行零点校正；③第二点即斜率校正：上罐接种后进行。（注：第一次使用新的溶氧电极时，须添加电极电解液；以后电极不准时，须更换。）

4）系统气密性检验：①将 pH 和溶氧电极装上电极套，装至相应的电极孔中，将接种孔、补料孔等密封，关闭尾气阀门；②打开进气阀通空气，使罐内正压，关闭进气阀，看罐内压是否下降，几分钟不下降即可。若漏气，可用肥皂水检验何处漏气，排出罐内空气，卸下重拧。

5）在位灭菌：①打开接种口，倒入配置好的培养基，安装补料接口；②打开蒸汽泵总阀，打开主界面→系统设置→灭菌（可按要求设置灭菌条件）→开启→自动，检查蒸汽进夹套阀是否打开，若温度不上升或上升缓慢，则开大一些，但须注意夹套压力不可超过 0.2MPa，如超过，立即将阀门调小；③温度达到 90℃左右时，灭菌进入第二阶段，系统提示开冷凝水阀，用于排出空气过滤器处的冷凝水，并达到将其灭菌的效果，排后关闭；④第三阶段达到灭菌温度，进入保温阶段，此时排气阀会自动开，超过设定压力就会自动排气；⑤第四阶段，灭菌结束，降温，开空气流量（在屏幕上点开）。

注意事项：灭菌过程中罐体高温，且有蒸汽从尾气管排出，小心烫伤。

6）补料连接：将灭好菌的酸液、碱液、消泡剂经流加瓶连接至接种孔。

7）接种：在接种环上塞上棉花，滴加酒精，置于接种口，将接种口的螺帽略微拧松，点火，倒入种子液、混合微量元素和氨苄青霉素母液（可在超净工作台上预混），迅速拧上螺帽，熄火，确认螺帽已拧紧。

8）开始发酵：在主界面按要求设置发酵参数，如温度、pH、DO、转速，将 pH 与酸碱关联，运行→自动[控制 pH=7.2，温度 37℃，转速 600r/min、通气量 1.5vvm（4.5L/min）]。

9）取样操作：准备小烧杯，取 0 小时样，先开最底下中间阀门，再开左侧阀门，取样后先关闭左侧阀门，再关闭中间阀门。如发酵时间较长，取样可能造成染菌，此时取样后须对取样管路进行蒸汽灭菌。操作如下，取样后先关闭中间阀门，待液体不再流出后，打开右侧阀门蒸汽灭菌管路，数秒后关闭右侧蒸汽阀门，最后关闭左侧阀门。从接种完成时刻起，每两小时取适量样品；记录发酵罐上 DO、pH、温度等参数，以确保参数正常。

10）发酵结束，下罐操作：①在屏幕上点停止发酵→打开取样口收液，若流速较慢可打开手动进气，加快液体流出，收液结束后关闭手动空气，关闭取样口阀门；②取出电极，清洗、收好，pH 电极必须存放在饱和 KCl 溶液中；③洗罐，拧开罐体螺帽及蒸汽管路，按上升键使罐体上升，用自来水和刷子清洗罐体，按下降键使罐体下降，拧回螺帽，在接种口加入自来水，加满，打开转速，搅拌数分钟，停止搅拌，放出管内液体，换纯水重复上述操作一次。

11）空消（手动）：空消前先手动关闭蒸汽进罐，打开灭菌控制，关循环泵，打开加热进罐，再慢慢打开蒸汽进罐，压力＜0.2MPa，放出一点蒸汽，灭菌 10 分钟，若夹套内压过高（＞0.2MPa），则切换加热夹套成手动开（注意：屏幕上的加热进罐键默认 2 分钟自动关闭，因此须注意打开）。空消结束后，关闭进蒸汽阀门，开手动排气（可同时在屏幕上调小罐压，将自动排气打开），开空气进口，帮助降温（也可在屏幕上打开温度控制，自动）。待压力和温度下降后，关闭电源。

2. 包涵体提取工序　包涵体提取的步骤如下。

$$发酵液 \xrightarrow[离心]{固液分离} 菌体 \xrightarrow[均质匀浆法]{细胞破碎} 包涵体等沉淀 \xrightarrow[密度梯度离心]{分离、洗涤} 包涵体$$

固液分离即是将微生物菌体从发酵液中分离出来，常用方法为离心和过滤。细胞破碎是指利用外力破坏细胞膜和细胞壁，使细胞内物质（包括目标产物）释放出来的技术。不同种类的细胞结构差别很大，破碎的难易程度也不同，由难到易的大致排列顺序为：植物细胞＞真菌（如酵母菌）＞革兰氏阳性菌＞革兰氏阴性菌＞动物细胞。

本项目采用高压均质的方法破碎细胞，其原理为：利用高压使细胞悬液从阀座与阀之间的环隙高速喷出后撞击到碰撞环上，细胞在受到高速撞击作用后，急剧释放到低压环境，从而在撞击力和剪切力等综合作用下破裂，如图 4-54 所示。

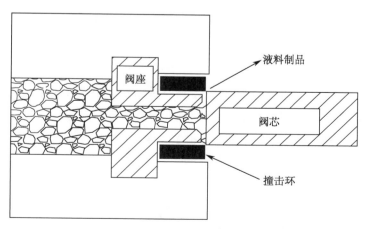

图 4-54　高压均质过程原理示意图

本项目采用密度梯度离心的方法分离包涵体,其原理为:大分子或颗粒的沉降不仅取决于它的大小,也取决于它的密度。颗粒在具有密度梯度的介质中离心时,按各自的沉降系数以一定速度沉降,在密度梯度不同区域上形成区带,使破碎的细胞分层、分离。常用的介质为氯化铯、蔗糖和甘油等。

（1）包涵体提取工序说明:细胞破碎主要分为两个工序,进料和加压均质。

1）进料:根据工艺要求,均质菌体过程中须控制温度在6～10℃,向泵体夹套中通入冷却水使泵体保持低温,然后开启进料阀及出料阀,使来自300L菌体溶解罐的菌体进入泵体,使泵体充分进料,将泵体空气排尽。

2）加压均质:启动均质机,曲柄开始绕轴转动;根据工艺要求,按先低压后高压的顺序调整至所需要的工作压力,菌体在泵体内均质裂解,裂解后的菌体通过管道进入转鼓式离心机进行离心。

（2）包涵体提取操作工序

1）菌体裂解:对菌体称重,记录质量。按每10g菌体加入50ml TE（Tris-HCl和EDTA缓冲液）做成菌悬液,加入10mg溶菌酶,37℃恒温水浴1小时;冷却至4℃,以均质机进行菌体破碎,工作压力800Pa,处理2次,镜检无完整细胞。（留样①1ml,为全细胞蛋白。）

2）包涵体的提取与净化:①破碎后的菌体搅匀后加入蔗糖至质量分数为30%（w/V）,于4℃,3300r/min下离心10分钟,去上清。②加入适当体积的洗涤缓冲液重悬沉淀,并将所有沉淀合至1～2个离心瓶中,于4℃,3300r/min下离心10分钟,重复2次。③加入适当体积的TE洗涤沉淀,于4℃,3300r/min下离心15分钟,弃上清液。重复2次。④将收集的包涵体称重,记录质量。

3. 重组人干扰素α2b溶解变复性工序

包涵体的溶解变性:利用变性剂打断包涵体蛋白质分子内和分子间的各种化学键,使多肽伸展。对于含有半胱氨酸的蛋白质,分离的包涵体中通常含有一些链间或链内的二硫键,在变性时需要用还原剂将二硫键打断。常用变性剂有尿素（urea）、盐酸胍（Gu·HCl）、十二烷基硫酸钠（sodium dodecylsulfate, SDS）;常用还原剂有二硫苏糖醇（dithiothreitol, DTT）、2-巯基乙醇（2-mercaptoethanol, 2-ME）、还原型谷胱甘肽（Glutathione, GSH）。

复性:通过缓慢去除变性剂使目标蛋白从变性的完全伸展状态恢复到正常的折叠结构。常用的复性方法有透析复性法、稀释复性法、超滤复性法、柱上复性法。

$$包涵体 \xrightarrow[\text{8mol/L Gu·HCl}]{\text{溶解变性}} \xrightarrow[\text{透析法}]{\text{复性}} \xrightarrow[\text{超滤}]{\text{浓缩}} 正确折叠的目标蛋白液$$

（1）变复性工序说明:本项目采用的变性液为8mol/L Gu·HCl、0.1mol/L 三羟甲基氨基甲烷（trihydroxymethyl aminomethane, Tris）、0.05mol/L 乙二胺四乙酸（ethylenediaminetetraacetic acid, EDTA）,pH 7.5;透析液 TE 为 0.1mol/L 三羟甲基氨基甲烷盐酸盐［Tris（hydroxymethyl）aminomethane hydrochloride, Tris-HCl］、0.05mol/L 乙二胺四乙酸二钠（ethylenediaminetetraacetic acid disodium salt, EDTA-2Na）,pH 7.5。包涵体用透析液配制成混悬液,一边搅拌,一边滴加9倍体积包涵体变性液;待包涵体全部溶解,将4倍体积的 TE 缓冲液缓慢加入至包涵体变性液中;然后,采用超滤浓缩过滤,得到浓缩液。

（2）变复性工序操作：①将前述工序得到的包涵体，用 TE 配制成每毫升混悬液 0.5g 包涵体；②向包涵体混悬液中滴加 9 倍体积变性液，边滴加边搅拌，待包涵体全部溶解后，将 4 倍体积的 TE 缓冲液缓慢加入至包涵体变性液中，边加边搅拌，可用磁力搅拌器；③将上述溶液超滤，得到浓缩液。

4. 重组人干扰素 α2b 纯化工序

（1）纯化工序说明：本项目的重组人干扰素 α2b 纯化工序采用离子交换纯化法，即利用离子交换树脂作为吸附剂（固定相），溶液中的待分离组分依据其电荷差异，依靠静电力吸附在树脂上，然后利用合适的洗脱剂（流动相）将吸附质从树脂上洗脱下来，达到分离的目的，如图 4-55 所示。

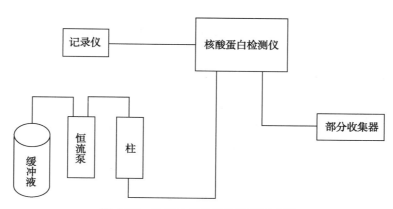

图 4-55　离子交换柱纯化流程示意图

以 SP Sepharose Fast Flow 强阳离子交换树脂为填料，流动相为缓冲液 A、B 和 C，其组成如表 4-5 所示。

表 4-5　缓冲液组成

缓冲液	组成
A	25mmol/L CH$_3$COONH$_4$，100mmol/L NaCl，pH 4.5
B	25mmol/L CH$_3$COONH$_4$，40mmol/L NaCl，pH 4.5
C	25mmol/L CH$_3$COONH$_4$，150mmol/L NaCl，pH 4.5

（2）纯化工序操作过程

1）样品预处理：酸沉淀样品经滤纸过滤、0.45μm 膜过滤，收集滤过液。

2）上样：将整套色谱连接好后，将核酸蛋白检测仪开机稳定 15 分钟，调节恒流泵流速为 40cm/ 小时，用缓冲液 A 平衡 3 个柱体积（基线基本走平即可）。待核酸蛋白检测仪读数稳定后，先调节透光率（T）为 100%，后选择 0.1A，调零。然后换上样品，待上样完成后，用 2 倍柱体积的缓冲液 A 洗去未结合的蛋白。

3）洗脱：待核酸蛋白检测仪的读数降至平稳状态后，用 3 倍柱体积缓冲液 B 过柱子洗去杂蛋白，如有出峰，将其收集；后用缓冲液 C 洗脱，出现洗脱峰后，出样口手动收集洗脱液，直至峰尾，即为重组人干扰素 α2b 原液，如图 4-56 所示。

（3）再生：以 40cm^3/h 的流速流加 2 倍柱体积的 2mol/L NaCl 溶液洗涤柱子。以 40cm^3/h

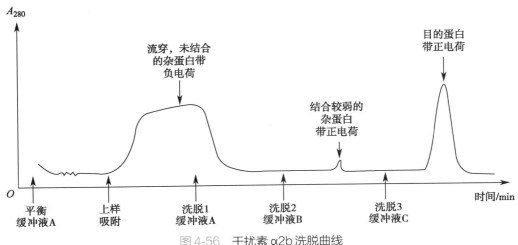

图 4-56 干扰素 α2b 洗脱曲线

的流速流加 2 倍柱体积的 0.1mol/L NaOH 溶液洗涤柱子,浸泡 15 分钟。以 40cm³/h 的流速,用水洗柱子至中性。后用保存缓冲液,洗 2 倍柱体积。

5. 重组人干扰素 α2b 冻干工序　干扰素是在一定的干扰素导剂作用下,由细胞基因控制所产生的具有抗病毒、抗肿瘤和调节免疫反应等作用的一类高活性、多功能性的诱生糖蛋白,临床上用于治疗恶性肿瘤和病毒感染,也可作为动物病毒性疫病治疗药物。但该制剂应用于生产实践中尚存在液体剂型热稳定性差、不易长期保存和远距离运输等问题。为此,重组人干扰素 α2b 制剂采用冻干工艺,不仅可以利用简易条件延长保存期,而且有利于长距离运输,并可通过临用前复溶制备有效期长、稳定性高的滴眼液、喷鼻剂等剂型。

重组人干扰素 α2b 冻干粉针剂的处方组成(100ml 计)如表 4-6 所示。

表 4-6　干扰素 α2b 冻干粉针剂的处方

组成	含量
干扰素 α2b 原液	20ml(10 万 IU/ml)
聚山梨醇 80	0.01g
甘露醇	2g

重组人干扰素 α2b 冻干粉针剂工序包括配液、过滤、灌装、半压塞、冻干、全压塞、轧盖等,具体操作步骤如下。

(1)配液:按处方量称取甘露醇、聚山梨酯 80,加入 50ml 注射用水,搅拌使溶解;向溶液中加入已纯化、效价已知的干扰素 α2b 原液 20ml;搅拌混合后,向溶液中加注射用水至100ml。

(2)过滤:上述溶液,用 0.22μm 微孔滤膜过滤,滤液至经干热灭菌处理的贮罐。

(3)灌装、半压塞:经灌装机将滤液灌装至 5ml 西林瓶中,每支西林瓶 2ml,半压盖,经传送带,送至冻干机。

(4)冻干、全压塞、轧盖:把装有溶液的半压盖西林瓶转移至冻干机中,按规定设置冻干曲线,预冻温度 −40℃,4 小时;第一次升温,−40～0℃,16 小时;第二次升温,0～35℃,4 小时。冻干结束后，经传送带送至压盖机，全压塞、轧盖。

（5）冻干粉质量评价：依据现行版《中国药典》规定的项目，对冻干粉末进行质量评价。

二、硫酸新霉素的制备工艺与操作

（一）硫酸新霉素概述

1. 产品名称

通用名：硫酸新霉素；英文名：neomycin sulfate；分子式：$C_{23}H_{46}N_6O_{13} \cdot 3H_2SO_4$；分子量：908.87；化学名：2-脱氧-4-$O$-(2,6-二氨基-2,6-二脱氧-α-D-吡喃葡萄糖基)5-O-[3-O-(2,6-二氨基-2,6-二脱氧-β-L-吡喃艾杜糖基)-β-D-呋喃核糖基]-D-链霉胺硫酸盐。

2. 理化性质及相关检测
本品按干燥品计算，每 1mg 的效价不得少于 650 新霉素单位。

（1）理化性质：本品为白色或类白色的粉末；无臭；极易引湿；水溶液显右旋光性。本品在水中极易溶解，在乙醇、乙醚、丙酮或三氯甲烷中几乎不溶。

（2）鉴别

1）取本品约 10mg，加水 1ml 溶解后，加盐酸溶液（9→100）2ml，在水浴中加热 10 分钟，加 2ml 的 8% 氢氧化钠溶液与 1ml 的 2% 乙酰丙酮水溶液，置水浴中加 5 分钟，冷却后，加 1ml 对二甲氨基苯甲醛试液，即显樱桃红色。

2）取本品与新霉素标准品，分别加水制成每 1ml 中含 20mg 的溶液。照薄层色谱法试验，吸取上述两种溶液各 1μl，分别点于同一个硅胶 H 薄层板（硅胶 H 1.5g，用 0.25% 羧甲纤维素钠溶液 6ml 调浆制板）上，以甲醇-乙酸乙酯-丙酮-8.8% 醋酸铵溶液（25∶15∶10∶40）为展开剂，展开后，晾干，在 110℃ 干燥 20 分钟，趁热喷以 10% 次氯酸钠溶液，将薄层板于通风处冷却片刻，再喷碘化钾淀粉溶液（0.5% 淀粉溶液，100ml 中含碘化钾 0.5g），立即检视。供试品溶液所显主斑点的颜色和位置应与标准品溶液的主斑点相同。

3）本品的水溶液显硫酸盐的鉴别反应。

（3）检查

1）酸度：取本品，加水制成每 1ml 中含 0.1g 的溶液，依法测定（通则 0631），pH 应为 5.0～7.0。

2）硫酸盐：取本品约 0.16g，精密称定，加水 100ml 使溶解，加浓氨溶液调节 pH 至 11 后，精密加入 10ml 氯化钡滴定液（0.1mol/L）、5 滴酞紫指示液，用乙二胺四醋酸二钠滴定液（0.05mol/L）滴定，注意保持滴定过程中 pH 为 11，滴定至紫色开始消退，加入乙醇 50ml，继续滴定至蓝紫色消失，并将滴定的结果用空白试验校正，每 1ml 氯化钡滴定液（0.1mol/L）相当于 9.606mg 硫酸盐（SO_4^{2-}）。本品含硫酸盐按干燥品计算应为 27.0%～31.0%。

3）新霉胺：取本品，加水制成每 1ml 中含 20mg 的溶液，作为供试品溶液；另取新霉胺对照品，制成每 1ml 中含 0.4mg 的溶液，作为对照品溶液。照上文"（2）鉴别"项下，自"照薄层色谱法"起，依法测定。供试品溶液所显的杂质斑点与对照品溶液的斑点比较，不得更深。

4）干燥失重：取本品，以五氧化二磷为干燥剂，在 60℃ 减压干燥至恒重，减失重量不得过 6.0%。

5）炽灼残渣:不得过 1.0%。

（4）含量测定:精密称取本品适量,加灭菌水制成每 1ml 中约含 1 000 单位的溶液,照抗生素微生物检定法(通则 1201 第一法)测定。1 000 新霉素单位相当于 1mg 的新霉素。

（5）类别及制剂:本品属于抗生素类药物。其主要制剂产品有硫酸新霉素片、硫酸新霉素滴眼液、复方新霉素软膏。

3. 药理作用及临床用途 本产品属于氨基糖苷类抗生素。氨基糖苷类(aminoglycosides)抗生素是由两个或三个氨基糖分子和一个非糖部分通过醚键连接而成,分为天然和半合成两大类。

主要对金黄色葡萄球菌和需氧革兰氏阴性杆菌,包括铜绿假单胞菌有强大的抗菌作用,对沙雷菌属、产碱杆菌属、布鲁氏杆菌、沙门氏杆菌、嗜血杆菌、志贺杆菌及结核分枝杆菌、其他分枝杆菌属亦具有良好的抗菌作用,但对革兰氏阴性球菌如淋球菌、脑膜炎球菌的作用差,各型链球菌、肠球菌及各种厌氧菌对该类抗生素耐药。与 β- 内酰胺类抗生素有协同作用。

（二）硫酸新霉素生产工艺

1. 发酵工段 发酵阶段的工艺流程如图 4-57 如示。

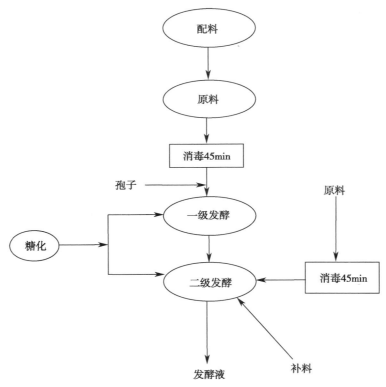

图 4-57 发酵工段工艺流程框图

结合工艺流程及生产实际,发酵工段工艺流程叙述如下。

（1）操作流程

1）种子罐接入孢子后,调整无菌空气的进气和排气,使罐压在 0.02～0.04MPa,罐温在 35℃±1℃,视情况开启搅拌,种子生长好后若不能及时转罐时,温度应控制在 28～32℃,防止菌液老化,种子罐的培养周期为30～50小时。

2）发酵罐种子接入后,根据发酵罐里的泡沫情况通过进气阀和排气阀适当调节罐压,压差控制在0.01～0.08MPa,罐温应控制在35℃±5℃,待泡沫下降情况正常后启动搅拌。

3）种子罐发酵温度必须控制在工艺规程规定的最佳温度范围(35℃±1℃),高于或低于这一范围就必须进行加、降温。

其加温或降温程序如下。①加温程序:大罐一般不直接加温,只需将降温进水阀关紧,以发酵过程中本身产生的热量提高罐温到正常罐温后,再开进水阀即可。种子罐的加温应先开冷水阀,再开蒸汽,加热阀进行调整,使水温适当(水温应30～35℃),禁止用蒸汽直接给罐加温。②降温程序:开启降温水阀门,待温度降至工艺规程规定范围内时,关闭进水阀,种子罐、发酵罐和糖料罐采用循环水降温后,降温水回到循环池中以备再次利用,若遇到特殊情况可以直接排水。

4）每半小时检查一次罐温、罐压,每2小时检查一次循环水温、压力、蒸汽压力、空气压力,并做好记录。

5）交接班时必须认真检查各个罐温、罐压是否在工艺规程要求的范围内。

（2）灭菌操作

1）分过滤器:其总的蒸汽压力为0.40～0.60MPa,分过滤器灭菌和实罐灭菌同时进行,保持分过滤器蒸汽压力在0.18～0.20MPa,灭菌45分钟后,经空气过滤器通入过滤空气,以过滤空气吹干后备用,有金属过滤器的分过滤器每月灭菌一次。

2）发酵罐、糖料罐灭菌:依次通入各路蒸汽,使罐温升至80℃时计时,经30分钟的液化,液化完毕后,打开罐盖,按配料单加入消沫剂及微量物料,再打开各路蒸汽,由进汽、排汽控制罐压,保持罐压在0.10～0.12MPa,罐温在120～130℃,灭菌30分钟。

3）种子罐灭菌:依次通入各路蒸汽,由进气阀和排气阀控制罐压,使其保持在0.10～0.12MPa,罐温在120～130℃,灭菌30分钟,灭菌结束后通入无菌空气,保持罐压在0.05～0.10MPa,再打开降温水阀降温至36℃时即可接种。

4）水罐灭菌:将检验合格的罐加好水,盖上孔盖,依次通入各路蒸汽,由进气阀和排气阀控制罐压,保持罐压在0.10～0.12MPa,罐温在120～130℃,灭菌30分钟。

5）硫胺罐灭菌:将检修合格的罐加水定容后,开空气搅拌,按原料单投入硫胺,溶解后,关闭空气阀,关闭人孔盖,然后依次通入各路蒸汽(罐底阀、取样阀、移种阀、直接进冷阀)。由进冷阀和排气阀控制罐压,保持罐压在0.12～0.18MPa,罐温在118～124℃,灭菌30分钟。

6）油罐灭菌:将油抽入检修合格的罐内,关闭真空阀,然后依次通入各路蒸汽(罐底阀、取样阀、移种阀、直接进冷阀、补样阀、窥视镜阀)。由进冷阀和排气阀控制罐压,保持罐压在0.1～0.12MPa,罐温在123～130℃,灭菌30分钟。

7）计量罐、压料管路灭菌:计量罐和压料管路蒸气压力为0.1～0.16MPa,灭菌时间不得低于45分钟,一般控制在45～60分钟即可。

8）接种管路灭菌:灭菌蒸气压力≥0.3MPa,灭菌45～60分钟后接种。接种操作如下,先将移种管路灭菌,将种子罐罐压调节至0.1～0.16MPa,需要移种的发酵罐控制在35～40℃,

并调至 0.01～0.05MPa，移种管路压力调至 0.1～0.2MPa，打开移种管路阀门，在正压差下将种子液移入发酵罐内培养。

9）分过滤皿灭菌：分过滤皿灭菌前应对其前蒸汽过滤皿的进气阀和排气阀、空气进气阀、入罐阀、排污阀进行检修，合格后方可灭菌。灭菌时，应先排尽蒸汽管道内的冷凝水，开蒸汽过滤皿入口阀，待蒸汽过滤皿内无冷凝水，打开蒸汽过滤皿出口阀，保持过滤皿压力为 0.1～0.14MPa，灭菌时间 40～60 分钟，灭菌后通入经总过滤皿的空气，吹干后备用，每 2～3 个月灭菌一次，若是停电等原因造成空气压力掉空后，应对分过滤皿立即灭菌。

10）空气总过滤皿及总空气管道灭菌：总过滤介质更换后，用压缩空气吹（压力 0.05～0.14MPa）10～12 小时后，关闭总过滤皿出口阀，通入蒸汽，保持管内压力为 0.12～0.20MPa，灭菌时间为 60～90 分钟，后通入经总过滤器过滤的空气，吹干备用。

（3）操作要点

1）种子要点：①孢子质量外观粉红色，孢子丰满、均匀，0～8℃冰箱保存，保质期为 90 天左右；②孢子悬浮液在 2～8℃的冰箱中保存，不得超过 8 小时；③种子的考核砂土接生产斜面必须经糖瓶考察效价≥8 000IU/mg，新筛选的菌种必须实验考核做好记录，书面报告车间技术工艺员批准后方能投入生产。

2）消毒要点：①种子罐、糖料罐、水罐、硫氨罐在灭菌消毒前均须严格检查，包括轴转、转动设备、蛇管、夹压力表、温度计、罐上所有与罐相连的第一阀等，并且用肥皂水检查试漏，坚持有漏不进原则；②为保证灭菌彻底，原则上一般总蒸汽压力不得低于 0.40MPa。

3）种子罐接种要点：接种前按规定消毒，接种用具及手、罐上、接种口及接种口周围点燃酒精棉球，在周围呈三点均匀分布，把备好的孢子悬浮液在火焰上方打开接种瓶，并对准接种口接入，接种采用的是微孔抽吸法，不断调节罐压至 0.10～0.30MPa，在此条件下反复抽吸入缸内。

4）新霉素培养要点

a．种子罐培养：罐温控制在 35℃±1℃，罐压控制在 0.02～0.10MPa，前期视情况开启搅拌，长好的菌在待种情况下低温 30～32℃培养，前期的 20 小时常有加温，加温时必须先开进水阀，再开蒸汽阀。当低于 50℃时，用蒸汽调节水温，禁止用蒸汽直接加温。

b．发酵罐培养：培养 0～6 小时后，视情况开启搅拌，一般情况下不开搅拌，温度为 35℃±1℃，罐压为 0.02～0.10MPa。泡沫消失后进气，罐压控制在 0.01～0.02MPa，此时搅拌再启动，异常低温培养不得低于 28℃，一般为 30℃。

c．发酵培养中间体的糖氮控制：①发酵罐消沫后，pH 在 5.8～6.5，总糖在 5.0%～9.0%，氨态氮在 60～150mg/ml，溶磷在 150～300μg/ml；②过程控制指标如表 4-7；③对于 50m³ 的罐而言，其补料标准如表 4-8 所示。

表 4-7　发酵培养时间与含量对应表

含量	0～40h	41～65h	66～105h	106h～放罐
还原糖/（mg·100ml⁻¹）	≥1.2	1.0～1.2	1.0～1.2	0.8～1.0
氨态糖/（mg·100ml⁻¹）	20～25	15～20	15～20	15～20

表4-8 发酵补料标准表

项目	0~40h	41~65h	66~105h	106h~放罐
补加碳量/%	0.1~0.2	0.2~0.4	0.4~0.5	0.5~0.6
加糖量/L	100~350	300~700	500~1 000	800~1 300
补加氨量/%	10	20	30	40
加氨量/L	20	40	60	80

（4）发酵工段流程设计：在工艺描述的基础上，可得到发酵工段的设备管线简图。

ER 4-2 硫酸新霉素发酵工段设备管线简图

2. 粗提工段　发酵后，要经过提取分离得到所需要的目标产物。初提工段的流程如图4-58所示。

结合工艺流程及生产实际，粗提工段工艺流程如下。

（1）接收发酵液

1）通知发酵放罐，放完后搅拌15分钟，后静置10分钟，会同调度人员及放罐人员量体积，并做好记录。

2）取样过程中，先开搅拌15~30分钟，再静置15~30分钟后取样，化验室测效价。

3）测消沫系数：正常情况下消沫系数取理论值的97%。在泡沫较大的情况下，按以下方法计算消沫系数：90ml的发酵液，置于100ml的量筒内，再加入10ml的正丁醇，摇匀，静置1分钟后，观测量筒内体积。

$$消沫系数 =（量筒内体积 - 10ml）÷ 90ml × 100\% \qquad 式（4-6）$$

4）计算实际放罐体积：

$$实际放罐体积 = 放罐体积 × 消沫系数 \qquad 式（4-7）$$

（2）吸附发酵液

1）开启搅拌，用氢氧化钠调 pH 至 6.4~7.0。

2）稀释发酵液，稀释体积 $V_{稀释}$ 由发酵液体积 $V_{发酵液}$ 通过式4-8计算得到。使稀释后的发酵液效价在 5 000~12 000U/ml。

$$V_{稀释} = V_{发酵液} × 估计效价 ÷ 12 000 \qquad 式（4-8）$$

3）加温发酵液至 30~40℃。

4）按每毫升树脂可交换9万~10万U新霉素，加入所需732树脂，开始吸附计时，树脂投入量计算公式为

$$树脂投入量（L）= 实际放罐体积（m^3）× 估计效价（U/ml）÷ 100 \qquad 式（4-9）$$

5）在交换过程中，前4个小时，每1小时检测1次pH，pH应控制在6.4~7.0。吸附4小时，从吸附罐取300ml发酵液（即中间样），送化验室比色。若透光，则吸附8小时后过筛。若不透光，则按20万U/ml树脂补投树脂，再吸附，补投树脂量计算公式如下。

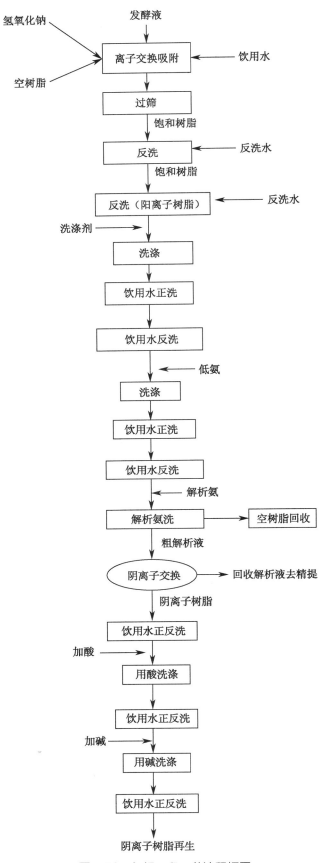

图 4-58　粗提工段工艺流程框图

补投树脂量(L)=稀释发酵液体积(m³)×中间样效价(U/ml)÷200　　　　式(4-10)

在吸附岗位,为了提高树脂质量,避免杂质进入解吸岗位,树脂过筛采用先筛树脂后筛残渣的方式,好的树脂进入反洗柱后上柱,最后剩下的带有少量树脂的杂质专门抽到一个反洗柱,通过专用管道进入树脂回收池。

(3)树脂的分离:使用往复筛,边搅拌边筛树脂,将分离出来的树脂抽到反洗柱内,漂洗至无杂质,然后抽入树脂抽压罐内,压至解吸岗位。交接饱和树脂的批号、体积和质量,并通知化验人员取饱和树脂样。

(4)树脂的补充:每14~15天补充732树脂一次,补充量为车间吸附用树脂总量的2%~5%。

(5)漂洗:将饱和树脂通入漂洗柱,用饮用水反洗40分钟,直至树脂澄清为止。

(6)解吸操作

1)通洗涤剂:通知溶配岗位输送洗涤剂。流速为5.0~5.5t/h,每柱洗涤剂通量为树脂体积的4.0~5.0倍。

2)水洗:每柱洗涤剂洗涤结束后,用饮用水洗涤,正洗洗涤3小时,然后反洗20分钟,在出口处用pH精密试纸测量出口水的pH,直至中性(6.0~7.0)为止。

3)通低氨:将上述洗好的树脂以8.9~9.0t/h的流量通入0.06~0.09mol/L的低氨溶液中,每柱低氨通量为柱内树脂体积的6~8倍。通低氨结束后,由岗位操作人员在取样口取样,送化验室测定期旋光效价,效价控制在500~1 500U/ml,做好记录。

4)水洗:每柱低氨洗涤结束后,用饮用水洗涤,正洗洗涤3小时,然后反洗30分钟,在出口处用pH精密试纸测量出口水的pH,当pH为8.0~10.0时结束洗涤。

5)通解析氨。解离树脂上的产物,回收空树脂,氨液后续处理。

6)预冲洗:用饮用水洗涤,先正洗涤2小时,再反洗30分钟,然后正洗,在出口处用pH精密试纸测量出口水的pH,当pH为8.0~10.0,出水无浑浊、无杂质为止,然后用饮用水反洗洗涤30分钟。

7)通酸:将用饮用水洗涤好的阴离子树脂以3.0~4.0t/h的流速按树脂体积的4倍以上通入1.2~1.5mol/L的盐酸溶液中。当出口浓度达进口浓度的90%以上时,停止通酸,用酸液浸泡2小时以上。

8)水洗:用饮用水洗涤,正洗3小时,再反洗30分钟,然后正洗,在出口处用pH精密试纸测量出口水的pH,当pH为5.0~6.5,澄清无杂质为止。

9)通碱:将上述洗涤好的树脂以3.0~4.0t/h的流速按树脂体积的4倍量以上通入1.0~2.0mol/L的氢氧化钠溶液中。当出口浓度达到进口浓度的90%以上时,停止通碱,用碱液浸泡2小时以上。

10)水洗:用饮用水洗涤,正洗3小时,在出口处用pH精密试纸测量出口水的pH,当pH为8.0~10.0,水清、无杂质为止,然后用饮用水反洗30分钟,阴离子树脂柱再生完毕。

解析液进入解析液储罐后,用空气搅拌5~10分钟,通知化验人员在取样口取200ml解析液,测定效价和透光率,应符合解吸液质量标准,效价>5 000U/ml,理论透光率>65%。

在工艺描述的基础上,可得到粗提工段的设备管线简图。

3. 精提工段　综合工厂设计的情况及对工艺过程的分析,精提工段工艺流程如图4-59所示。

ER 4-3　硫酸新霉素粗提工段设备管线简图

结合工艺流程及生产实际,精制工段工艺流程如下。

（1）浓缩岗位操作

1）开启真空泵和浓缩液接收罐的接料阀,同时开启废氨罐进料阀和真空阀,待真空度达到–0.07MPa时,打开废氨冷凝器及浓缩液冷却器的冷却水阀,开启浓缩器的蒸汽阀。打开解吸液罐出料阀和浓缩器的进料阀,开始浓缩,流量逐渐加大,不超过3 000L/h,控制温度低于80℃,将解吸液贮罐物料全部浓缩完,经冷凝器后进入浓缩液接收罐。

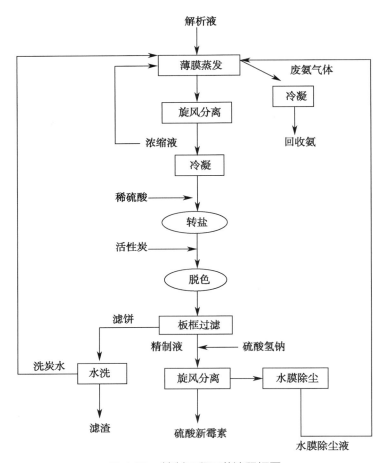

图 4-59　精制工段工艺流程框图

2）第二次浓缩:流量应小于3 000L/h,温度低于80℃,将第一次浓缩液接收罐中收集的物料进行浓缩。

3）第三次浓缩:流量应小于3 000L/h,温度低于80℃,通过控制浓缩液的流速来控制浓缩液的最终体积,从而在全部浓缩后,将浓缩液的旋光效价控制在27万～36万U/ml。

4）每次浓缩完毕后,应先关蒸汽阀、进料阀,再关真空阀,浓缩结束后,再关真空阀。

（2）转盐——稀硫酸配制过程

1）启动浓硫酸泵,抽300～400L 98%的浓硫酸于硫酸计量罐中。

2）加浓硫酸2倍体积的纯化水进入配酸罐中。

3）微微打开浓硫酸计量罐的出料阀,将浓硫酸缓缓加入配酸罐中,同时开启降温水阀。

4）浓硫酸加完后,待所配的硫酸冷却后,搅拌5分钟,用250ml的烧杯取样200ml,测定其浓度,浓度应控制在5.5~6.5mol/L。

5）所配的硫酸浓度不在5.5~6.5mol/L之间时,应予以加酸或加水处理:当溶液浓度<5.5mol/L时,应加浓硫酸 $V_酸$: $V_酸 = V_1(6-c_1)/12.8$(c_1 为初始硫酸浓度 mol/L; V_1 为初始硫酸体积);当溶液浓度>6.5mol/L时,应加纯化水 $V_水$: $V_水 = V_1(c_2-6)/6$(c_2 为初始硫酸浓度 mol/L; V_1 为初始硫酸体积);加水或加浓硫酸后,搅拌5分钟,用250ml的烧杯取样200ml,测定其浓度。

（3）精制过程操作

1）关闭转盐罐底阀,核对浓缩液的批号、体积、旋光效价、透光率后打开转盐罐的浓缩液进料阀,将浓缩液用过滤空气压入转盐罐中,然后关闭进料阀。

2）开启转盐罐搅拌,10分钟后取混合样,送入化验室,测旋光效价、透光率。

3）稍稍打开转盐罐的稀硫酸进料阀,将稀硫酸缓缓压入转盐罐中,同时开启转盐罐的降温水阀,按照100十亿效价单位加70L稀硫酸的比例估计出加稀硫酸的体积。在加酸过程中,应严格控制加酸速度,保证反应温度在60℃以下,若温度达到60℃时,应停止加酸,待温度降至40℃后,继续加酸操作,待加酸到估计值的90%时,不断取转盐罐中的液体,用精密试纸测定pH,当pH在6.0~6.8之间时,关闭转盐罐的硫酸进料阀,过5分钟后,用250ml的烧杯取样200ml,送化验室测定pH,应在6.0~6.8之间。

4）按每100十亿效价单位浓缩液5~20kg的比例将活性炭加至转盐罐中,加完后,关闭真空阀,使转盐液的温度保持在40~60℃,保持40~60分钟。

5）保温结束后,用250ml烧杯取样200ml测定转盐液的透光率,若小于77%,则按每100十亿效价单位新霉素浓缩液2~5kg的比例加活性炭,直至透光率大于77%,加活性炭的总比例应控制在每100十亿效价单位浓缩液加20kg之内。

6）用纯化水清洗精制液贮罐及各管道备用。

7）打开转盐罐的出料阀和板框压滤机的进口阀,通过空气加压,开始过滤,取滤液不断目测观察其澄清度,直至滤液澄清无异物时,将滤液抽入精制液贮罐中。

8）顶洗:关闭板框压滤机的进料阀,打开纯化水阀,加水150~200L顶洗,将水抽入精制液贮罐中,再重复操作一次。

9）按100十亿效价单位浓缩液加0.5kg $NaHSO_3$ 的比例计算出 $NaHSO_3$ 的添加量(准确到0.5kg),加至过滤液中。

10）空气搅拌20分钟后,用250ml的烧杯取样200ml测定精制液的透光率、pH、旋光效价。(透光率不低于60%,pH 6.0~6.8,旋光效价20万~29万 U/ml。)

11）接到中控检验报告单确认结果合格后,开启冷冻水,通过精制液贮罐中的盘管,将精制液进行低温保存。

12）转盐罐的清洗,按照工厂清洗规程操作。

13）板框压滤机的清洗:打开板框压滤机的空气阀和取样阀,将存于板框压滤机中的活性炭吹干,接通液压泵的电源,将手动阀的手柄拨到退位位置,把压紧板退回到底,切断电源,逐块卸下滤板,装入袋中,送到吸附岗位回收利用。纯化水清洗滤板、滤布及料液管道,清洗完毕后,经检查无污垢,接通液压泵的电源,手动阀的手柄拨到退位位置,压紧滤板,且滤布必须平整,滤板应左右对中、前后对齐,液压规定值为15～25MPa后,将大螺母锁紧,再切断电源。

轮换打开两个纯化水清洗阀,对滤布深层洗涤,通过取样观测直到水样澄清为止,关闭清洗阀,打开板框压滤机的排空积水,待下一次过滤。

（4）喷雾干燥

1）依照精制岗位送达的硫酸新霉素精制液交接单,对精制液进行交接,接料时核准体积、旋光效价、透光率和pH。

2）开启真空泵,打开干燥岗位精制液进料阀和接料罐上的真空阀,开始接料,将精制液全部接入干燥岗位的两个精制贮罐后,关闭精制岗位精制液贮罐出料阀、接料罐进料阀,排空贮罐内的空气。

3）喷雾干燥塔加温,首先检查干燥空气净化系统,检查过滤介质是否正常、三级过滤净化设备是否正常。若属于正常状态,依次开启送风机、引风机、蒸汽加热器、电加热器,直至进风温度在165～185℃,恒温30分钟,通知收粉岗位人员,准备喷雾干燥,并告知批号、透光率、pH、旋光效价等内容。

4）依次开启油泵、喷头、加料泵,开始喷雾干燥,干燥空气的进风温度控制在165～185℃,通过调节加料泵的转速控制精制液干燥的流速,控制在400～450L/h,将喷塔的出风温度控制在80～100℃之间,以达到精制液的最佳干燥效果。

5）设定自动敲塔器,每5分钟敲塔一次,每次时间持续1分钟,每次振动间隔5秒。

6）喷雾干燥工作结束或需要检修时,应按以下程序停喷:依次关闭加料泵、喷头、油泵、电加热器、蒸汽加热器,并启动手动敲塔器,敲塔1分钟后,通知收粉人员,将喷塔内的原粉收集干净,关闭送风机、引风机后,才可进行其他操作。

ER 4-4　硫酸新霉素精提工段设备管线简图

7）每批物料干燥完毕后,干燥岗位必须通知收粉人员进行清场。

在此基础上,可绘制硫酸新霉素精提工段的设备管线图。

参考文献

[1] 杨生玉,张建新.发酵工程[M].北京:科学出版社,2013.
[2] 吴梧桐.生物制药工艺学[M].5版.北京:中国医药科技出版社,2019.
[3] 张珩,王存文,汪铁林.制药设备与工艺设计[M].2版.北京:高等教育出版社,2018.
[4] 李津,俞詠霆,董德祥.生物制药设备和分离纯化技术[M].北京:化学工业出版社,2003.
[5] 陈宇洲.制药设备与工艺[M].北京:化学工业出版社,2020.
[6] 张珩,王凯.制药工程生产实习[M].北京:化学工业出版社,2019.
[7] 王志祥.制药工程原理与设备[M].4版.北京:人民卫生出版社,2023.
[8] 宋航,李华.制药分离工程:案例版[M].北京:科学出版社,2020.

［9］顾觉奋.离子交换与吸附树脂在制药工业上的应用［M］.北京:中国医药科技出版社,2008.

［10］马娟.药物分离与纯化技术［M］.3版.北京:人民卫生出版社,2018.

［11］郭立玮.制药分离工程［M］.北京:人民卫生出版社,2014.

［12］王沛.制药设备与车间设计［M］.北京:人民卫生出版社,2014.

［13］夏焕章.生物制药工艺学［M］.3版.北京:人民卫生出版社,2023.

第五章　药物制剂生产综合实训

第一节　常用设备及其原理

　　药物制剂是按照一定形式制备的药物成品。药物剂型的存在解决了药品的用法和用量问题。由于药物机械设备的出现，使得药物制剂生产逐渐从手工操作向半机械化、机械化、半自动化直至全自动化的方向发展。

一、制粒设备

　　制粒是为改善粉末流动性而使较细颗粒团聚成粗粉团粒的工艺。制粒是把粉末、熔融液、水溶液等状态的物料加工制成具有一定形状与大小粒状物的操作。几乎所有固体制剂的制备过程都离不开制粒过程。所制成的颗粒可能是最终产品，如颗粒剂；也可能是中间产品，如片剂。制粒设备按照功能与原理可分为摇摆式制粒机、快速混合制粒机、沸腾制粒机。

（一）摇摆式制粒机

　　摇摆式制粒机的制粒方式为湿法制粒，摇摆式制粒机如图 5-1 所示。摇摆式制粒机的主

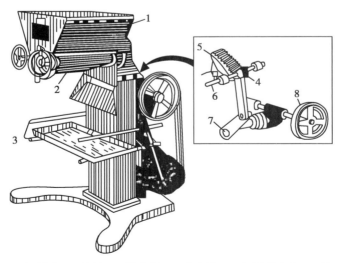

1. 加料斗；2. 滚轴；3. 置盘架；4. 小齿轮；5. 半月形齿轮；6. 转轴；7. 偏心轮；8. 皮带轮。

图 5-1　摇摆式制粒机

要构造是在一个加料斗的底部有一个六钝角形棱柱组成的滚轴,滚轴一端接连于一个半月形齿轮带动的转轴上,另一端用一个圆形帽盖将其支住,滚轴借机械动力做摇摆式往复转动,把加料斗内的软材压过装于滚轴下的筛网而形成颗粒。滚轴摆动的速度,每分钟约为45次,形成的颗粒落于盘内。凡与筛网接触部分,均应用不锈钢制成,筛网应具有弹性,软材加料斗中的量与筛网装置的松紧对所制成湿粒的松紧、粗细均有影响。

如加料斗中软材的存量多而筛网装得比较松,滚轴往复转动搅拌运动时可增加软材的黏性,制得的湿粒粗而紧;反之,制得的颗粒细而松。若通过调节筛网松紧或增减加料斗内软材的存量仍不能制得适宜的湿粒时,可调节黏合剂浓度或用量,或增加通过筛网的次数来解决。一般过筛次数愈多所制得的湿粒愈紧而坚硬。摇摆式制粒机产量较高,制粒时黏合剂或润滑剂稍多不会严重影响操作及颗粒质量。一般黏性较强和对铁稳定的药物如磺胺嘧啶或复方甘草合剂片等可选用铁筛。遇铁变质、变色的药物如维生素C、水杨酸钠、氨茶碱等可用化学性质稳定的尼龙筛制粒。制粒时筛网目数的选择系根据片量、片重或片剂的大小来决定。片重在0.4g或片剂直径在10mm以上时所需要的颗粒应粗一些,一般选用12～14目筛,片重在0.4g以下或片剂直径仍接近10mm时可选用14～20目筛;片重在0.1～0.3g的片剂则须制成较细的颗粒,一般用18～22目筛。

(二)快速混合制粒机

快速混合制粒机的制粒方式为湿法制粒,快速混合制粒机是由盛料器、搅拌轴、搅拌电机、制粒刀、制粒电机、电器控制器和机架等组成,其结构如图5-2所示。

快速混合制粒机是通过搅拌器混合及高速旋转的制粒刀切制,将物料制成湿颗粒的机器,同时具有混合与制粒的功能。机器操作时混合部分处于密闭状态,粉尘飞扬极少;输入的转轴部位,其缝隙有气流进行气密封,粉尘无外溢;对轴也不存在由于粉末而"咬死"的现象。该设备比较符合GMP的生产要求。

操作时先将主、辅料按处方比例加至容器内,开动搅拌桨先干粉混合1～2分钟,待均匀后加入黏合剂。物料在变湿的情况下再搅拌4～5分钟。此时物料已基本成软材状态,再打开快速制粒刀,将软材切割成颗粒状。由于容器内的物料快速地翻动和转动,使得每一部分的物料在短时间内都能经过制粒刀部位,也就都能被切成大小均匀的颗粒。

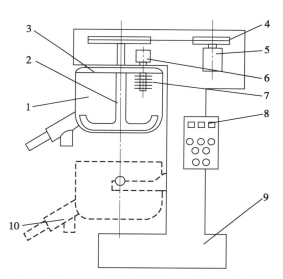

1. 容器;2. 搅拌器;3. 盖;4. 皮带轮;5. 搅拌电机;6. 制粒电机;7. 制粒刀;8. 控制器;9. 基座;10. 出粒口。

图5-2 立式快速混合制粒机

快速混合制粒机的混合制粒时间短(一般仅需8～10分钟),制成的颗粒大小均匀、质地结实,细粉少,压片时流动性好,压成的片硬度较高,崩解、溶出性能也较好。制粒时所消耗的黏合剂比传统的槽形混合机要少,且槽形混合机能制粒的品种移到该类设备上操作,其处方不须作多大改动就可进行,成功的概率较大。工作时室内环境比较清洁,结束后,设备的清洗比较方便。由于该种设备具有如此多的优点,采用这种机器进行混合制粒是比较理想的。

(三)沸腾制粒机

FL-120 型沸腾制粒机的结构如图 5-3 所示。该设备的上端有两个口,一个是空气进入口,另一个是空气排出口。空气进入后经过空气过滤器 10,滤去尘埃杂质,通过加热器 9 进行热交换。气流吸热后从盛料容器的底部进入。该设备可分成四大部分。

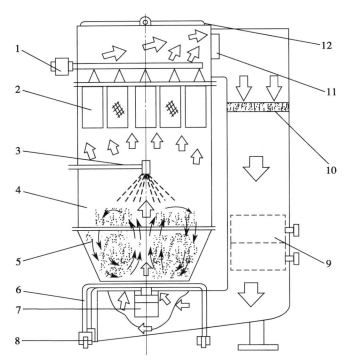

1. 反冲装置;2. 过滤袋;3. 喷嘴;4. 喷雾室;5. 盛料容器;6. 台车;7. 顶升气缸;8. 排水口;9. 加热器;10. 空气过滤器;11. 撑气口;12. 安全盖。

图 5-3　FL-120 沸腾制粒机结构简图

1. 空气过滤加热部分　图 5-3 右半部,冲出的空气使物料呈运动状态。

2. 物料沸腾喷雾和加热部分　这一部分是在图 5-3 左半中间位置,下端是盛料容器 5,安放在台车 6 上。可以向外移出,向里推入到位,并受机身顶升气缸 7 的上顶进行密封,呈工作状态。盛料容器的底部是一个布满直径 1~2mm 小孔的不锈钢板,其"开孔率"为 4%~12%,其上覆盖一层用 120 目不锈钢丝制成的网布,称为"分布板",使网孔分布均匀,使气流上升时形成均匀的流量,避免造成"紊流或沟流"。上端是喷雾室 4,在该室中,物料受气流及容器形态的影响,产生由中心向四周的上、下环流运动。黏合剂由上部喷嘴 3 喷出。粉末物料边受黏合剂液滴的黏合,聚集成颗粒,边受热气流的作用,带走水分,逐渐干燥。

粉末物料沸腾成粒是一个至关重要的操作过程。首先容器内的装量要适量,不能过多或过少,一般为容器的 60%~80%。其次是风量的控制,起始时风量不宜过大,过大会造成粉末沸腾过高,黏附于滤袋表面,造成气流堵塞。风量调节,以进风量略大于排风量为好,一般进风量确定后,只需调节排风量。起动风机时风门须关闭,以减少起动电能消耗,待风机运转后,可逐步加大排气风门,以形成理想的物料沸腾状态。第三是进风温度,若进风温度过高会降低颗粒粒度,过低会使物料过分湿润而结块,因此控制好沸腾成粒时的温度是十分重要的。

3. 粉末捕集、反吹装置及排风结构 这一部分在图 5-3 的左上位置。捕集装置是 14 只尼龙布做成的圆柱形滤袋,分别套在 14 只圆形框架上扎紧而组成。带有少量粉末的气流从袋外穿过袋网孔,经排气口,再经风机排出,而粉末被集积在袋外。布袋上方装有"脉冲反吹装置",定时使压缩空气轮流吹向布袋,使布袋抖动,将布袋上的细粉抖掉,保持气流畅通。细粉降下后与湿润的颗粒或粉末凝聚。

容器的顶部是安全盖,整个顶部装有两个半圆盖,当发生粉尘爆炸时,可将两盖冲开泄爆。正常工作时,两盖靠自身重量将口压紧。容器内还装有静电消除装置,粉末摩擦产生的静电可及时消除。

4. 输液泵、喷枪管路、阀门和控制系统 整个喷雾过程中所采用的黏合剂的种类、浓度对颗粒的形成产生影响,同时,输液泵的流量、喷枪管路的喷嘴及喷量,以及通过阀门调节的空气进气量和压力等控制系统,也都会影响颗粒的粒度,因此,要综合调节这些可变的参数,以保证制粒的质量。

（四）干法制粒机

干法制粒技术是通过压缩力将药物粉末直接压成薄片,再经粉碎、整粒成所需颗粒的技术。该法不加入任何液体,所需辅料少,有利于提高颗粒的稳定性、崩解性和溶散性。干法制粒有压片法和滚压法。

干法辊压制粒机结构示意图如图 5-4 所示。其操作流程如下:粉状物料经定量送料器横向送至主加料器,粉状物料由振动料斗经螺旋送料器,定量送至主加料器,在主加料器搅拌螺旋的作用下,脱气并被预压推向两个左右设置的轧辊弧形槽内,两个轧辊在一对相互啮合的齿轮传动下反向等速运动,粉料在通过轧辊的瞬间被轧成致密的料片,料片通过轧辊后在弹性恢复的作用下脱离轧辊落下,少量未脱落的料片被刮刀刮下,两个轧辊表面轴均布的条状槽可防止粉料在被轧辊咬入时打滑。料片落入破碎整粒机整粒后,进入振动筛过筛分级,得到符合要求的颗粒产品,筛下轴粉返回振动料斗循环制粒。

干法制粒工艺所制颗粒均匀,质量好,适合热敏性物料、遇水易分解药物的制粒。该法应用的关

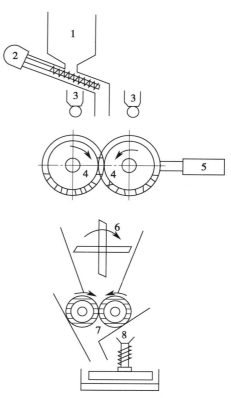

1. 料斗;2. 加料斗;3. 润滑剂喷雾装置;
4. 液压桶;5. 液压缸;6. 粗碎机;7. 滚碎机;
8. 整粒机。

图 5-4 干法制粒机结构示意图

键是寻找适宜的辅料,辅料既要有一定的黏合性,又不易吸潮,如乳糖、预胶化淀粉、甘露醇等。

二、压片设备

（一）单冲压片机

如图 5-5 所示,单冲压片机由转动轮 1、加料斗 2 及一个模圈、上下两个冲头和一个能左右转移或前后进退的料靴 3 组成。

单冲压片机压片(图 5-6)是加料、加压至出片自动连续进行的过程。开始时先用手转动转动轮,压片机依次产生下列动作:①上冲上升,下冲下降;②料靴转移至模圈上,将靴内颗粒填满模孔;③料靴转移离开模圈,同时上冲下降,把颗粒压成片剂;④上、下冲相继上升,下冲把片剂从模孔中顶出,至片剂下边与模圈上面齐平;⑤料靴转移至模圈上面把片剂推下冲模台而落入接受器中,同时下冲下降,使模内又填满颗粒;如是反复压片出片。单冲压片机每分钟

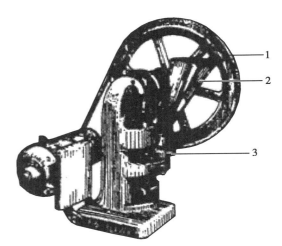

1.转动轮;2.加料斗;3.饲料靴。

图 5-5　单冲压片机

能出 80~100 片。片剂的质量和硬度(即受压大小)可分别通过片重调节器和调节压力部分调整。调节的方法为:①下冲杆附有上、下两个调节器,上面一个为调节冲头使之与模圈相平的出片调节器;下面一个是调节下冲下降深度(即调节片剂重量)的片重调节器。如片重过轻时,将片重调节器向上转,使下冲杆下降,可借以增加模孔的容积使片重增加;反之,使片重减轻。②压力的大小,可调节上、下冲头间的距离。上冲下降得愈低,也就是上、下冲头距离愈近,则压力愈大,片剂亦愈硬;反之,片剂愈松。

（二）旋转式压片机

旋转式压片机是基于单冲压片机的基本原理,又针对瞬时压力、无法排出空气等缺点,变瞬时压力为持续且逐渐增减的压力。旋转式压片机是均布于旋转转台的多副模具按一定轨迹做垂直往复运动的压片机(图 5-7)。旋转式压片机对扩大生产有极大的优越性,由于在转盘上设置了多组冲模,绕轴不停旋转。颗粒由加料斗通过饲料器流入位于其下方置于不停旋转平台之中的模圈中。该法采用填充轨道的填料方式,因而片重差异小。当上冲与下冲转动到两个压轮之间时,将颗粒压成片。这一过程对模圈中物料产生的挤压效应较缓,故物料中的空气在此过程中有机会逸出。下冲抬起,将片剂推出。片剂硬度及重量可不借助于工具而在机器转动时便可进行调节。旋转式压片机的结构和工作原理如图 5-8 所示。其操作流程为:先调节压力,将机件压力减小,然后装入冲头与模圈。模孔必须洁净,亦应无其他污染。松开模圈紧固螺丝,轻轻将模圈插入模孔中,然后以上冲孔内用包有软纤维的金属杆轻轻敲击模圈使之精确到达预定位置。所有模圈装入后,拧紧紧固螺丝,并检查

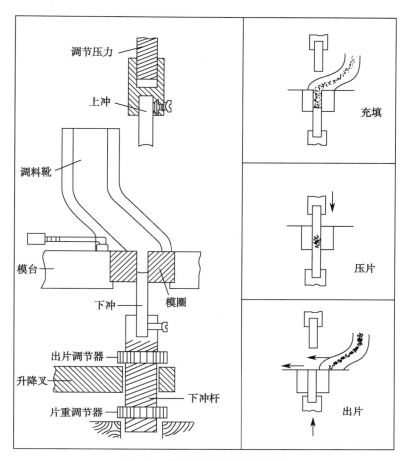

图 5-6　单冲压片机的压片过程

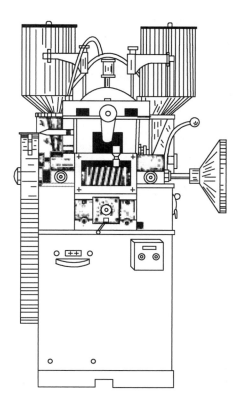

图 5-7　旋转式压片机外形

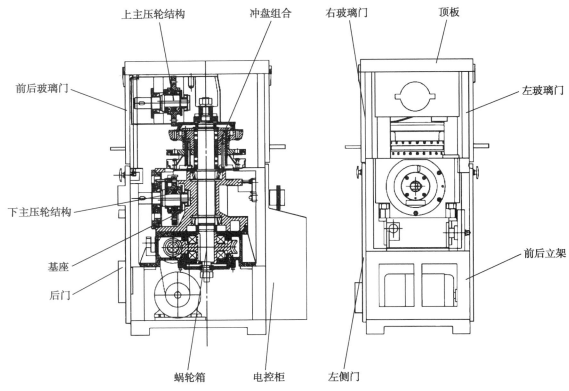

图 5-8　旋转式压片机结构与工作原理

模圈是否被固定。通过转动机轴从机械预置孔中装入下冲。所有下冲装好后，安装上冲，所有冲头的尾端在安装之前必须涂上一薄层矿物油。调节出片凸轮使下冲出片位置与冲模平台平齐。

在安装好冲头与模圈后，即可调节片重和硬度，饲料器须与饲料斗相连接并紧贴模台。加少量颗粒于饲料斗中，用手转动机器，同时旋转压力调节轮直至压出完整片剂。检查片剂重量，并调节片重至符合要求。在获得满意的片重之前往往需要进行多次调节。当填充量减少时，必须降低压力，使片剂具有相同的硬度。反之，当填充量增加时，必须增加压力以获得相当的硬度。

将颗粒加入饲料斗，开机。在开始运作后立即检查片重及硬度，如需要可作适当调整。每隔 15～30 分钟对这些指标进行常规检查，这期间机械保持连续运转。当颗粒消耗完后，关闭电源。从机器上移去饲料及饲料器，用吸尘器除去松颗粒及粉尘。旋转压力调节轮调至压力最低。按照安装的相反顺序取下冲头、模圈，首先取下上冲，然后取下下冲、模圈，用乙醇洗涤冲头、模圈，并用软刷除去附着物。然后用干净布擦干，涂一薄层矿物油后保存。

（三）高速旋转式压片机

旋转式压片机已逐渐发展成为能以高速度压片的机器，通过增加冲模的套数、改进饲料装置等已能基本实现。亦有些型号通过装设二次压缩点来达到高速。具有二次压缩点的旋转式压片机是参照双重旋转式压片机及那些仅有一个压缩点和单个旋转机台的压片机设计而成的。其压片过程如图 5-9 所示，在高速旋转式压片机中有半数的片子在片剂滑槽中旋转

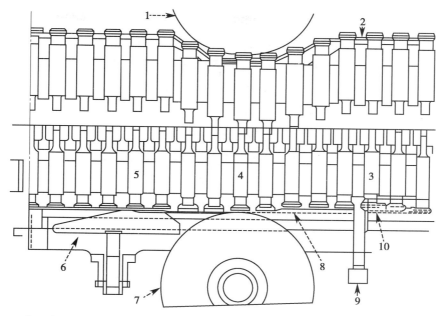

1. 上压力盘；2. 上冲轨道；3. 出片；4. 加压；5. 加料；6. 片重调节器；7. 下压力盘；
8. 出片轨道；9. 出片调节器；10. 下冲轨道。

图 5-9　高速旋转式压片机压片过程示意图

了 180°，它们在边界之外移行，并和压出的第二片片剂一起移出。在高速机器操作中最主要的问题是如何确保模圈的填料符合规定。由于填料迅速，位于饲料器下的模孔的装填时间不充分，不足以确保颗粒均匀流入和填满。现在已设计出许多动力饲料方法，这些方法可在机器高速运转的情况下迅速地将颗粒重新填入模圈。这样有助于颗粒的直接压片，并可减少因内部空气来不及逸出所引起的裂片和顶裂现象。

三、片剂包衣设备

将素片包制成糖衣片或薄膜衣片的工艺要使用片剂的包衣设备。这种设备目前在国内大约有以下几类。

（1）用于手工操作的荸荠式糖衣机。锅的直径有 0.8m 和 1m 两种，可分别包制 80kg 和 100kg 左右的药片（包好后的质量），锅的材料有铜和不锈钢两种。

（2）经改造后采用喷雾包衣的荸荠式糖衣机。其锅的大小、包衣量、材料等均与手工操作的相同，只要加上一套喷雾系统就可以进行自动喷雾包衣的操作工艺。

（3）采用引进或国产的高效包衣机，进行全封闭的喷雾包衣。

（4）采用引进或国产的沸腾喷雾包衣机，进行自动喷雾包衣。

1. 喷雾包衣　片剂包衣工艺采用手工操作时存在产品质量不稳定、粉尘飞扬严重、劳动强度大、个人技术要求高等问题。采用喷雾法包衣工艺进行药物的包衣能够克服手工操作的这些缺点。喷雾包衣工艺可在国内经改造的荸荠式包衣锅上使用，投资费用不高，使用较多。

（1）"有气喷雾"和"无气喷雾"：有气喷雾是包衣溶液随气流一起从喷枪口喷出，这种喷雾方法称为有气喷雾法。无气喷雾则是包衣溶液或具有一定黏性的溶液、悬浮液在受到压力的情况下从喷枪口喷出，液体喷出时不带气体，这种喷雾方法称为无气喷雾法。

有气喷雾适用于溶液包衣。溶液中不含或含有极少的固态物质，溶液的黏度较小，一般可使用有机溶剂或水溶性的薄膜包衣材料。无气喷雾由于压力较大，所以除可用于溶液包衣外，也可用于有一定黏度的液体包衣，这种液体可以含有一定比例的固态物质，例如使用含有不溶性固体材料的薄膜包衣及粉糖浆、糖浆等的包衣。

（2）喷雾包衣的应用

1）埋管包衣：埋管包衣机组由包衣锅 1，喷雾系统 2、搅拌器 3 及通、排风系统 5~8 和控制器 4 组成（图 5-10）。喷雾系统 2 为一个内装喷头的埋管，埋管直径为 80~100mm。包衣时此系统插入包衣锅中翻动的片床内。

原有锅上安装使用：将成套的喷雾装置直接装在原有包衣锅上（图 5-11），即可使用。如图所示的喷雾系统是无气喷雾包衣系统，如改为有气喷雾包衣系统，只要将泵、喷枪调换，管道略加变动即可运行。

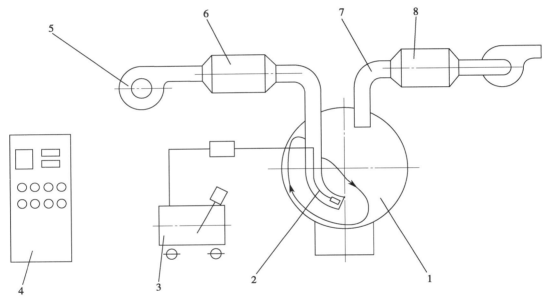

1.包衣锅；2.喷雾系统；3.搅拌器；4.控制器；5.风机；6.热交换器；7.排风管；8.集尘过滤器。

图 5-10　埋管包衣部件组合简图

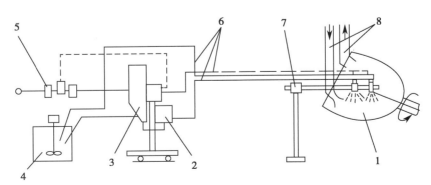

1.包衣锅；2.稳压器；3.无气泵；4.液罐；5.气动原件；6.气管、液管；7.支架；8.进出风管。

图 5-11　在原有锅上用的喷雾系统图

2）应用于高效包衣机：在原有的包衣锅壁上打孔而成，锅底下部紧贴着的是排风管，当送风管送出的热风穿过片芯层，沿排风管排出时带走了由喷枪喷出的液体湿气，由于热空气接触的片芯表面积得到了扩大，因而干燥效率大大提高。该机为封闭的形式，所以在生产过程中无粉尘飞扬，操作环境得到了很大的改善。

2. 高效包衣机　高效包衣机的结构、原理与传统的敞口式包衣机完全不同。敞口式包衣机干燥时，热风仅吹在片芯层表面，并被反回吸出。热交换仅限于表面层，且部分热量由吸风口直接吸出而没有被利用，浪费了部分热源。高效包衣机干燥时热风穿过片芯间隙，并与表面的水分或有机溶剂进行热交换。这样热源能被充分利用，片芯表面的湿液充分挥发，因而干燥效率很高。

（1）锅型结构：高效包衣机的锅型结构大致可以分成网孔式、间隔网孔式，无孔式三类。

1）网孔式高效包衣机：见图 5-12。它的整个圆周都带有直径 1.8～2.5mm 的圆孔。经过滤热的净化空气从锅的右上部通过网孔进入锅内，热空气穿过运动状态的片芯间隙，由锅底下部的网孔穿过再经排风管排出。由于整个锅体被包在一个封闭的金属外壳内，热气流不能从其他孔中排出。

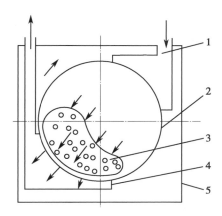

1. 进气管；2. 锅体；3. 片芯；4. 排风管；
5. 外壳。

图 5-12　网孔式高效包衣机

热空气流动的途径可以是逆向的，即也可以从锅底左下部网孔穿入，再经右上方风管排出。前一种称为直流式，后一种称为反流式。这两种方式使片芯分别处于"紧密"和"疏松"的状态，可根据品种的不同进行选择。

2）间隔网孔式高效包衣机：见图 5-13。间隔网孔式的开孔部分不是整个圆周，而是按圆周的几个等分部位进行开孔。图中是 4 个等分，也即圆周每隔 90° 开孔一个区域 8，并与 4 个风管 4 连接。工作时 4 个风管与锅体一起转动。由于 4 个风管分别与 4 个风门连通，风门旋转时分别间隔地被出风口接通每个管道，从而达到排湿的效果。

3）无孔式高效包衣机：无孔式高效包衣机是指锅的圆周没有圆孔，其热交换通过另外的形式进行。目前已知的有以下两种。

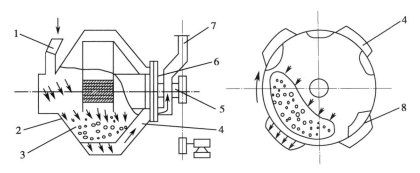

1. 进风管；2. 锅体；3. 片芯；4. 风管；5. 旋转主轴；6. 风门；7. 出风管；8. 网孔区。

图 5-13　间隔网孔式高效包衣机

一种是将布满小孔的 2～3 个吸气浆叶浸没在片芯内,使加热空气穿过片芯层,再穿过浆叶小孔进入吸气管道内被排出(图 5-14)。图中进风管 6 引入干净热空气,通过片芯层 4,再穿过浆叶 2 的网孔进入排风管 5 并被排出机外。

另一种是采用一种较新颖的锅形结构,其流通的热风是由旋转轴的部位进入锅内,然后穿过运动着的片芯层,通过锅下部两侧的排风口被排出锅外(图 5-15)。

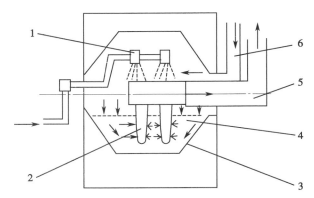

1. 喷枪;2. 带孔浆叶;3. 无孔锅体;4. 片芯;5. 排风管;6. 进风管。

图 5-14　无孔式高效包衣机

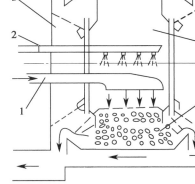

1. 进风;2. 喷雾系统;3. 后盖;4. 前盖;5. 锅体;6. 片芯;7. 排风。

图 5-15　新颖无孔式高效包衣机

(2)配套装置:高效包衣机是由多组装置配套而成。除主体包衣锅外,大致可分为四大部分:定量喷雾系统、供气系统、排气系统及程序控制设备。

定量喷雾系统是将包衣溶液按程序要求定量送入包衣锅,并通过喷枪口雾化喷到片芯表面。该系统由液缸、泵、计量器和喷枪组成。定量控制一般是采用活塞定量结构,它是利用活塞行程确定容积的方法来达到量的控制,也有利用计时器进行时间控制流量的方法。喷枪是由气动控制,按有气和无气喷雾两种不同方式选用不同喷枪,并按锅体大小和物料多少放入 2～6 支喷枪,以达到均匀喷洒的效果。另外,可根据包衣溶液的特性选用有气或无气喷雾,并相应选用高压无气泵或电动蠕动泵。空气压缩机产生的压缩空气经空气净化处理后供给自动喷枪和无气泵。

送风、供热系统是由中效和高效过滤器、热交换器组成。由于排风系统产生的锅体负压效应,使外界的空气通过过滤器,并经加热后到达锅体内部。热交换器有温度检测,操作者可根据情况选择适当的进气温度。

排风系统是由吸尘器、鼓风机组成。从锅体内排出的湿热空气经吸尘器后再由鼓风机排出。系统中可以接装空气过滤器,并将部分过滤后的热空气返回到送风系统中重新利用,以达到节约能源的目的。

送风和排风系统的管道中都装有风量调节器,可调节进、排风量的大小。

程序控制设备的核心是可编程序器或微处理机。这一核心一方面接受来自外部的各种检测信号,另一方面向各执行元件发出各种指令,以实现对锅体、喷枪、泵及温度、湿度、风量等参数的控制。

四、胶囊灌装设备

（一）胶囊充填机分类与充填方式

胶囊充填机可分为半自动型及全自动型,全自动胶囊充填机按其工作台运动形式可分为间歇运转式和连续回转式。按充填方式可分为冲程法、填塞式（夯实及杯式）定量法、插管式定量法等多种。

不同充填方式的充填机适应于不同药物的分装,制药厂须按药物的流动性、吸湿性,物料状态（粉状或颗粒状、固态或液态）选择充填方式和机型,以确保生产操作和分装重量差异符合现行版《中国药典》的要求。粉末及颗粒的充填方式如下。

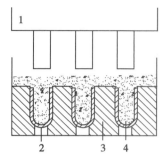

1. 充填装置;2. 囊体;3. 囊体盘;4. 药粉。

图 5-16　冲程法

1. 冲程法　冲程法是依据药物的密度、容积和剂量之间的关系,通过调节充填机速度,变更推进螺杆的导程,来增减充填时的压力,以控制分装重量及差异（图 5-16）。半自动充填机就是采取这种充填方式,它对药物的适应性较强,一般粉末及颗粒的装填均适用。

2. 填塞式定量法　也称夯实式及杯式定量。它是用填塞杆逐次将药物夯实在定量杯里,最后在转换杯里达到所需充填量。药粉从锥形贮料斗通过搅拌输送器直接进入计量粉斗,计量粉斗里有多组孔眼,组成定量杯,填塞杆经多次将落入杯中的药粉夯实;最后一组将已达到定量要求的药粉充入胶囊体（图 5-17）。这种充填方式可满足现代粉体技术的要求。

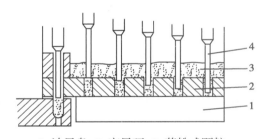

1. 计量盘;2. 定量环;3. 药粉或颗粒;4. 填塞杆。

图 5-17　填塞式定量法

3. 间歇插管式定量法　该法将空心计量管插入药粉斗,由管内的冲塞将管内药粉压紧,然后计量管离开粉面,旋转 180°,冲塞下降,将孔里药料压入胶囊体中（图 5-18）。由于机械动作是间歇式的,所以称为间歇式插管定量法。

药粉斗主要有 3 个部分,一是矮墩平底的圆形料斗,在径向有一个腔孔;二是一个星形塞,可改变腔壁高度以便调节充填量;三是药粉斗里有一个腰子形机构,其覆盖面约为 2/3,可调节高度。药粉通过装在腰子形机构上的连接管,进入药粉斗中。药粉斗旋转,计量管下降,将药粉充入管中。药粉斗中的药粉高度可调,计量管中冲杆的冲程也可调,这样可无级调整充填重量。由于在生产过程中要单独调整各计量管,故比较耗时,对流动性好的药物,其误差可较小。

4. 连续插管式定量法　该法同样是用计量管计量,但其插管、计量、充填是随机器本身在回转过程连续完成的。被充填的药粉由圆形贮粉斗输入,粉斗通常装有螺旋输送器的横向输送装置。一个腰子形的插入器使计量槽里的药粉分配均匀,并保持一定水平,这就可使生产保持良好的重现性。每副计量管在计量槽中连续完成插粉、冲塞、提升,然后推出插管内的粉团,进入胶囊体（图 5-19）。凸轮精确地控制这些计量管和冲塞的移动。当充填量很少时

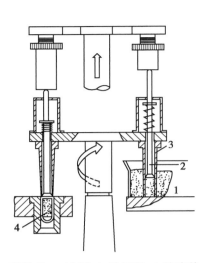

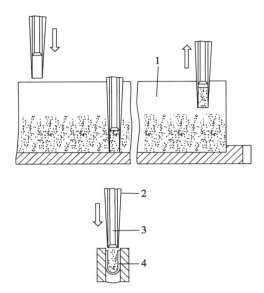

1.药粉斗；2.冲杆；3.计量管；4.胶囊体。

图 5-18　间歇插管式定量法

1.计量槽；2.计量管；3.冲塞；4.胶囊体。

图 5-19　连续插管式定量法

（如 4、5 号胶囊），保证质量的关键是计量管中的压缩力必须足够，以使粉团在排出时有一个相应的冲力。作用在所有管子上的压力都应该能被控制，以满足所需的密度、粉团的精确长度和充填物所需技术特性。

（二）胶囊充填的工艺过程

无论间歇式或连续式胶囊充填机，其工艺过程几乎相同，仅仅是其执行机构的动作有所差别。工艺过程一般分为以下几个步骤：①空心胶囊的自由落料；②空心胶囊的定向排列；③胶囊帽和体的分离；④未分离的胶囊剔除；⑤胶囊帽体水平分离；⑥胶囊体中充填药料；⑦胶囊帽体重新套合及封闭；⑧充填后胶囊成品被排出机外。

半自动、全自动充填机中落料、定向、帽体分离原理几乎相同，而充填药粉计量机构按运转方式不同而有变化。

（三）全自动胶囊充填机

1. 机器的组成及传动原理

（1）机器的组成：机器组成如图 5-20 所示，由机架、胶囊回转机构、胶囊送进机构、粉剂搅拌机构、粉剂充填机构、真空泵系统、传动装置、电气控制系统、废胶囊剔出机构、合囊机构、成品胶囊排出机构、清洁吸尘机构、颗粒充填机构组成。

（2）传动原理：主电机经减速器、链轮带动主传动轴，在主传动轴上装有两个槽凸轮、四个盘凸轮及两对锥齿轮。中间的一对锥齿轮通过拨轮带动胶囊回转机构上的分度盘，拨轮每转一圈，分度盘转动角度 30°，回转盘上装有 12 个滑块，受上面固定复合凸轮的控制，在回转的过程中分别做上、下运动和径向运动。右侧的一对锥齿轮通过拨轮带动粉剂回转机构上的分度盘，拨轮每转一圈，分度盘转动角度 60°。

胶囊回转盘有 12 个工位，$a\sim c$ 为送囊与分囊，d 为颗粒充填，e 为粉剂充填，f、g 为废胶囊剔出，$h\sim j$ 为合囊，k 为成品胶囊排出，l 为吸尘清洁。粉剂回转盘有六个工位，其中 $A\sim E$

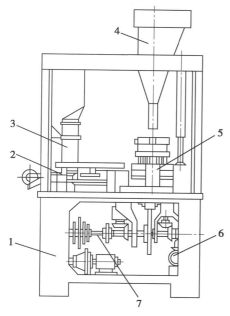

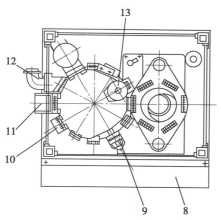

1. 机架；2. 胶囊回转机构；3. 胶囊送进机构；4. 粉剂搅拌机构；5. 粉剂充填机构；6. 真空泵系统；7. 传动装置；8. 电气控制系统；9. 废胶囊剔出机构；10. 合囊机构；11. 成品胶囊排出机构；12. 清洁吸尘机构；13. 小颗粒充填机构。

图5-20　ZJT-40 全自动胶囊充填机外形图

为粉剂计量充填位置，F 为粉剂充入胶囊体位置。目前，国内有的分装机取消了颗粒充填，将回转盘简化为十个工位，并从结构上做了改进，但胶囊充填原理是相同的（图 5-21）。

主传动轴上的槽凸轮 1 通过推杆的上下运动将成品胶囊排出，盘凸轮 2 通过摆杆的作用控制胶囊的锁合，盘凸轮 3 通过摆杆的作用控制胶囊的分离，盘凸轮 4 通过摆杆的作用控制胶囊的送进运动，盘凸轮 5 通过摆杆的作用将废胶囊剔出，槽凸轮 6 通过推杆的上下运动控制粉剂的充填。主传动轴上还有两个链轮，一个带动测速器，另一个带动颗粒充填装置。

2. 主要部件的结构、性能及胶囊型号交换的程序

（1）机架：机架是由上部的防护架、中间的座板及下部的支承架等三部分组成。

防护架是由四根方形立柱和顶部横板组成的框架，四侧面装有有机玻璃板做成的活动门，机器与门通过电气联锁保护，只有门关好机器才能正常运转，否则将自动报警。立柱与座板用内六角螺钉紧固连接。座板是由铸铁制成，座板上面覆有一层不锈钢板。座板和不锈钢板组成坚实的工作台。各工作机构均安装在工作台面上。主传动轴的支承座安装在工作台的下面。座板与支承架用螺栓紧固在一起。机器的支承架是用钢板围成的框架与底部的厚钢板焊接而成，电机减速器安装在底板上。

（2）胶囊回转机构：胶囊回转机构是实现工位转换的机构（图 5-22）。

回转盘 14 经过两个向心推力球轴承和轴承座 7，装在底板 8 上。驱动凸轮 16 使杠杆 15 摆动，槽轮 10 每次转过一个 30° 工位，也使回转盘转过 30°。回转盘转动，带动中心盘 6 和胶囊下模 1 同时转动。滑块 3、4 由于中心盘 6 的转动，亦同步转动。滑块 4 在转动同时，按固定凸轮 5 的槽形曲线做内外伸缩运动，并带动滑块 3 一起伸缩；另外，滑块 3 还受固定凸轮 5 的端面曲线控制，做上下运动。胶囊上模 2 装在滑块 3 上，这样上模 2 和下模 1 在不同工位实现分、合动作，相应完成分囊、装药、剔除废囊、合囊等工序。

固定凸轮 5 装在中心轴 13 上，轴的固定杆 9 装在机座上，使中心轴 13 不能转动。驱动凸轮的动力传给槽轮 10，再经螺栓和中间盘 11，带动回转盘 14 转动。

胶囊下模更换：由于有两个定位销，更换时，松开螺钉，取下下模块，再换上需更换的模，

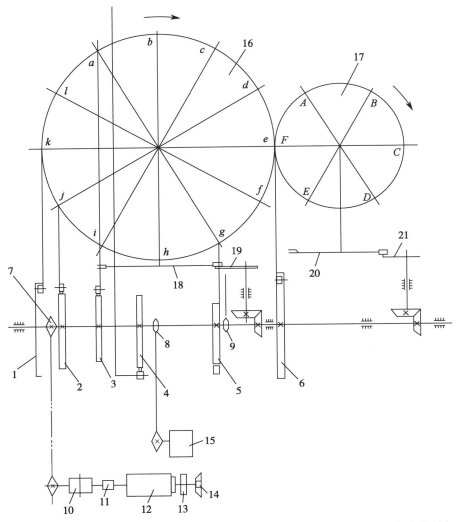

1. 成品胶囊排出槽凸轮；2. 合囊盘凸轮；3. 分囊盘凸轮；4. 送囊盘凸轮；5. 废胶囊剔出盘凸轮；6. 粉剂充填槽凸轮；7. 主传动链轮；8. 测速器传动链轮；9. 颗粒充填传动链轮；10. 减速器；11. 联轴器；12. 电机；13. 失电控制器；14. 手轮；15. 测速器；16. 胶囊回转盘；17. 粉剂回转盘；18. 胶囊回转分度盘；19. 拨轮；20. 粉剂回转分度盘；21. 拨轮。

图 5-21　传动原理示意图

再拧紧即可。胶囊上模更换：取下上模以后，装上更换的上模，螺钉先不拧紧，插上校正棒，调至其转动自如时，再拧紧即可。

（3）胶囊送进机构：胶囊送进机构是全自动胶囊充填机开始工作的第一个工位。它的功能是将预置的空胶囊由垂直叉、水平叉和矫正座块自动地按小头（胶囊身）在下、大头（胶囊帽）在上，每六个一批垂直送入胶囊回转机构的上模块内，再由真空将胶囊身吸至下模块内，使其帽和身分开（图 5-23），然后由胶囊回转机构送至下步工序。

胶囊送进机构主要由胶囊料斗 1、箱体 22、垂直叉 3、水平叉 5、矫正座块 6、摆杆 21、长杠杆 16 等组成（图 5-24）。整个机构由四根支柱 17 通过螺栓安装在工作台上，其杠杆由关节拉杆 18 与凸轮 13 联系动作，杠杆上有拉力弹簧，使其力点紧靠在凸轮 13 上。凸轮 13 的转动使长杠杆 16 动作，并经由关节拉杆拉动摆杆 21 反复运动，长杠杆 16 与摆杆 21 同步摆动并使水

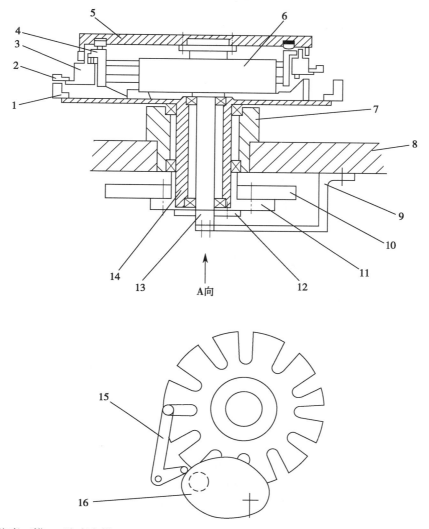

1. 胶囊下模；2. 胶囊上模；3、4. 滑块；5. 固定凸轮；6. 中心盘；7. 轴承座；8. 底板；9. 固定杆；10. 槽轮；11. 中间盘；12. 轴承盖；13. 中心轴；14. 回转盘；15. 杠杆；16. 凸轮。

图 5-22　胶囊回转机构

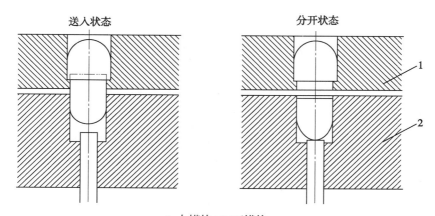

1. 上模块；2. 下模块。

图 5-23　胶囊的分离

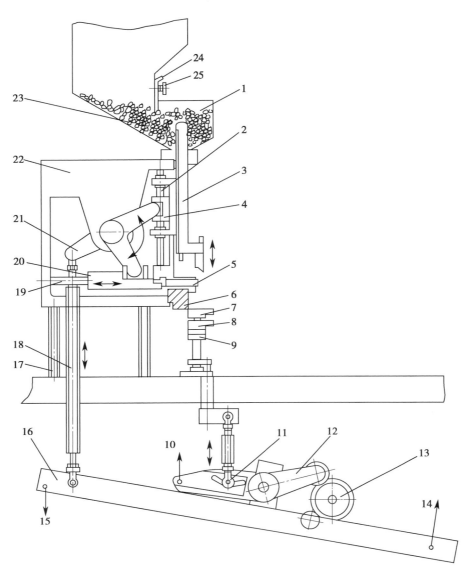

1. 胶囊料斗；2. 垂直轴；3. 垂直叉；4. 凹形座块；5. 水平叉；6. 矫正座块；7. 上模块；
8. 下模块；9. 铜座块；10. 拉力弹簧；11、14、15. 螺栓；12. 杠杆；13. 凸轮；16. 长杠杆；
17. 支柱；18. 关节拉杆；19. 水平轴；20. 滑块；21. 摆杆；22. 箱体；23. 胶囊；24. 闸门；
25. 螺母。

图 5-24　胶囊送进机构

平叉 5 做水平前伸后退动作，垂直叉 3 做上下往复运动，在垂直叉向上运动时，叉板的上部插入胶囊料斗 1 内，胶囊就进入叉板上端的六个孔内并顺序流入叉板的槽内。

　　胶囊的排列的原理如图 5-25，当垂直叉在下行送囊时，卡囊簧片脱离开胶囊，胶囊靠自重从出口送出；当垂直叉上行时，压簧 4 又将簧片架压回原来位置，卡囊簧片将下一个胶囊卡住，排囊板一次行程只能完成一个胶囊的下落动作。

　　由于垂直叉和卡囊簧片的作用，胶囊 1 逐批落入矫正座块内（图 5-26），此时胶囊的大小头尚未理顺。在矫正座块中由于推爪的作用使得胶囊 2 均是小头在前大头在后，这样，当压爪向下动作时胶囊 3 都是小头在下、大头在上地被送入上模块内，然后再用真空将囊身吸入

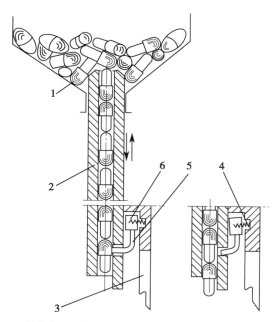

1.贮囊盒；2.排囊板；3.压囊爪；4.压簧；5.卡囊簧
片；6.簧片架。

图 5-25　胶囊排列情况

下模孔中，使帽和身分开。分囊后，胶囊 4 被带入下步工作程序。

由于胶囊有多种规格，它们的长度和直径都不同，因此在给不同号的胶囊灌装药粉前，必须换上相应的上、下模块，水平叉，垂直叉及矫正座块等。

（4）粉剂搅拌机构：本结构是由一对锥齿轮和丝杆、电机减速器、料斗及螺杆构成。其功能是将药粉搅拌均匀，并将药料送入计量分配室，通过转动手柄和丝杠可以调整下料口与计量分配室的高度到适当的位置，通过对接近开关的信号进行控制，可以实现卸料门的自动开启和关闭。当分配室的药料高度低于要求时自动启动电机送料，达到所需高度便自动停止。

（5）粉剂充填机构：该机构主要由凸轮、分度槽轮、定位杆、料盘铜环、充填座、充填杆构成。经多级定量夯实，将药粉压成有一定密度和重量相等的粉柱，便于充填入胶囊中。装药量的大小要由料盘上药料的厚度（以下简称料盘厚度）来确定，料盘厚度还与药料的密度有关，由于药料的粒度、流动性不同，选定料盘后应实际调试。

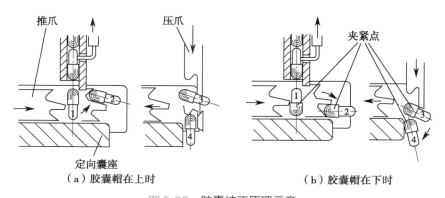

（a）胶囊帽在上时　　　（b）胶囊帽在下时

图 5-26　胶囊校正原理示意

（6）废胶囊剔除装置：本装置（图 5-27）的作用是将没有打开、未装药的空胶囊剔除出去，以免混入成品内。

工作时，回转盘每转一个位置，凸轮 8 就推动杠杆 7 以支脚 10 下端为支点，摆动一次，弹簧 9 保证杠杆 7 上的滚轮始终与凸轮 8 接触。杠杆 7 的动作经接杆组件 4 带动滑柱 5 上下滑动，而达到带动剔除顶杆 1 上下运动的目的。运动过程中，顶杆 1 插入上模块 2 内，已分开的胶囊不会被顶出，而没有分开的胶囊被顶出上模块，使废胶囊进入集囊箱 3 内。顶杆初始位

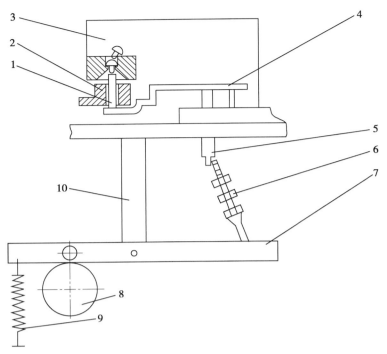

1. 剔除顶杆；2. 模块；3. 集囊箱；4. 接杆组件；5. 滑柱；6. 螺母；7. 杠杆；
8. 凸轮；9. 弹簧；10. 支脚。

图 5-27　废胶囊剔除装置

置及行程调整，可由顶杆下部螺母及双向螺母 6 控制。

（7）合囊机构：本机构的作用是将已装好药的下囊与上囊锁合（图 5-28）。

当上模 3 和下模 4 转到本工位时，凸轮推动杆 6 和顶杆 5 向上，使下囊向上插入上囊中，上囊被压板 2 所限，上下囊锁合。8 为导向座，滚柱 7 在导向槽内运动，使杆 6、5 不会发生偏转。顶杆 5 的位置调整，可以松开其下部螺母，再调顶杆，锁紧螺母即可。亦可调整杆 6 与双头螺栓（图中未画出）。

（8）成品胶囊排出机构：该机构（图 5-29）用于将已包装完毕的胶囊排出。

下模 2 和上模 1 转到本工位时，槽凸轮 5 转动，推杆 4 向上，顶杆 3 将胶囊推出上模，自动掉入倾斜的导槽 7 落下。6 为导向座，槽凸轮再转顶杆落下。顶杆的高度调整与合囊机构相同。

五、安瓿洗烘灌封联动机

安瓿洗烘灌封联动机是一种将安瓿洗涤、烘干灭菌及药液灌封三个步骤联合起来的生产线，实现了注射剂生产承前启后同步协调操作，联动机由安瓿超声波清洗机、隧道灭菌箱和多针拉丝安瓿灌封机三部分组成。除了可以连续操作之外，每台单机还可以根据工艺需要，进行单独的生产操作。安瓿洗烘灌封联动机结构如图 5-30 所示，主要特点如下。

1. 采用了先进的超声波清洗，多针水气交替冲洗，热空气层流消毒、层流净化，多针灌装和拉丝封口等先进生产工艺和技术，全机结构清晰、明朗、紧凑，不仅可节省车间、厂房场地

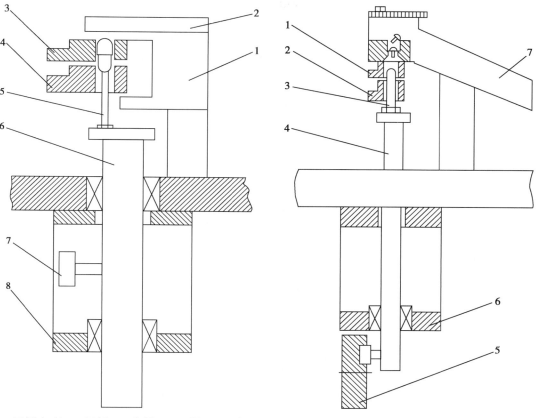

1. 压板支座；2. 压板；3. 上模；4. 下模；5. 顶杆；
6. 凸轮推动杆；7. 滚柱；8. 导向座。

图 5-28　合囊机构

1. 上模；2. 下模；3. 顶杆；4. 推杆；5. 槽凸轮；
6. 导向座；7. 导槽。

图 5-29　成品胶囊排出机构

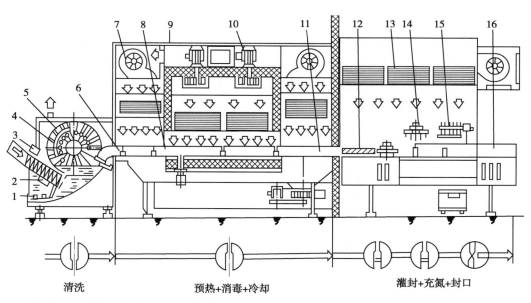

清洗　　　　　预热+消毒+冷却　　　　　灌封+充氮+封口

1. 水加热器；2. 超声波换能器；3. 喷淋水；4. 冲水、气喷嘴；5. 转鼓；6. 预热器；7、10. 风机；8. 高温灭
菌区；9. 高效过滤器；11. 冷却区；12. 不等距螺杆分离；13. 洁净层流罩；14. 充气灌药工位；15. 拉丝封
口工位；16. 成品出口。

图 5-30　安瓿洗烘灌封联动机结构图

的投资，又可减少半成品的中间周转，将药物受污染的可能性降低到最小限度。

2. 适合于 1ml、2ml、5ml、10ml、20ml 5 种安瓿规格，通用性强，规格更换件少，更换容易。但安瓿洗烘灌封联动机价格昂贵，部件结构复杂，对操作人员的管理知识和操作水平要求较高，维修也较困难。

3. 全机设计考虑了运转过程的稳定可靠性和自动化程度，采用先进的电子技术和微机控制，实现机电一体化，使整个生产过程达到自动平衡、监控保护、自动控温、自动记录、自动报警和故障显示。需要指出的是，灭菌干燥机与跟它前后相衔接的清洗机及灌封机的速度匹配是至关重要的问题。由于箱体内网带的运送具有伺服特性，故为安瓿在箱体内的平稳运行创造了条件。伺服机构是通过接近开关与满缺瓶控制板等相互作用来执行的。即将网带入口处安瓿的疏密程度通过支点作用反馈到接近开关上，使接近开关及时发出讯号进行控制并自动处理以下几种情况。

（1）当网带入口处安瓿疏松到感应板在拉簧作用下脱离后接近开关，此时能立即发出讯号，令烘箱电机跳闸，网带停止运行。

（2）当安瓿清洗机的翻瓶器间歇动作出瓶时，即在网带入口处的安瓿呈现"时紧时弛"状态，感应板亦随之来回摆动。当安瓿密集时，感应板覆盖后接近开关，于是发出讯号，网带运行，将安瓿送走；当网带运行一段距离后，入口处的安瓿又呈现疏松状态，致使感应板脱离后接近开关，于是网带停止运行。如此周而复始，两机速度匹配达到正常运行状态。

（3）当网带入口处安瓿发生堵塞，感应板覆盖到前接近开关时，此时能立即发出讯号，令清洗机停机，避免产生轧瓶故障。

六、口服固体制剂包装设备

包装系指选用适当的材料或容器，利用包装技术对药物半成品或成品的批量分（灌）、封、装、贴签等操作，给药品在应用和管理过程中提供保护（价值和状态）、签订商标、介绍说明，并且实现经济实效、使用方便的一种加工过程的总称。它分为个装、内包装、外包装三种。口服固体制剂包装设备分为药用铝塑泡罩包装机、双铝箔包装机、瓶装设备和多功能充填包装机等。

（一）药用铝塑泡罩包装机

药用铝塑泡罩包装机又称热塑成型泡罩包装机，是塑料硬片加热、成型，药品充填，铝箔热封合，打字（批号），压断裂线，冲裁和输送等多种功能在同一台机器上完成的高效率包装机械。可用来包装各种几何形状的口服固体药品，如素片、糖衣片、胶囊、滴丸等。目前常用的药用泡罩包装机有三种型式，即滚筒式泡罩包装机、平板式泡罩包装机和滚板式泡罩包装机。

泡罩包装是将一定数量的药品单独封合包装。底面是可以加热成型的聚氯乙烯（polyvinyl chloride，PVC）塑料硬片，形成单独的凹穴，上面是一层表面涂敷有热熔黏合剂的铝箔，泡罩包装形式如图 5-31 所示。

1. 铝箔；2. PVC；3. 药片。

图 5-31　泡罩结构

1. 滚筒式泡罩包装机　滚筒式泡罩包装机工作示意图如图 5-32 所示。其工作流程为：卷筒上的 PVC 片穿过导向辊，利用辊筒式成型模具的转动将 PVC 片匀速放卷，半圆弧形加热器将紧贴于成型模具上的 PVC 片加热到软化程度，成型模具的泡窝孔型转动到适当的位置与机器的真空系统相通，将已软化的 PVC 片瞬时吸塑成型。已成型的 PVC 片通过料斗或上料机时，药片充填入泡窝。连续转动的热封合装置中的主动辊表面上制有与成型模具相似的孔型，主动辊拖动充有药片的 PVC 泡窝片向前移动，外表面带有网纹的热压辊压在主动辊上，互相利用温度和压力将盖材（铝箔）与 PVC 片封合。封合后的 PVC 泡窝片利用一系列的导向辊，间歇运动通过打字装置时在设定的位置打出批号，通过冲裁装置时冲切出成品板块，由输送机传送到下道工序，完成泡罩包装作业。整个流程总结为：PVC 片匀速放卷→PVC 片加热软化→真空吸泡→药片入泡窝→线接触式与铝箔热封合→打字印号→冲裁成块。

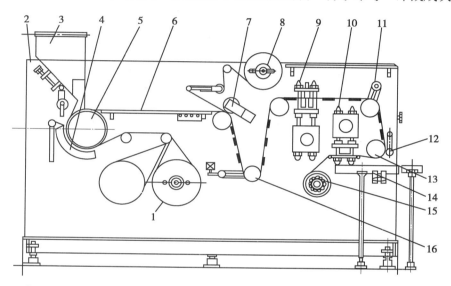

1. 薄胶卷筒（成型膜）; 2. 机体; 3. 上料装置; 4. 远红外加热器; 5. 成型装置; 6. 监视平台; 7. 热封合装置; 8. 薄膜卷筒（复合膜）; 9. 打字装置; 10. 冲裁装置; 11. 可调式导向辊; 12. 压紧辊; 13. 间歇进给辊; 14. 运输机; 15. 废料辊; 16. 游辊。

图 5-32　滚筒式泡罩包装机示意图

滚筒式泡罩包装机特点为：①真空吸塑成型、连续包装、生产效率高，适合大批包装作业；②瞬间封合、线接触、消耗动力小、传导到药片上的热量少，封合效果好；③真空吸塑成型难以控制壁厚、泡罩壁厚不匀、不适合深泡窝成型；④适合片剂、胶囊剂、胶丸等剂型的包装。

2. 平板式泡罩包装机　平板式泡罩包装机的结构示意图如图 5-33 所示。

平板式泡罩包装机工作过程为：PVC 片通过预热装置预热软化，120℃左右；在成型装置中吹入高压空气或先以冲头顶成型再加高压空气成型泡窝；PVC 泡窝片通过上料机时自动充填药品于泡窝内；在驱动装置作用下进入热封装置，使得 PVC 片与铝箔在一定温度和压力下密封，最后由冲裁装置冲剪成一定规定尺寸的板块。其工艺流程如图 5-34 所示。

平板式泡罩包装机的特点有：①热封时，上、下模具平面接触，为了保证封合质量，要有足够的温度、压力及封合时间，不易实现高速运转；②热封合消耗功率较大，封合牢固程度不如滚筒式封合效果好，适用于中小批量药品包装和特殊形状物品包装；③泡窝拉伸比大，泡窝深

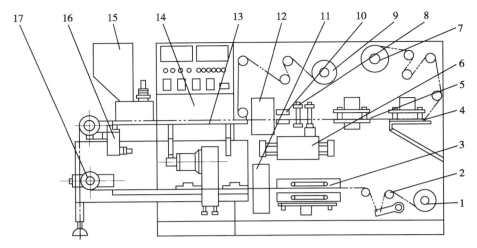

1. 塑料膜辊；2. 张紧轮；3. 加热装置；4. 冲裁站；5. 压痕装置；6. 进给装置；7. 废料辊；
8. 气动夹头；9. 铝箔辊；10. 导向板；11. 成型站；12. 封合站；13. 平台；14. 配电、操作盘；
15. 下料器；16. 压紧轮；17. 双铝成型压模。

图 5-33 平板式泡罩包装机结构示意图

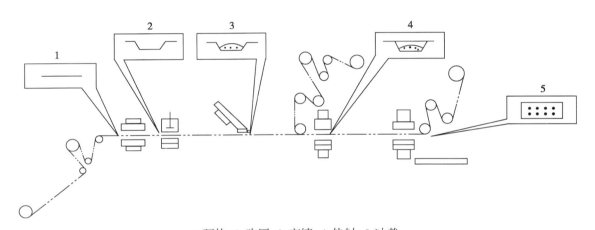

1. 预热；2. 吹压；3. 充填；4. 热封；5. 冲裁。

图 5-34 平板式泡罩包装机工艺流程图

度可达 35mm，可满足大蜜丸、医疗器械行业的需要。

3．滚板式泡罩包装机 滚板式泡罩包装机的结构示意如图 5-35 所示。

滚板式泡罩包装机特点有：①结合了滚筒式和平板式包装机的优点，克服了两种机型的不足；②采用平板式成型模具，压缩空气成型，泡罩的壁厚均匀、坚固，适合于各种药品包装；③滚筒式连续封合，PVC 片与铝箔在封合处为线接触，封合效果好；④高速打字、打孔（断型线），无横边废料冲裁，效率高，省包装材料、泡罩质量好；⑤上、下模具通冷却水，下模具通压缩空气。

4．PVC 片材热成型方法 主要有两种，即真空负压成型和有辅助冲头或无辅助冲头的压缩空气正压成型。这两种方法都是受热的塑料片在模具中成型。

（1）真空负压成型：成型力来自真空模腔与大气压力之间的压力差，故成型力较小；大多数采用滚筒式模具，用于包装较小的药品；远红外加热器加热。

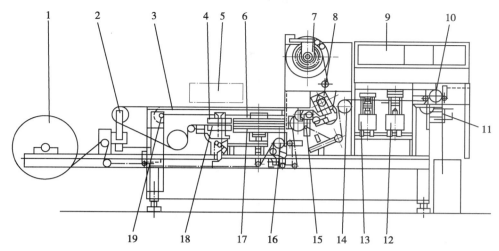

1. PVC 支架；2、14. 张紧辊；3. 充填台；4. 成型上模；5. 上料机；6. 上加热器；7. 铝箔支架；8. 热压辊；9. 仪表盘；10、19. 步进辊；11. 冲裁装置；12. 压断裂线装置；13. 打字装置；15. 机架；16. PVC 送片装置；17. 加热工作台；18. 成型下模。

图 5-35 滚板式泡罩包装机示意图

（2）压缩空气正压成型：成型压力一般在 0.58～0.78MPa，预热温度 110～120℃；成型泡罩的壁厚比真空负压成型要均匀。对被包装物品厚度大或形状复杂的泡罩，要安装机械辅助冲头进行预拉伸，单独依靠压缩空气是不能完全成型的；多采用平板式模具，上、下模具须通冷却水。

压缩空气正压成型是在成型工作台上完成的。成型工作台是利用压缩空气使已被加热的 PVC 片在模具中（吹塑）形成泡罩。成型工作台由上模、下模、模具支座、传动摆杆和连杆组成。在上、下模具中通有冷却水，下模具通有高压空气。

成型台的气路如图 5-36 所示。工作过程中，上模具由传动机构带动做上下间歇运动，在下模具支座和模具之间有一个平衡气室，可通入压力可调的高压空气。当上下模具合拢，下模具吹入高压空气，使 PVC 片在上模具中形成泡罩，同时在上、下模具之间产生一个分模力和向下的压力。为了有利于成型，在吹入高压空气的同时，平衡气室也通入高压空气，使得平衡，也保证了上下模之间有足够的合模力。图 5-36 中，F_1 为合模力，F_2 为向下的分模力，F_3 为平衡力。

合模力 F_1 应大于分模力 F_2。遇到较大的成型泡罩时，须提高成型高压空气的压力，使得 F_2 增大。合模力 F_1 是机械传动产生的力，再提高 F_1 必然增大动力消耗。通入平衡气室的高压空气压力 F_3 可调，使得 $F_2=F_3$，以保证各种泡罩成型饱满。

5. 热封合方法　包括双辊滚动热封合和平板式热封合。

（1）双辊滚动热封合如图 5-37 所示，主动辊利用表

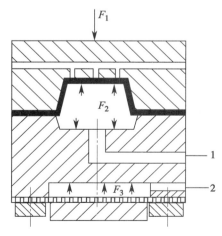

1. 成型高压空气；2. 平衡高压空气。

图 5-36　成型台的气路

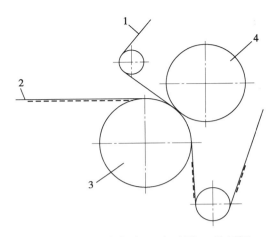

1. 铝箔; 2. PVC 泡窝片; 3. 主动辊; 4. 热压辊。

图 5-37 双辊滚动热封合装置

面制成的模孔拖动充满药片的 PVC 泡窝片一起转动。表面制有网纹的热压辊具有一定的温度，压到主动辊上与主动辊同步转动，将 PVC 片与铝箔封合到一起。封合是两个辊的线接触，封合比较牢固，效率高。

（2）平板式热封合装置如图 5-38 所示。下热封板做上下间歇运动，固定不动的上热封板内装有电加热器，当下热封板上升到上止点时，上下板将 PVC 片与铝箔热封合到一起。为了提高封合牢度和美化板块外观，在上热封板上制有网纹。有的机型在热封系统中装有气液增压装置，能够提供很大的热封压力，其热封压力可以通过增加装置中的调压阀来调节。

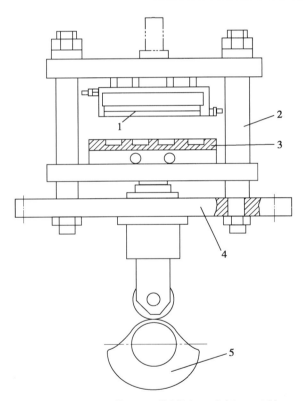

1. 上热封板; 2. 导柱; 3. 下热封板; 4. 底板; 5. 凸轮。

图 5-38 平板式热封合装置

（二）双铝箔包装机

双铝箔包装机全称是双铝箔自动充填热封包装机，其所采用的包装材料是涂覆铝箔，产品的形式为板式包装。由于涂覆铝箔具有优良的气密性、防湿性和遮光性，因此双铝箔包装对要求密封、避光的片剂、丸剂等的包装具有优越性。双铝箔包装除可包装圆形片外，还可包装异形片、胶囊、颗粒、粉剂等。双铝箔包装机也可用于纸袋形式的包装。

双铝箔包装机一般采用变频调速,裁切尺寸大小可任意设定,能在两片铝箔外侧同时对版印刷,其充填、热封、压痕、打批号、裁切等工序连续完成。

图5-39为双铝箔包装机结构示意图。铝箔通过印刷器5,经过一系列导向轮、预热辊2,在两个封口模轮3间进行充填并热封,在切割机构6进行纵切及纵向压痕,在压痕切线器7处横向压痕、打批号,最后在裁切机构8按所设定的排数进行裁切。压合铝箔时,温度在130～140℃之间。封口模轮表面刻有精密的纵横棋盘纹,可确保封合严密。

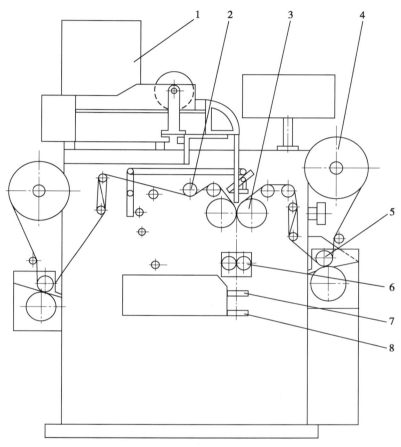

1.振动上料器;2.预热辊;3.模轮;4.铝箔;5.印刷器;6.切割机构;7.压痕切线器;8.裁切机构。

图5-39 双铝箔包装机

(三)瓶装设备

瓶装设备能完成理瓶、计数、装瓶、塞纸、理盖、旋盖、贴标签、印批号等工作。许多固体成型药物,如片剂、胶囊剂、丸剂等常以瓶装形式供应于市场。图5-40为片剂小瓶包装机结构示意图,包括机身部分、理瓶机构、输瓶轨道、数片头、塞纸机构、理盖机构、旋盖机构、贴签机构、打批号机构、电器控制部分等。

(四)多功能充填包装机

1. 包装材料 颗粒、粉末药物,以质量(容积)计量的包装,现多采用袋装。其包装材料均是复合材料,由纸、玻璃纸、聚酯(又称涤纶膜)膜镀铝与聚乙烯膜复合而成,利用聚乙烯受

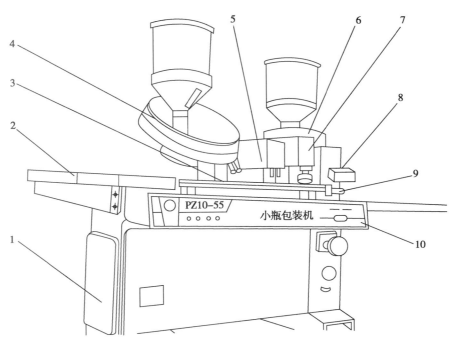

1. 机身部分；2. 理瓶机构；3. 输瓶轨道；4. 数片头；5. 塞纸机构；6. 理盖机构；
7. 旋盖机构；8. 贴签机构；9. 打批号机构；10. 电器控制部分。

图 5-40　片剂小瓶包装机结构示意图

热后的粘结性能完成包装袋的封固功能。多功能充填包装机根据包装计量范围不同，可有不同的尺寸规格：长度 40～150mm 不等，宽 30～115mm 不等。这种包装材料防潮、耐蚀、强度高，既可包装药物、食品，也可包装小五金、小工业品件，用途广泛。所谓"多功能"的含义之一是待包装物的种类多，可包装的尺寸范围宽。

　　2. 工作原理与过程　多功能充填包装机的结构原理如图 5-41 所示。成卷的可热封的复合包装带通过两个带密齿的张紧辊 11 将其拉紧，当挤压辊相对旋转时，包装带往下拉送。挤压辊 5 间歇转动的持续时间，可依不同的袋长尺寸调节。平展的包装带经过折带夹 4 时，于幅宽方向对折而成袋状。折带夹后部与落料溜道紧连。每当一段新的包装带折成袋后，落料溜道里就会落下计量的药物。挤压辊可同时作为纵缝热压辊，此时热合器中只有一个水平热压板 6，当挤压辊旋转时，热压板后退一个微小距离。当挤压辊停歇时，热压板水平前移，将袋顶封固，又称为横缝封固（同时也作为下一个袋底）。如

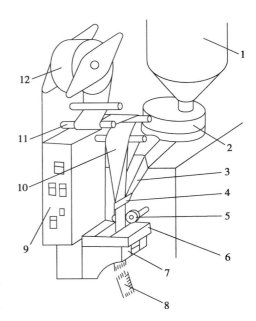

1. 料筒；2. 计量加料器；3. 落料溜道；
4. 折带夹；5. 挤压辊；6. 热压板；7. 冲裁器；8. 成品药袋；9. 控制箱；10. 包装带；
11. 张紧辊；12. 包装带辊。

图 5-41　多功能充填包装机结构原理

挤压辊内无加热器时,在挤压辊下方另有一对热压辊,单独完成纵缝热压封固。其后在冲裁器处被水平裁断,一袋成品药袋落下。

3. 计量装置 由于这种机器应用范围广泛,可配置不同型式的计量装置。当装颗粒药物及食品时,可以容积代替质量计量,如量杯、旋转隔板等容积计量装置;当装片剂、胶囊剂时,可用旋转模板式计数装置;当装填膏状药物或液体药物及食品、调料等时,可用注射筒计量装置,还可用电子秤计量、电子计数器计量装置。

第二节　典型单元操作流程

一、片剂制备流程

片剂是用压制或模制的方法制成的含药物的固体制剂。在药品的生产中,片剂是最为常见的剂型。片剂的制法可分为制粒压片法和直接压片法两大类,目前以制粒压片法应用最多。制粒压片法又可分为湿法制粒压片法和干法制粒压片法,直接压片法又可分为药物粉末直接压片法和结晶药物直接压片法。

(一)制粒压片法

制粒压片法通常需要具备两个重要前提条件,即用于压片的物料(颗粒或粉末)必须具有良好的可压性和良好的流动性。首先,片剂是在较大的压力下压制成型的,在加压的初期,颗粒(或粉末)被挤紧,发生移动或滑动,从而接触更为紧密;随着压力的增加,颗粒间的距离和间隙进一步缩小并产生塑性或弹性变形,同时也有部分颗粒被压碎并填充于颗粒的间隙当中;当达到一定压力时,颗粒间的距离已非常小(约 $10^{-8}\sim10^{-7}$ m),分子间的引力足以使颗粒固结成为整体的片状物。因此,若要制得符合质量要求的片剂,用于压片的物料就必须具有良好的可压性。这种可压性实际上就是指物料在受压过程中可塑性的大小,可塑性大即可压性好,亦即易于成型,在适度的压力下,即可压成符合要求的片剂。其次,在片剂的生产中还要求物料具有良好的流动性,否则,物料将难以流畅均匀地填充于压片机的模孔中,造成片剂重量差异过大及含量不均匀。因此,良好的可压性和流动性是制备片剂的两个重要前提条件。为了满足这两个前提条件,产生了不同的制备方法。

1. 湿法制粒 湿法制粒是在原料粉末中加液体黏合剂拌和,靠黏合剂的架桥或粘结作用使粉末聚集在一起制备颗粒的技术。凡是在湿热条件下稳定的药物均可采用湿法制粒技术,对于热敏性、湿敏性、极易溶等特殊物料不宜采用,其一般制备工艺过程如图 5-42 所示。

2. 干法制粒 将原辅料混合均匀后用较大压力压制成较大的片状物后再破碎成粒径适

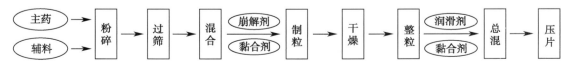

图 5-42　湿法制粒压片工艺流程框图

宜的颗粒的过程称为干法制粒。该法无须黏合剂，靠压缩力的作用使粒子间产生结合力，方法简单、省工省时。干法制粒常用于热敏性物料、遇水易分解的药物及容易压缩成型的药物的制粒，干法制粒有滚压法和重压法两种。其一般制备工艺过程如图5-43所示。

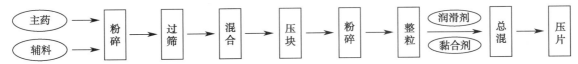

图 5-43　干法制粒压片工艺流程框图

（二）直接压片法

直接压片法一般制备工艺过程如图5-44所示。

图 5-44　直接压片工艺流程框图

1. 粉末直接压片　粉末直接压片法是指将药物粉末与适宜的辅料混匀后，不经过制颗粒而直接压片的方法。本法的优点是生产工序少、设备简单、辅料用量较少通过、产品崩解或溶出较快，在国外约有近一半的品种采用这种工艺。但由于细粉的流动性和可压性均比颗粒差，压片有一定困难，常通过改善压片物料的性能、改进压片机的办法解决。

2. 结晶药物直接压片　某些结晶性药物如阿司匹林、氯化钠、氯化钾、溴化钾、硫酸亚铁等无机盐及维生素C等有机药物，呈正方结晶，具有适宜的流动性和可压性，只需经适当粉碎等处理，筛出适宜大小的晶体或颗粒，再加入适量崩解剂和润滑剂混合均匀，不经制粒直接粉末压片。

二、胶囊剂制备流程

胶囊剂是指药物或加有辅料的药物填充于空心胶囊或密封于软质囊材中制成的固体制剂，主要供口服用。空胶囊的主要材料为明胶，也可用甲基纤维素、海藻酸盐类、聚乙烯醇、变形明胶及其他高分子化合物，以改变胶囊的溶解性或达到肠溶的目的。根据胶囊剂的硬度与溶解和释放特性，胶囊剂可分为硬胶囊与软胶囊。

硬胶囊剂的生产是将经过处理的固体、半固体或液体药物直接灌装于胶壳中，是目前除片剂之外应用最为广泛的一种固体剂型。装入胶壳的药物为粉末、颗粒、微丸、片剂及胶囊，甚至为液体或半固体糊状物。硬胶囊能够达到速释、缓释或控释等多种目的。由于胶囊具有掩味、遮光等作用，刺激性药物和不稳定药物均可制成硬胶囊剂以获得良好的稳定性和疗效。硬胶囊剂生产工艺流程如图5-45所示。

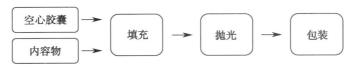

图 5-45　硬胶囊剂生产工艺流程框图

（一）空胶囊

空胶囊分上下两节，分别称为囊帽与囊体。空胶囊根据有无颜色，分为无色透明、有色透明与不透明三种类型；根据锁扣类型，分为普通型与锁口型两类；根据大小，分为 000、00、0、1、2、3、4、5 号八种规格，其中 000 号最大，5 号最小。

（二）内容物准备

内容物可根据药物性质和临床需要制备成不同形式，主要有粉末或颗粒、固体或液体四种形式。

（三）充填空胶囊

大量生产时可用全自动胶囊充填机或半自动胶囊充填机充填药物。

1. 粉末的填充

（1）冲程法：根据药物的密度和容积及计量之间的关系，通过调节充填机速度、变更推进螺旋杆的导程来增减充填时的压力，从而控制分装重量及差异。

（2）填塞式定量法：依靠螺旋式加料杆的转动将药物粉末直接填入胶壳。

（3）间歇插管式定量法：计量器插入粉体贮料斗后，活塞可将进入计量管内的药物粉末压缩成具有一定黏性的块状物，然后计量管离开粉面，旋转 180°，冲塞下降，将孔里的药粉压入胶囊中。

2. 微粒的填充

（1）逐粒填充法：填充物通过腰子形充填器或锥形定量斗单独地逐粒充入胶囊体。

（2）双滑块定量法：根据容积定量原理，利用双滑块按计量室容积控制进入胶囊的药粉量，尤其适用于几种微粒填充同一个胶囊体时。

（3）滑块/活塞定量法：也是根据容积定量原理，微粒经一个料斗流入微粒盘中，定量室在盘的下方，它有多个平行计量管，此管被一个滑块与盘隔开，当滑块移动时，微粒经滑块的圆孔流入计量管，每一计量管内有一个定量活塞，滑块移动将盘口关闭后，定量活塞向下移动，使定量管打开，微粒通过此孔流入胶囊。

3. 固体药物的填充
两种或更多种的不同形状药物及小片能填充至同一个胶囊中。要求被填充的片芯、小丸、包衣等必须足够硬，防止送入定量腔或在通道里排列和排出时被破碎。

4. 液体药物的填充
在标准填充机上装上精准的液体定量泵。对于高黏度药物的填充，料斗和泵可加热，防止药物凝固，同时料斗里应装有搅拌系统，以保持药物的流动性。

小量试制可用胶囊充填板或手工充填药物，充填好的胶囊用洁净的纱布包起，轻轻搓滚，使胶囊光亮。

（四）抛光

填充好的药物使用胶囊抛光机清除吸附在胶囊外壁上的细粉，使胶囊光洁。

三、口服溶液剂制备流程

口服溶液剂系指药物溶解于适宜溶剂中制成的澄清供口服的液体制剂。其工艺流程如图 5-46 所示。

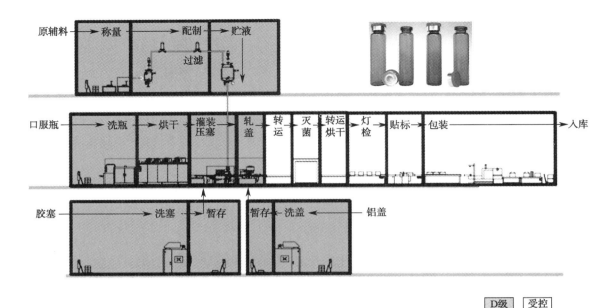

图 5-46　口服溶液工艺流程图

　　口服溶液剂生产前需要进行生产前的检查与确认。检查是否还留有前批生产的产品或物料,是否已清洁并取得"清场合格证"。检查确认生产现场的机器设备和器具是否已清洁并准备完毕挂上"合格"标示。确认和检查原辅料,检查合格后按照处方要求计算称量原料用量和辅料用量,选加适当的添加剂。在称量前需要对称量室内的案秤、天平、量筒等计量器具进行校零,并严格按照操作规程进行配液。药液在配液过程中,需要对药液进行过滤和除菌,过滤后药液经含量、澄清度检查合格后打入灌装室。口服液瓶子必须在不低于 D 级洁净区环境下生产,并经微生物检验合格的产品,其经过洗涤、干燥、灭菌之后按照灌装、轧盖的工艺和操作规程将口服液灌封于包装瓶中。其再经过转运、灭菌,以便杀灭在包装和药液中的所有微生物,保证药品的稳定性和安全。封装好的瓶装制品再经过灯检、贴标、包装等工序进入仓库。

四、输液剂制备流程

　　液体注射剂(注射液)一般根据容量分为小容量注射剂(20ml 及以下,常规为 1ml、2ml、5ml、10ml、20ml)、大容量注射剂(50ml 及以上,常规为 50ml、100ml、250ml、500ml 等)。输液剂是指供静脉滴注用的大体积(除另有规定外,一般不小于 100ml)注射液,其根据临床的用途一般可分为电解质输液、营养液输液、胶体输液、治疗性输液等。其根据包材的类别划分,主要有玻璃瓶、塑料瓶、非 PVC 软袋和直立式软袋等形式。其工艺流程如图 5-47 所示。

　　玻璃瓶大容量注射剂的主要工序如下。

(一) 配制工序

　　1. 原辅料的选择和处方的确定　大容量注射剂采用的原辅料一般分为固体、液体、气体,注射剂原料一般要求使用注射级规格,辅料至少使用药用级规格,注射剂辅料对微生物限度和热原有严格的控制要求。注射剂原辅料应从经审计评估确认的合格供应商处购买,并

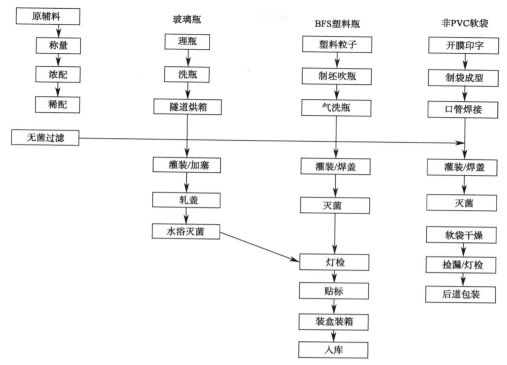

图 5-47　输液剂工艺流程图

且入库前需要根据企业内控标准进行严格的检验检测,检验合格出具合格的原辅料检验报告书,才可以领料和用于生产。

（1）准备称量:操作工根据生产指令领取原辅料(有些原辅料需要按照前处理工艺进行物料的前处理,如粉碎、研磨、乳化等),根据处方量和配制批量,称取所需的原料、辅料,填写好物料标识,注明品名、规格、批号、数量称量人、日期等信息,防止物料混淆。

（2）投料:往配液罐中加入一定量的注射用水,然后将准备好的原辅料,按照工艺要求和操作规程依次投入配液罐中。

（3）定容:往配液罐中继续加入注射用水,配制成预定的批量或重量。

（4）混合:开启搅拌进行混合,至设定的混合时间结束。

（5）过滤:将上一步所得的混合液进行过滤,所得滤液经过检测合格之后放行到灌装工序。

2. 配制方法　配制方法可以分为浓配 - 稀配法和一步配制法。

（1）浓配 - 稀配法:它是指将全部药物用部分处方量的溶剂在浓配罐中溶解,配制成浓溶液,加热或冷藏后过滤到稀配罐中,然后稀释至所需浓度。浓配的重点在于用部分处方量的溶剂将药物全部溶解,是一个溶解的过程,常使用加热搅拌或先加热再冷藏等方式。稀配的重点在于确保药液符合预定的质量标准,是一个定容的过程,如有 pH 等要求也在稀配阶段进行调节。

（2）一步配制法:它是指在同一个配液罐中加入大部分处方量的溶剂,搅拌溶解全部原辅料,然后直接加溶剂至处方量,过滤,得到符合质量标准的溶液。

（3）过滤:在浓配或者稀配过程中,药物成分与溶剂搅拌混合充分溶解之后,都必须要进行循环过滤。由于认识到活性炭的使用对洁净区的潜在污染及微小粒径很难过滤除去,使得现阶段制药行业对活性炭在过去常规工序的认识上有了进步。活性炭吸附热原的功能可以由超滤较好地替代,但在一些注射剂工艺中,活性炭还具有脱色和吸附杂质的作用。因此对于不同的品种和工艺,活性炭使用的取舍要衡量利弊,综合考虑。稀配或一步配制后均采用无菌过滤直接进入灌装工序。

3. 洗瓶工序 当前的洗瓶、干燥灭菌、灌装、加塞、轧盖(或封口)被整合到洗烘灌封联动线上完成。玻璃瓶灌装系统一般由洗瓶机、灭菌隧道(选配)、灌装加塞机、轧盖机组成。部分最终灭菌的玻璃瓶大输液产品工艺可以不采用隧道烘箱进行灭菌、干燥,直接洗瓶、洁净压缩空气吹干后,即可进入灌装工序。玻璃瓶灌装主要涉及的容器和材料有钠钙玻璃瓶、低硼硅玻璃瓶、中硼硅瓶玻璃瓶、丁基胶塞、铝盖等。玻璃瓶灌装通常包括洗瓶、瓶灭菌(选配)、灌装、胶塞清洗、胶塞灭菌(可选)、加塞、轧盖等工序。玻璃容器的清洗过程能有效去除容器内的污染物。初洗可使用纯化水或注射用水进行淋洗,以去除玻璃容器内外表面附着的污染物。最终淋洗水应符合现行版《中国药典》注射用水的要求。灌装清洗工艺需要关注以下污染物并对其进行控制:①微生物污染水平;②内毒素与热原;③不溶性微粒,即药物在生产或应用中经过各种途径污染的微小颗粒杂质,其粒径在1~50μm,是肉眼不可见、易动性的非代谢性的有害粒子;④可见异物,即在规定条件下目视可观测到的不溶性物质,其粒径或长度通常大于50μm,一般来自容器生产、包装及运输过程中的固体微粒物质(如玻璃碎片);⑤化学污染物,如用于表面处理的多余的化学物质。

清洗设备设计成旋转式或者箱体式系统。清洗介质包括无菌过滤的压缩空气、纯化水(仅限初洗)或与注射用水相连的循环水。最后的冲淋水,必须使用注射用水。清洗程序包括以下步骤:①超声波初洗,通过喷嘴用纯化水或循环注射用水喷淋瓶内外,瓶子注满水后通过超声波清洗段;②纯化水清洗,经过超声波初洗的瓶子通过"三气三水"交替反复清洗,该步骤目前多数情况下使用注射用水;③注射用水喷淋,使用注射用水进行最后一次淋洗,通入无菌过滤的压缩空气吹干。

4. 干燥灭菌工序(选配) 对于经过清洗的玻璃容器,由传送带送入隧道式烘干机进行烘干灭菌。隧道式烘干机一般使用单向热风通道,采用干热灭菌的方法,对清洗后的玻璃容器进行灭菌和干燥。该工序需要关注和控制的污染为微生物、热原与内毒素、不溶性微粒、可见异物。生产无菌药品所用到的物料容器(如桶、罐)要保持干燥,从清洗到灭菌的时间要尽可能短。灭菌后的容器应有贮存时限,贮存时限应经过验证。最终清洗后的内包装材料、容器和设备的处理应避免被再次污染。

5. 胶塞清洗和灭菌 药品生产使用丁基胶塞,按胶种分为氯化丁基橡胶塞、溴化丁基橡胶塞;按用途,胶塞可分为粉针胶塞、冻干胶塞、输液胶塞、预灌封胶塞等;按是否覆膜分为覆膜丁基橡胶塞和不覆膜丁基橡胶塞。为了减少胶塞和振荡料斗及胶塞和轨道之间的摩擦力,提高胶塞输送的流畅性,提高上机率和压塞率,同时避免胶塞之间的粘连,之前由药厂在清洗胶塞时进行硅化,即在清洗用水(注射用水)中加入硅油使胶塞表面形成硅油乳膜,但是硅化会增加注射液被污染的可能性,并使玻璃瓶颈处产生"挂油"现象。

目前普遍采用以下方法:①胶塞出厂前进行表面硅化,到药厂只进行清洗灭菌;②在胶塞生产过程硫化之前硅化,称为固化硅油;③采用覆膜胶塞,不需要硅化。胶塞清洗后采用热压灭菌法进行灭菌。胶塞清洗后到使用前的转运过程中应避免被二次污染。

6. 灌装工序　大容量注射剂的灌装工艺指将配制好的药液,按照规定的装量,灌入预定的容器中,并进行密封。大容量注射剂的灌装工艺按照是否进行最终灭菌,可分为非无菌灌装(适用于最终灭菌产品)和无菌灌装(适用于部分非最终灭菌产品,大输液一般不推荐非最终灭菌工艺)。按照灌装容器的形式可分为玻璃瓶灌装、非 PVC 软袋灌装、塑料容器灌装和吹灌封(blowing, filling and sealing, BFS)一体化等形式。

玻璃瓶灌封工艺分为灌装、压塞、轧盖三个部分。在灌装过程中,灌装精度及其稳定性关系到产品的装量差异,因此应定时进行监测。还须注意对灌装区域洁净环境定期监测(包括静态条件及动态条件)。玻璃瓶灌装作为大容量注射剂的一种常见灌装技术,它的市场份额正在逐步被非 PVC 软袋灌装及 BFS 吹灌封一体化等技术替代。玻璃瓶灌装技术有如下特点:①外购玻璃输液瓶需要建造较大的内包材库房;②洗、灌、封、灭菌及后处理设备多,组成的生产线长,占用厂房面积大,基础建设成本高;③洁净生产区面积大,区域划分复杂,控制和检测难度大;④洗瓶工序用水多,容器、成品须二次灭菌,能源消耗大;⑤操作岗位多,管理风险大;⑥产品易破碎,包装、运输成本都很高。玻璃瓶灌装适用于性质稳定、耐热性能较好的药液的灌装。

7. 灭菌工序　对于大输液产品,应当尽可能采用湿热灭菌方式进行最终灭菌,最终灭菌产品中的微生物存活率不得高于 10^{-6}。采用湿热灭菌方法进行最终灭菌的,首选过度灭菌法,即 F_0(标准灭菌时间)大于 12 分钟;如果药品不能耐受过度灭菌法,则选择的灭菌工艺的 F_0 值应当大于 8 分钟。对热不稳定的产品,可采用无菌生产操作或过滤除菌的替代方法(一般大输液产品不建议采用非最终灭菌工艺)。

8. 灯检和后道包装工序

(1)灯检工序的基本步骤一般包括:生产前检查确认、灯检设备的设置、灯检(不合格品剔除)、结果分析、生产后的清场和清洁。

(2)后道包装工序主要包括:外包装的物料领用、物料核对、其他包装准备、生产前的检查、检查清场和清洁是否有效、包装生产线装配准备、开机检查、生产线放行、包装过程控制和记录、包装收尾、物料平衡、产品入库和物料退库等步骤。

五、冻干粉针剂制备流程

冻干粉针剂又称为注射用无菌粉末,是一类在临用前加入注射用水或其他溶剂溶解的粉状灭菌注射制剂。凡是在水溶液中不稳定的药物都可制成粉针剂,其是生物药的一种常见剂型,如抗生素、酶制剂及血浆制品等生物制品都需要做成粉针剂贮存,在临床应用时均以液体状态直接注射到人体组织、血管或器官内,所以吸收快、作用迅速。小容量冻干粉针剂通常采用西林瓶作为内包装容器。粉针剂工艺流程及环境区域划分如图 5-48 所示。

注射用粉针剂的主要工序流程如下。

1. 原辅料的准备工作　注射剂的原料一般要求使用注射级规格,辅料至少使用药用级规格,注射剂原辅料对微生物限度、内毒素、热原有控制要求。对于不能无菌过滤的液体制

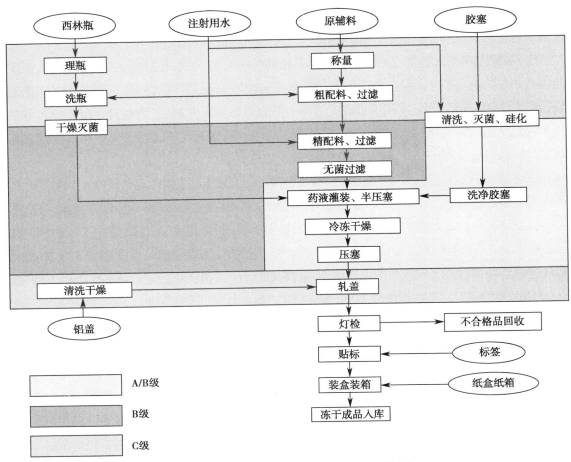

图 5-48 冻干粉针剂工艺流程及环境区域划分

剂和无菌粉针直接分装制剂,需要使用无菌级原辅料,并按照无菌工艺进行配液、无菌灌装生产。对于灌装后的产品无法进行最终灭菌的,也需要按照无菌工艺进行无菌灌装生产。同时,注射剂原辅料必须在洁净区内进行称量,以免受到环境的污染。

无菌药物在 A 级条件下的灭菌后容器内进行称量,然后在 A 级洁净级别下转移到药液容器内,其背景环境必须符合 B 级洁净级别要求。原辅料的称量方法是在原辅料仓库附近设置与生产环境相同洁净级别的原辅料处理、称量分零室,从仓库取出生产所需的物料,按照药品的处方和生产批量,对原辅料进行称量、分装,并将分装好的原辅料在双层塑料袋内封口后放置在加盖塑料桶内,按照每批投料量,送至生产区的称量室进行复核确认、投料和配液。

2. 胶塞清洗、硅化、灭菌与干燥

(1)粗洗:经过滤的注射用水进行喷淋,粗洗 3～5 分钟,喷淋水直接由箱体底部排水阀排出。然后进行混合漂洗 15～20 分钟,混合洗后的水经排污阀排出。

(2)漂洗 1:粗洗后的胶塞经注射用水进行 1～15 分钟漂洗。

(3)中间控制 1:漂洗 1 结束后从取样口取出洗涤水检查,可见异物应合格,如果不合格,则继续用注射用水进行洗涤至合格。

(4)硅化:加硅油量为 0～20ml/箱次,硅化温度≥80℃。

(5)漂洗 2:硅化后,排完腔体内的水后,再用注射用水漂洗 10～15 分钟。

（6）中间控制2：漂洗2结束后从取样口取出洗涤水检查，可见异物应合格，如果不合格，则继续用注射用水进行洗涤至合格。

（7）灭菌：蒸汽湿热灭菌，温度大于121℃，时间大于15分钟。

（8）真空干燥：启动真空泵，使真空压力在大于0.09MPa下抽真空，抽真空后，打开进气阀，这样反复操作直至腔室内温度达55℃方可停机。

（9）出料：将洁净胶塞放于洁净不锈钢桶内，并贴上标签，标明品名、清洗编号、数量、卸料时间、有效期，并签名，灭菌后胶塞在24小时内使用。

（10）打印：自动打印记录并核对正确后，附于本批生产记录中。

3. 西林瓶清洗灭菌 西林瓶的清洗和灭菌自动化程度比较高，一般都是采用洗烘灌轧联动生产线，可以有效提高洗瓶质量和效率，也可以避免生产过程中的污染。其主要过程包括：超声波清洗→循环注射用水粗洗西林瓶内壁、外壁→压缩空气气吹→注射用水精洗内壁-压缩空气气吹内壁、外壁→隧道烘箱灭菌。在生产过程中，需要定期抽取西林瓶，检测洁净度，监控洗瓶速度、注射用水压力、洁净压缩空气压力、隧道烘箱温度、压差、网带速度等关键性参数，并且还须定期监控隧道烘箱内的悬浮粒子等。

4. 铝盖准备

（1）检查工作区是否已经清洁，不存在任何与现场操作无关的包材和残留物，同时检查该批次生产记录和物料标签是否符合生产要求。

（2）根据该批生产指令领取铝盖，并检查其是否有检验合格证，是否包装完整。在D级环境下，检查铝盖，将有问题的铝盖拣出存放在指定地点。

（3）将铝盖放于臭氧灭菌柜中，开启灭菌柜70分钟。灭菌结束后将铝盖放入带盖容器中，贴上标签，标明品名、灭菌日期、有效期等，待用。

5. 配制工序 药液配制是指灌装前将各种原辅料和溶剂混合均匀的过程，一般按照工艺要求加入适量的溶剂至适配温度。一般步骤如下。

（1）往配制罐内加入注射用水，到处方量的1/3～2/3。

（2）往配制罐内加入原辅料，溶解搅拌、调配。按照工艺参数进行检测和控制，如控制pH、温度、压力、含量等。最后药液冷却待用。

（3）药液经过过滤器除菌过滤进入无菌贮罐。

（4）药液过滤完成后进行除菌过滤器完整性测试，确认其完整性。

（5）使用泵或者压缩控制将药液输送到灌装机缓存罐。

（6）灌装完毕后对配制输送系统进行在线清洗（clean-in-place，CIP）。

（7）对配制系统在线灭菌（steam-in-place，SIP）。

（8）对经过在线灭菌（SIP）的过滤器进行完整性测试，确认其完整性。

（9）向配制系统注入无菌压缩空气或氮气进行保压，防止污染。

（10）配制系统维持在微正压密封状态待用。

6. 灌装工序 无菌灌装工序，在A级区保护下的西林瓶通过网带传送进入到灌装机。暂存室已经灭菌的各种器具（如灌装针头、灌装软管、灌装泵组件等），在单向流A级区内打开内包装，连接到灌装机入口泵，启动灌装机。把胶塞转移到加塞器旁边，在单向流下，把胶塞倒入加塞器上,半加塞后的西林瓶在单向流的保护下送至冻干机内。进料完毕之后,插好冻干机板层探头,关闭冻干机门,按照规定的冻干曲线进行冻干过程。冻干结束之后开启干燥箱门,在单向流保护下从下至上依次将全压塞的半成品从冻干机中取出,送到缓冲台。在灌装准备阶段需要确保灌装管道、针头等器具使用之前经过注射用水清洗和灭菌。灌装过程中需要定时检查装置,出现偏离时应及时调整,控制压塞质量。根据风险评估的结果,需要将灌装生产最开始阶段(调试阶段)的产品适量舍弃。须对生产过程中悬浮粒子、空气浮游菌、沉降菌、表面微生物等各项环境指标进行检测。灌装结束需要对灌装机、操作台面、地面、墙壁等厂房设备进行清洁和消毒。

第三节　药物制剂生产实例

一、片剂制备工艺与操作

(一)片剂制备工艺

一种片剂的性质受处方和制法的影响,而这两因素之间又有很大的相关性,一个适宜的处方能制得满意的片剂,因此,必须按照需要、有利条件、制法及所用的设备来设计。制备片剂的主要单元操作为粉碎、过筛、称量、混合(固体—固体、固体—液体)、制粒、干燥及压片、包衣和包装等。其制备方法可归纳为湿法制粒法、干法制粒法及直接压片法等。由于制备过程包括粉碎、过筛及压片等,所以在生产环境内需要控制温度和湿度,对有些产品必须控制在低温水平,而且应注意在粉碎过程中(产品)物料之间的交叉污染。片剂一般生产工艺流程如图 5-49 所示。

(二)片剂生产操作

1. 称量

(1)称量前操作人员认真核对生产指令单,核对内容包括生产品种、规格、批号、产量及处方的料量是否一致。核对无误后方可进行称量。

(2)应检查校正称量器具的准确性、精度,保证称量的准确性。

(3)盛装物料的容器应经清洁消毒,并经确认后方可盛装。

(4)多种原辅料应分别用洁净容器盛装,不得混装。

(5)称量时复核人复核无误后,称量人、复核人均应在称量记录上签字。

2. 粉筛

(1)在粉筛生产中,操作人员应严格按照生产工艺进行生产。

(2)将物料转入粉筛区,调整好粉筛目数,进行粉筛。将粉筛的物料过筛,粉筛目数达不到要求时,对机器进行调整,直至调整到规定的目数后,方可大批量进行粉筛操作。

(3)将粉筛好的物料放于洁净的周转容器中,并用"物料标示卡"标明容器里面物料状态。

(4)反复操作至生产结束,由 QA 督导检查合格后签发递交许可证,粉筛岗位组长填写中

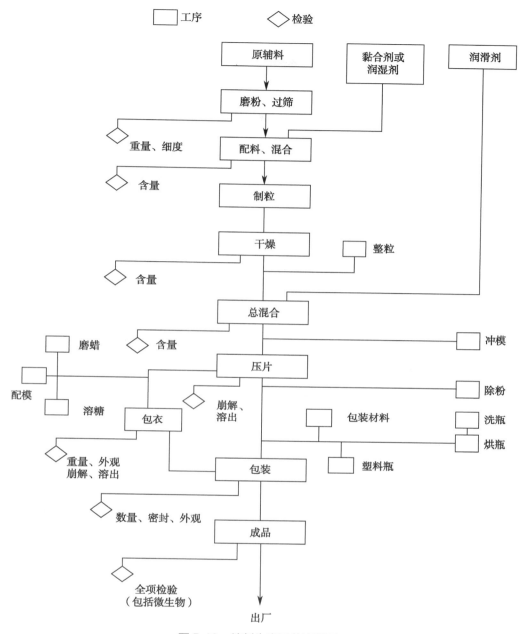

图 5-49　片剂生产工艺流程图

间产品递交单,和粉筛岗位操作人员一起将中间产品转入下一岗位,由下一工序组长复核,确认无误后,在中间产品递交单上签字,粉筛岗位操作人员将中间产品放于指定位置。

(5)粉筛岗位组长将中间产品递交单附于切制岗位批生产记录上。

3. 湿法制粒

(1)按批生产记录要求,戴上口罩、手套,按顺序将原辅料放入湿法制粒机中。

(2)设定干混时间及搅拌器和制粒刀的速度,开始搅拌混合。

(3)边搅拌边加入定量的制粒溶液(或浸膏),设定湿混时间及搅拌浆和制粒刀的速度进行搅拌混合制粒。

(4)制粒结束时,把湿颗粒一份份从出料口转到干燥用的烘盘中,要求摊布均匀。彻底刮净混合器的内壁和盖子,最大限度减少产量损失。

4. 烘箱干燥

(1)根据批生产记录要求,开启蒸汽阀门和风机。

(2)把盛有颗粒的烘盘推到烘房烘车开始干燥。

(3)检查温度升高至批生产记录中给定的值,要保持在给定范围值内,要定时检查干燥箱的温度。

(4)在规定的干燥时限,取样并进行水分测定,将结果记录在批生产记录上。

(5)当水分达到规定的限度内,关闭蒸汽阀门,通冷风降温至室温,停机并转移产品至整粒间。

5. 沸腾干燥

(1)检查引风机旋向:启动1~2秒后停止,观察风机旋向是否与蜗壳上的标记一致,如果旋向相反,应报修调整旋向,使风机叶轮旋向与蜗壳上的标记一致。

(2)检查各处密封,应严密无泄漏,检查各执行汽缸动作是否灵敏。再启动风机及加热,检查各测温点的温度传感器是否正常。

(3)物料的投放:①在启动系统至运行滤袋清粉Ⅰ或滤袋清粉Ⅱ状态时,关闭进风调节阀至一挡,打开进料阀,利用胶管使物料在引风机的负压抽吸下进入容器;②真空吸料结束后,关闭进料阀,适当将进风调节阀开大,使物料有良好的流化状态即可。

(4)干燥结束:颗粒水分干燥达到工艺要求,停止生产后,关闭蒸汽主进气阀、压缩空气主进气阀。

(5)记录归档:检查批生产记录上有关操作的各项目是否已填写完整,结果是否都在限度以内,偏差一定要在批生产记录上写明和解释。取下生产许可证贴于批生产记录上。

6. 总混

(1)开启设备,检查设备运行是否正常。

(2)根据生产部下发的批生产指令中的处方和生产量,核对其用量与工艺规程的处方量是否相符,将已称量配料好的所需物料领入总混间待用。

(3)按产品工艺规程的要求进行操作,设定物料混合时间。

(4)混合结束后,将中间产品放入洁净塑料袋中,装入容器填好物料标签。

(5)将中间产品放入中间站。

7. 压片

(1)试压:加适量中间产品后,转动手动轮,调节片重、压力后开动电机,调到较低的速度,进行试压。调节片重及压力,检查片子硬度、外观,测崩解度,各项指标均应合格。

(2)试压合格,清理试压的废片后正式压片,颗粒加入料斗后,调节好压片的速度。

(3)压片过程中每15分钟测一次平均片重,每班检查崩解时限一次,随时检查片子的外观,发现异常情况应及时停车,并与指导老师等协商处理后方可继续压片。

(4)初压、试压等不合格片子,应及时碾碎后掺入颗粒中压片。

(5)压好的片子用筛子将细粉筛净,注意随时检查筛子有无破损,如有破损及时更换。

(6)筛后,将片子装入带有清洁干燥塑料袋的不锈钢桶内,扎紧袋口,称重后填写好周转卡,送交中间站,并做好交接记录。

8. 包衣

（1）从中间站领取合格的片芯,检查标识牌上的产品名称、批号、数量是否与中间产品交接单一致。

（2）计算、调配包衣溶液,并搅拌均匀。

（3）按工艺要求进行包衣操作,并称量包衣片片重。

（4）操作结束后及时、准确、完整地填写批生产记录,要求字迹清晰、内容真实、数据完整,并由操作人员及复核人签名。记录应保持清洁,不得撕毁和任意涂改,更改时,在更改处签字,并保证原数据仍可辨认。

（5）操作结束后,将包衣片及尾料运至中间站,一人称量,一人复核。

9. 铝塑包装

（1）检查上班次清场是否符合要求,零部件和生产用具是否齐全和清洁。

（2）检查电源、真空泵、冷却水等是否正常。

（3）凭包装指令到车间中间仓领取中间产品。

（4）凭包装指令到包装材料仓领取与生产品种相适应的PVC和铝箔。

（5）中间产品、PVC和铝箔按要求进入操作间。

（6）调校好批号钢字粒,使其与生产品种批号相符。

（7）在加料斗中加入中间产品,包装过程中随时补加。

（8）启动铝塑包装机进行铝塑包装,调慢运行速度,待检查成型的泡罩、PVC与铝箔的运行速度、批号的位置、铝塑成品网纹、铝塑压合、冲切等均符合要求后,调快运行至适宜的速度,以不影响产品质量为宜。

（9）调整放料阀位置,使加料速度与铝塑包装机转速一致。

（10）用已清洁的塑料胶箱接收铝塑包装产品,每箱产品内外贴上标签,标签上注明品名、规格、批号、毛重、皮重、净重、生产日期、操作人等。

（11）铝塑包装产品通过缓冲室进入外包间包装或交到车间中间仓存放。

10. 塑料瓶包装

（1）准备:将30ml塑料瓶、塑料瓶盖(铝塑复合密封垫片)及产品批号钢号安装到机台相应工位上,数片机安装60片计数灌装模具板。

（2）理瓶:将塑料瓶除去塑料内袋,倒入贮瓶槽内。

接通理瓶机电源,调整理瓶机变频器,使其与后工序设备生产速度一致,理瓶机自动开始工作,塑料瓶调整为开口向上,进入输瓶轨道向数片工序运行。

（3）数片:用不锈钢圆弧铲将素片舀入数片机料斗中。

接通数片机电源,调整数片机变频器,使之与前、后工序设备生产速度一致,数片机自动开始工作,素片按每60片为一组,落入输片漏斗中,通过漏斗灌注入同步跟进的塑料瓶中,沿输瓶轨道继续向旋盖工序运行。

（4）旋盖:将塑料瓶盖除去塑料内袋,放入加盖料斗中。

接通旋盖机电源,调整旋盖机变频器,使之与前、后工序设备生产速度一致,旋盖机自动开始工作,塑料盖按每次一只落入同步跟进的塑料瓶口,经旋盖机旋紧瓶盖,沿输瓶轨道进入一般生产区,继续向封口工序运行。

（5）封口:接通封口机电源,设定电磁振荡频率(Hz)、热熔温度(℃)。

调整封口机变频器,使之与前、后工序设备生产速度一致,封口机自动开始工作,塑料盖内置的铝塑复合密封垫片在电磁感应下被加热,与塑料瓶口熔合到一块,完成封口,继续向贴签工序运行。

（6）贴签:将不干胶标签卷盘除去外包装,安装在标签轴上。

接通贴标机、喷码机电源,调整贴标机、喷码机变频器,使之与前、后工序设备生产速度一致,贴标机、喷码机自动开始工作,不干胶标签被拉出,向前行走,经喷码机喷印上"产品批号、生产日期、有效期至"内容后,与同步运行的塑料瓶相遇,标签被转贴到塑料瓶身上,塑料瓶继续向前运行。

（7）收膜:将塑料膜卷除去外包装,安装在膜卷轴上。

接通码瓶封切收缩包装机电源。设定收膜模式:5瓶1排,10瓶1封;设定热收缩室加热温度为110～120℃。

调整变频器,使之与前工序设备生产速度一致,码瓶封切收缩包装开始工作,塑料瓶被5瓶1排,分成2排码放整齐,每瓶附一张说明书,进入覆膜工序覆膜,切开后经网带输送进入热收缩室,塑料膜经热空气加热收缩,使10只瓶子成一个整体,经网带输送出至装箱平台。

11. 封箱 10瓶/排,30排/箱。封膜合格的半成品经人工拿取装箱,每箱放1张装箱单（产品合格证）,在包装箱内上下各加一个箱垫。外箱开口处用胶纸密封。包装后的产品由岗位负责人填写请验单,由QA取样送化验室检验再入库,经检验合格后才可放行

二、口服溶液剂制备工艺与操作

（一）口服溶液剂制备工艺
口服溶液剂是液体制剂的一种,是指药物溶解于适宜溶剂中制成澄清溶液供口服的液体制剂。溶液剂应澄清,不得有沉淀、混浊或异物。

1. 制备方法

（1）溶解法:一般取处方总量的1/2～3/4溶剂,加入原料药搅拌加热使其溶解,滤过,再通过过滤器加溶剂使其完全溶解,最后搅拌均匀,降温即可。

（2）稀释法:先将药物配制成高浓度溶液,再使用溶剂稀释到所需浓度,最后搅拌均匀,即可。

2. 生产与贮藏期间应符合的规定

（1）口服溶液剂溶剂的分散介质一般为纯化水。

（2）根据需要可加入适宜的附加剂,如抑菌剂、分散剂、助溶剂、缓冲剂、稳定剂及色素等,其品种和用量应符合国家标准的有关规定。其附加剂品种与用量应符合国家标准的有关规定。

（3）除另有规定外,在制剂确定处方时,如需加入抑菌剂,该处方的抑菌效力应符合抑菌

效力检查法[《中药药典》(2020年版)通则1121]的规定。

（4）口服溶液剂通常采用溶解法或稀释法制备。

（5）制剂应稳定、无刺激性,不得有发霉、酸败、变色、异物、产生气体或其他变质现象。

（6）除另有规定外,口服溶液剂应避光、密封贮存。

3. 相关检查

（1）装量:除另有规定外,单剂量包装的口服溶液剂按照下述方法检查,应符合规定。取供试品10袋(支),将内容物分别倒入经标化的量入式量筒内,检视,每支装量与标示装量相比较,均不得少于其标示量。凡规定检查含量均匀度者,一般不再进行装量检查。多剂量包装的口服溶液剂按照最低装量检查法[《中国药典》(2020年版)通则0942]检查,应符合规定。

（2）微生物限度:除另有规定外,口服溶液剂按照微生物限度检查法[《中国药典》(2020年版)通则1105、1106、1107]检查,应符合规定。

（二）主要岗位操作

一般口服溶液剂生产车间的工作岗位包括药用瓶脱包岗位,配液岗位,灌装岗位,贴签、包装岗位等。每个岗位根据不同的要求都有相应的操作规程。

1. 配液

（1）配液前准备和检查

1）配液时,操作人员均按进出D级洁净区更衣规程进行更衣。

2）检查工作现场是否已经清洁,确认现场无与本批次产品无关的物品,并有上批清场合格证。

3）检查所用容器具是否具有"已清洁"标示。

4）按照"批生产指令"领取原辅料。

5）电子秤使用前要校正,并做好相关记录。

（2）配液操作

1）操作人员根据批生产指令,到仓库领取所需原辅料,检查检验报告单、品名、数量及外观质量,如不符合要求应拒绝收料。

2）在称量间,检测电子秤的灵敏度和精度,操作员一人按处方精确称取规定量的原辅料,另一人复核操作,并详细记录各种数据及情况。

3）在配液罐内加入处方量80%的纯化水,启动搅拌电机,然后将称量后的原辅料倒入配液罐内,搅拌使原辅料完全溶解(具体根据工艺要求采取升温降温措施),按工艺要求加纯化水至处方量,启动搅拌电机,调节药液pH为中间体规定值,并继续控制温度,搅拌至混合完全均匀。

4）质检员取样检测药液pH。

5）根据中间体报告单,对药液含量进行再配置,符合中间体标准再算出调整后的药液体积和理论支数。签发装量通知单。

（3）过滤除菌

1）中间体药液检验合格后,通过药液过滤系统(0.45μm微孔滤膜)将配置罐中的药液过滤除菌,输送到灌封间。

2）精滤之后，将微孔滤膜清洁消毒后备用。

（4）清洁清场

1）配液使用的容器具传到洁净区清洁室进行清洁消毒。

2）使用后的配液罐按 D 级洁净区设备进行 CIP、SIP。

3）使用后的过滤器按过滤器清洁消毒规程进行清洁、消毒。

4）管路的清洁与消毒。用纯化水冲洗管路内的残留物三次，采集管路内冲洗的纯化水，测试电导率小于 2μS/cm、澄明度目测无可视物为合格。

5）清场结束后填写清场记录，经 QA 检测员检测合格签发"清场合格证"。

（5）质量控制及复核

1）室内温度、相对湿度应符合标准，温度 18～25℃，相对湿度 30%～65%；压差：与一般区压差≥10Pa 为合格。每班对温湿度仪、压差计测试读数一次，发现不合格时，通知车间领导对空调系统予以调整。

2）用电子秤称量原辅料时应有第二人独立复核。

3）投料及计算应有第二人独立复核。

4）药液配制到除菌过滤结束不超过 6 小时。

5）药液温度应严格控制为工艺规程的要求规定值。

6）操作人员在过滤药液时，每间隔 15 分钟取样一次，对药液的可见异物、不溶性微粒、活性成分含量进行检查和测定。

7）裸手操作时，手部应及时用 75% 乙醇溶液消毒。

8）填写记录：操作员需要根据记录规程，按照要求记录相关数据。

2. 口服液灌装

（1）灌装前的检测和准备

1）灌装岗位操作人员按进出 D 级洁净区更衣规程进行更衣。

2）操作员需要用 75% 乙醇溶液消毒后，进入灌装间。

3）检查工作现场是否已经清洁，确认现场无与本批次产品无关的物品，并有上批清场合格证。

4）灌装间按灌封间清洁、消毒规程清洁和消毒。

5）将已清洗灭菌好的硅胶管、灌装用针头安装到对应机器上，并与料液瓶上的料管相连，组成一套完整的密闭灌装系统。

6）正式灌装前必须用纯化水清洗管道、泵、针头，直到针头喷出的水和纯化水质量标准一致。

（2）灌装操作：根据包装指令单，核对品名、批号、装量及药液体积。启动电源开关，用量筒调整装量，至装量合格。

1）药用瓶放到灌装头下，调节灌装系统，使药液不溅出瓶外，并且装量准确稳定，每 30 分钟检测一次装量。

2）药液经半成品检查合格后方可灌装，灌装过程中应随时检查灌装情况，每半小时取样测定一次装量，发现变化，随时调整。

3）挑出装量和压盖不合格品放入指定盘内，放入标签，标明品名、批号、规格操作者，将合格产品装入不锈钢盘内，满盘后更换钢盘，逐盘放入标签，标明品名、批号、规格、操作者，传到包装间。

4）料液灌封完毕，关闭机器，清除剩余的药用瓶和盖，切断电源。

（3）清洁清场

1）按灌装机清洁消毒规程拆卸灌注系统，并对灌装机清洁、消毒。

2）灌装室按灌装室清洁、消毒规程进行清洁、消毒。

3）清场结束后，填写好清场记录，经 QA 检查员检查合格，在批生产记录上签字，并签发"清场合格证"。

（4）质量控制标准

1）室内温度、相对湿度应符合标准，温度 18～25℃，相对湿度 30%～65%；压差：与一般区压差≥10Pa 为合格。每班对温湿度仪、压差计测试读数一次，发现不合格时，通知车间领导对空调系统予以调整。

2）目测未发现有异物或仅带微量白点者作为合格的标准。其不合格率不得超过 2%。

3）操作工每半个小时用标准量筒调整装量一次，质检员每班至少对装量每机每针头抽查两次。用干燥的已校正的量筒测出装量，应不得少于示量，偏差 ±2%。

4）封口质量：封口应严密平整，无渗液、泄漏等现象。

（5）灌装时注意事项

1）裸手操作时，手部应及时用 75% 乙醇溶液消毒。

2）调整机器各部件后，必须拧紧螺丝。

3）机器运转中，手或工具不准伸入转动部位。

4）随时查看针头喷药情况，如发现问题可更换针头、放逆流阀等器具，检测装量合格之后方可继续生产。一旦结果超出控制限度，则再次取样测定，若结果仍不合格，应立即通知操作工对灌装机进行调整，调整后重新取样测定，直到测定合格为止。其间不合格的产品应单独拿出存放，当批回收，经微孔过滤，灌封出合格的产品。

5）灌封室门必须关紧。

（6）异常处理：如果设备发生故障、药液发生混浊影响正常生产时，应填写"偏差及异常情况处理报告"，交车间技术人员及时处理。

3. 口服溶液剂车间洗瓶操作

（1）生产前检查：按生产前检查操作规程对生产区域、设备、仪器仪表、容器工具、文件、标签、状态标识及所需要的物料进行检查。

1）生产前准备，设备拆卸部件安装好。

2）挂上设备"运行中"状态标识。

3）将待洗瓶从暂存间传送至操作间。

4）填写批记录中的与生产检查及准备相关的内容。

5）请质量保证员对生产环境及准备工作进行检查，质量保证员确认后签发生产许可证，将生产许可证挂在操作间间门上。

（2）生产操作

1）取两盘口服溶液剂瓶装入洗瓶机。

2）按洗瓶机操作规程及生产指令要求正确操作洗瓶机，洗瓶时按"注饮用水—甩干—注纯化水—甩干"的顺序进行。

3）从洗瓶机取出甩干的瓶子，按从上到下装进烘车，装满后及时送入干燥箱，关上箱门。

4）按烘箱操作规程及生产指令要求设定烘干温度、烘干时间。烘干结束后按从下到上的顺序取出瓶子放至暂存间。

5）在操作过程中必须注意安全，预防瓶子破裂和设备对人员的伤害，洗瓶机运转中操作人员不能离开机器。

6）在操作中，出现机器故障或其他不能自己解决的问题应及时汇报，以便及时维修。

7）生产过程中要及时、准确填写批生记录。

（3）清洁清场

1）将与下批生产无关的物品移出生产间。

2）将容器、工具、设备拆卸部件移至清洗间按容器、工具、设备拆卸部件清洁规程进行清洁。

3）设备按该设备清洁规程进行清洁。

4）清场后，由质量保证员进行检查。检查不合格者重新进行清洁，直至合格。合格后，签发设备的已清洁状态标识及清场合格证。操作工将已清洁状态标识分别挂在设备上，将清场合格证挂在操作间的门上。

4. 口服溶液剂灭菌检漏操作

（1）生产前检查：按进出一般生产区更衣规程进行更衣，将"清场合格证"附入批生产记录，检查水、汽供应情况，试开机运行，检查设备运转是否正常，检查有无异常声响等。

（2）灭菌检漏操作

1）按产品交接卡核对待灭菌检漏药品的品名、规格、批号、产量。准确无误后，将药品移到脉动真空灭菌检漏器内。

2）将灭菌门关严，按脉动真空灭菌器操作规程，设定灭菌时间、温度等参数，开始灭菌操作。

3）灭菌结束后，按脉动真空灭菌器操作规程，设定抽真空的参数，先抽真空，后注入水浸没药品，1～2分钟后开始排水，将水排净。

4）根据药品品种设定干燥时间及温度，真空灭菌器开始自动操作。

5）干燥结束后，按"开门"按钮，取出药品。

（3）清洁清场

1）清除脉动真空灭菌器内的遗留药品。

2）将废弃物装入废物贮器传出室外。

3）按脉动真空灭菌器清洁规程进行清洁。

4）灭菌检漏室按灭菌检漏室清洁规程进行清洁。

5）清场结束填写清场及设备清洁记录，并由QA检查员检查确认清场合格后，贴挂"清场合格证"及"已清洁"标示。

（4）质量标准

1）灭菌后的药品应符合灭菌检查规定标准。

2）抽真空时,内柜压力应在−0.078MPa以下,2～3分钟,方可进水。

（5）质量控制和复核

1）领取药品时,应复核所领药品的名称、数量、规格等是否与产品交接卡要求一致。

2）操作时应将灭菌前、后的药品严格区分开,以防止漏灭漏检的现象发生。

3）灭菌、检漏、干燥时的各项参数应符合工艺规程的规定。

（6）注意事项

1）第一次操作结束后应马上填写操作记录。

2）灭菌检漏操作时应注意参数的设置应符合工艺规程的规定,并在本机器的允许值范围内。

（7）异常情况处理

1）所用设备不能正常运转,影响生产及产品质量应填写"偏差及异常情况报告",交车间主任并通知QA,请维护人员修理。

2）蒸汽、冷却水无供应时,应及时通知相应岗位及时供给。

5. 口服溶液剂灯检操作

（1）生产前检查：按生产前检查操作规程对生产区域、设备、仪器仪表、容器工具、文件、标签、状态标识及所需要的物料进行检查。

（2）生产前准备

1）将设备拆卸部件安装好。

2）挂上设备的"运行中"状态标识。

3）将待检物料从暂存间运送至操作间。

4）填写批记录中的与生产检查及准备相关的内容。

5）请质量保证员对生产环境及准备工作进行检查,确认后签发生产许可证,将生产许可证挂在操作间的门上。

（3）生产操作

1）将一盘待检品装入灯检机进料斗。

2）按照灯检机操作规程启动灯检机进行灯检,剔除有裂纹、异物、装量不足及其他不符合要求者。

3）灯检过程中进料斗应及时补充待检品,防止待检品太少引起破瓶。

4）如出现破碎情况应停机检查,处理完后再继续,如不能处理应及时通知工程部门处理。

5）在操作中应注意安全,防止意外事故发生,灯检人员在未停机情况下不能离开灯检机。

6）生产过程中要及时、准确填写批生记录。

（4）清洁清场

1）将与下批生产无关的物品移出生产间。

2）将容器、工具、设备拆卸部件移至清洗间，按容器、工具、设备拆卸部件清洁规程进行清洁。

3）设备按该设备清洁规程进行清洁。

4）清场后，由质量保证员进行检查。检查不合格者重新进行清洁，直至合格。合格后，签发设备的已清洁状态标识及清场合格证。操作工将已清洁状态标识分别挂在设备上，将清场合格证挂在操作间的门上。

6. 口服溶液贴签、包装操作

（1）贴标签、包装前的准备工作

1）操作人员按进出一般生产区更衣规程进行更衣。

2）检查是否具有"清场合格证"副本，并附于本批生产记录内。

3）检查设备是否具有"已清洁""待用"标识。

4）准备盛装药品的包装物。

（2）操作过程

1）按"批包装指令"填写领料单，向仓库领取所需包装材料。

2）按"批包装指令"领取待包装的药品。

3）从标签打印室领取已打印好的箱签，注意核对生产日期、生产批号、有效期等。

4）填写包装记录。

5）装箱：支箱后，用透明胶带密封底部箱缝，操作人员将贴标、印字合格的药品整齐地装入纸箱内，装满一箱后，放入合格证。

6）整批产品包装结束后，通知质量检查员取样，然后办理入库暂存。

（3）清场清洁

1）将剩余的包装材料清点数量，退回仓库。

2）将所有有缺陷及已打印批号、有效期的包装材料，清点数量，登记集中销毁。

3）记录渗液、泄漏等不合格药品并销毁。

4）工作间按药品包装室清洁规程进行清洁。

5）清场清洁完毕，填写清场清洁记录，并请 QA 检查员检查，确认合格后，在批生产记录上签字，并发放"已清洁"状态标示及"清场合格证"。

（4）质量控制和复核

1）标签粘贴应端正，装箱人员应检查。

2）装箱数量准确，应有人独立复核检查。

3）包装材料及散装药品的领用量、使用量、破损量、销毁量、退库量，应有第二人复核。

（5）注意事项：只有与本批包装有关的人员，方可进入包装区。

（6）异常情况处理：操作人员在包装过程中发现产品包装异常（例如，破损、缺少等），记录异常细节，向相关人员或部门反馈异常信息。结合异常分析结果，制定纠正措施；并跟踪纠正措施的实施情况，评估其有效性。

7. 配液岗位清洁、消毒操作

（1）清洁频率

1）生产结束后清洁一次。

2）每星期彻底清洁消毒一次（包括墙面、顶棚）。

3）特殊情况随时清洁消毒。

（2）消毒剂（每月轮换使用）

1）5%甲酚皂溶液。

2）0.1%新洁尔灭溶液。

3）75%乙醇溶液。

（3）清洁剂：洗涤剂。

（4）清洁工具：不脱落纤维的清洁布。

（5）清洁方法

1）生产操作前清洁：用湿清洁布清除操作台、门窗、把手、地面等各表面灰尘。

2）生产结束后：①将生产中产生的废弃物传至室外；②清除废物贮器内的废弃物；③用湿清洁布清除操作台、门窗、把手、地面等各表面灰尘及污迹，污垢，必要时用清洁剂清洗污垢，用消毒剂进行消毒；④传递窗按传递窗清洁消毒规程进行清洁消毒。

3）每星期生产结束清洁后，对室内各表面（包括墙面、顶棚）及地漏彻底消毒，地漏按地漏清洁消毒规程进行清洁消毒。

4）经QA检查员检查合格，并签发"清场合格证"。

（6）清洁效果评价：目测配制室各表面洁净，无污迹。

（7）清洁工具清洗及存放：按清洁工具清洁规程进行清洁、消毒，存放于清洁工具间指定位置。

参考文献

[1] 张洪斌.药物制剂工程技术与设备[M].3版.北京：化学工业出版社，2019.

[2] 张珩，王存文，汪铁林.制药设备与工艺设计[M].2版.北京：高等教育出版社，2018.

[3] 张珩，万春杰.药物制剂过程装备与工程设计[M].北京：化学工业出版社，2012.

[4] 方亮.药剂学[M].9版.北京：人民卫生出版社，2023.

ER 6-1 第六章
虚拟仿真综合实训
（课件）

第六章 虚拟仿真综合实训

第一节 虚拟仿真实验概述

一、虚拟仿真的意义

　　虚拟仿真实验在教育领域的应用主要集中在支持学生学习环境的创设，支持技术实训，让学生学习重新回到场景、参与互动。与传统课本知识结合，将三维空间的事物清楚表达出来，能使学习者直接、自然地与虚拟环境中的各种对象进行交互作用。从而呈现多维信息的虚拟学习和培训环境，虚拟仿真在未来各项领域方面所具有的潜在应用能力不可低估。通过仿真实验的开展，可以使学生对真实实验难以开展的实验项目的实验机制、反应规律、实验现象进行更深入的了解，有助于其对相关专业知识更加全面地理解和掌握，为学生由被动学习转变为主动学习提供了一条可行的途径。

　　制药工程虚拟仿真项目通常具有良好工艺流程的延展性，以及原料药及其制剂生产的通用性，为制药工程专业学生创新科研活动、教师生产技术开发都提供了虚拟与现实的平台，虚拟仿真的意义是使得制药工程专业学生强化如下知识点的应用。

　　1. 工艺流程　依托虚拟仿真模拟，掌握原料药及其制剂生产中通用的工艺流程，即原辅料加料、反应部分、分离部分、纯化部分和"精烘包"GMP 相关内容，将药物化学与制药工艺学等学科的知识点有效地展示其中，并有助于理解专业理论知识在工业化生产过程中的应用，为今后从事药物生产所需的工艺流程设计和开发奠定坚实的专业基础。

　　2. 设备原理　结合虚拟仿真过程，会呈现出原料药及其制剂生产中所涉及的常用化工设备与机械，能有效帮助学习者掌握设备的结构大小、工作原理和材质及运行参数情况，将化工机械设备基础与药厂设备及车间工艺设计等学科的知识点融于其中，为医药生产中的设备选型提供有益帮助。

　　3. 过程控制　无论是虚拟仿真训练，还是单元操作工程化模拟，"三传"（动量传递、能量传递和质量传递）都是医药化工生产中不可缺少的过程，都需要阀门和仪表控制，如温度表、压力表、球阀、截止阀等。理解和掌握它们，就能实现医药生产的过程控制。同时，医药产品是特殊商品，有着严格的质量标准。"精烘包"GMP 车间的认识，对化工仪表及自动化、药品生产质量管理规范、药品质量管理工程等学科的知识点而言，是一个很好的诠释，将会帮助下学习者有更好的理解。

　　4. 单元操作　掌握原料药及其制剂生产中通用的单元操作，如真空加料、回流、（真空）浓缩、结晶、重结晶及造粒、制粒、包衣、压片等，是化工原理、制药分离工程、工业药剂学等学科知识点的再现与应用,并对这些单元操作进行实际验证,通过实际动手操作,启发学生的工程化思维模式,提升工程能力。

二、虚拟仿真技术的定义与分类

虚拟仿真是通过计算机软硬件技术,将物理世界的对象、业务逻辑等元素进行抽象建模,在虚拟世界进行真实还原,使用者通过外设硬件与虚拟世界中的人、物、事件进行互动。虚拟仿真是一种通用的底层技术,按硬件交互方式和沉浸式体验效果,一般可以分类为桌面虚拟仿真系统、沉浸式虚拟现实(virtual reality,VR)系统、增强现实(augmented reality,AR)系统和混合虚拟现实(mixed reality,MR)系统。

1. 桌面虚拟仿真系统 桌面虚拟仿真系统最经典的应用场景就是虚拟仿真实验。它将计算机屏幕作为用户观察虚拟世界的窗口。通过使用各类输入设备从而达到虚拟与现实世界交互的目的,这些外部输入设备主要是键盘和鼠标。它要求参与者使用输入设备,通过计算机屏幕观察使用三维建模技术搭建的虚拟现实世界,并操纵其中的物体。在桌面虚拟现实技术下,参与者缺少完全的沉浸体验,因为其仍会受到周围现实环境的干扰,这也是桌面虚拟现实的特点。但是桌面虚拟仿真系统开发和使用成本相对较低,因此应用较为广泛。

2. 沉浸式虚拟现实系统 沉浸式虚拟现实系统利用头盔式显示器或其他设备封闭的场景和音响系统将用户的视听觉和外界隔离,使操作者完全置身于计算机生成的新的、虚拟的空间,并利用位置跟踪器、数据手套、其他手控输入设备、声音等使参与者产生身临其境的感觉,为使用者提供完全沉浸式的体验。沉浸式虚拟现实系统的特点是高度的实时性、高度的沉浸感,与之相适应的,就需要先进的软硬件、并行处理的功能、良好的系统整合性,因此所需要的开发、使用成本也较高。常见的沉浸式虚拟现实系统有基于头盔式显示器的系统、洞穴式虚拟现实系统、座舱式虚拟现实系统、投影式虚拟现实系统、远程存在系统。

头盔式虚拟现实系统是虚拟现实系统最为普遍的一种应用方式,它采用头盔显示器实现对单个用户的立体视觉、听觉输出,使操作者可以完全沉浸在其中。

3. 增强现实系统 由于 20 世纪 60 年代以来计算机图形学技术的迅速发展,增强现实系统也由此产生,是近年来国内外众多知名学府和研究机构的研究热点之一。它借助计算机图形技术和可视化技术产生现实环境中不存在的虚拟对象,并通过传感技术将虚拟对象准确"放置"在真实环境中,借助显示设备将虚拟对象与真实环境融为一体,给使用者一个感官效果真实的新环境。因此,增强现实系统具有虚实结合、实时交互和三维注册的特点。

常见的增强现实系统主要包括基于台式图形显示器、单眼显示器、光学透视式头盔显示器(optical see-through head mounted display)和视频透视式头盔显示器的系统。

增强现实性的虚拟现实不仅是利用虚拟现实技术来模拟现实世界、仿真现实世界,而且要利用它来增强参与者对真实环境的感受,也就是增强现实中无法感知或不方便的感受。例如用于指导操作人员对制药设备进行操作、维护保养,可免去操作者查阅说明书的麻烦,对于初学者也可以提供很好的辅助教学作用,增强其理性认知和感性认知。

4. 混合虚拟现实系统　混合虚拟现实系统是增强现实技术的进一步发展,该技术通过在虚拟环境中引入现实场景信息,在虚拟世界、现实世界和用户之间搭起一个交互反馈的信息回路,以增强用户体验的真实感。混合虚拟现实系统可以在日常工作的真实环境中为使用者提供他们最为需要的信息,包括岗位操作培训、设备维护手册、物联网(internet of things, IoT)数据展示及远程专家指导等。在使用头戴式 MR 眼镜的时候,完全不影响使用者对身边真实环境的观察,并能解放出双手进行操作。

三、虚拟仿真在实训教学中的应用

虚拟仿真实验具有可视化、交互性、沉浸感等特性,已成为高校实验与实践教学的重要组成部分,是一种全新的教学模式和教学方法。通过虚拟仿真实验教学,教师和学生在高度仿真的场景中安全、高效地开展教、学、练、考,不仅可以节省大量时间和费用,避免操作实际设备可能带来的危险,还能有效提高学生的创新能力及实践能力。

虚拟仿真实验与综合实训是互补关系,虚实结合、能实不虚是实验与实践教学的总体指导原则。在综合实训教学中,虚拟仿真实验具备诸多优势和价值。

1. 辅助大型试验仪器设备的安全使用　通过虚拟仿真实验,学生可以进一步学习大型仪器设备的安全操作要领,考核通过后,可以进行实际的综合实训操作,这样能最大程度地降低因误操作而造成设备装置损坏的可能性。

2. 帮助理解和学习专业课程　复杂而抽象的专业课程,仅凭简单的课堂讲解或平面多媒体辅助教学,学生很难对生产工艺与设备有深刻的理解;而通过虚拟仿真技术,将工程设计、工艺原理、工艺规程、设备结构与原理等直观地呈现在学生面前,在接近真实生产环境的虚拟现场看到各种化工制药设备的可视化运转过程,能大大调动学生的学习积极性和主动性,起到事半功倍的学习效果。

3. 虚拟仿真实验可以部分或全部替代高危险、高污染、高洁净及高消耗、高成本的实践环节,从而有效缓解现实实践教学资源不足的问题,降低安全风险。

总体来说,虚拟仿真实验对综合实训的影响可以从三个不同的维度进行分析。

对于教学而言,从各种简单的、操作性的过程性指导中解放出来,才能更加聚焦于对学生实验方法、创新思维、解决问题思路等的高阶指导。借助于虚拟仿真实验系统,能够实现师生交流、教学评价的信息化,提升实验教学的一体化管理水平,全程监控、记录、分析学生做实验的过程,并给出结论或合理化建议。在教学过程中,课前预习、课程指导和课后复习可以调整至线上进行,从而大大减少教师的机械重复工作,提高教学资源的管理效率,提升学生的自我学习能力,让教师专注于实验内容的创新建设,聚焦学生的高阶指导教育。

对于实训而言,虚拟仿真软件可以让学生在安全的环境中进行实训教学,避免了学生操作危险设备而导致的意外伤害和企业的不必要损失;可以提高学生的实践能力和综合素质,增强其应变能力和危机意识,使学生能够更好地适应未来的工作需求;虚拟仿真软件的应用还可以降低企业的培训成本和时间成本,增强培训效果和效率。

从更大范围来讲,对于高校、行业产业而言,虚拟仿真实验能够在一定程度上解决优质实验资源的广泛共享、实验资源和产业需求转化等问题。虚拟仿真实验能够实现资源的充分使用和更大范围开放共享,优化资源的配置,推动优质教学资源在不同地区、不同学校间的应用。

第二节　虚拟仿真实验常用的模块设计

一、工程设计模块

该功能主要提供药厂工程设计中的相关设计规范、设计文档、工艺流程、辅助专业设计等资料,尽可能从基础设计理论、三维工程设计规范、施工过程可视化、多专业协同设计、建筑信息模型技术(building information modeling,BIM)等多个角度帮助学生理解实际制药工程设计的先进概念,建立初步的工程设计认知学习能力,帮助学生提高工艺系统设计、设备选型与布置、车间布局、GMP 与车间设计、工程施工等知识的综合应用能力。

1.**设计图纸**　工程设计模块能够提供工艺系统、供热通风与空调系统(heating,ventilation and air conditioning,HVAC)及消防系统、给排水系统、供电系统、制冷系统、"三废"处理系统等主辅专业图纸,图纸的专业深度和出图规范可达到制药工程初步设计或详细设计阶段的标准。以固体制剂 GMP 车间设计为例,应提供的专业图纸至少包括:①固体制剂车间平面布置图;②设备布置图;③管道布置图;④工艺流程图;⑤HVAC 及消防系统布置图等。

2.**设计文档**　工程设计模块应能提供工艺流程图、相关设计文档电子书,帮助学生加深对药厂工艺设计流程的理解,并可为相关工作提供借鉴。设计文档中包括制药工程设计过程中所涉及的物料计算、能量衡算、工艺设备选型、生产班次等相关设计内容。

3.**基于沙盘的工程设计知识动态讲解**　作为工程设计模块功能的提升和补充,应能提供生产车间总图、沙盘系统和设计规范的统一化讲解功能,动态介绍车间布局、主管设计等GMP 设计原则和工程设计规范,并提供基于总图,动态演示生产线的施工过程 4D 动画。

4.**多专业协同设计知识点讲解**　作为工程设计模块功能的提升和补充,应能提供多工艺设备、公用工程等专业的设计参数、设备型号、图纸、使用手册等属性与车间三维漫游模型的动态关联,可实时进行相关设计信息的查询和动态浏览,帮助学生建立 BIM 技术在药厂建设全生命周期中的应用概念。

二、设备仿真模块

由于制药生产企业高洁净度、高温高压等特性,学生到制药生产企业里的实习往往是"只能看不能动"的偏表面的实习,较难达到实习的目的,更难深入了解设备的工作原理、适用范围、操作方法等,从而影响教学效果。所以,化工与制药类虚拟仿真教学需要对设备进行全方位的解析。

药品生产是一个规模化、产业化的行业,其生产离不开大型设备。学生往往只能参观拍照,听老师口头介绍其工作原理来了解设备,受制于设备高成本、生产洁净度要求等原因学生很难进行亲自动手操作,达不到认识设备、掌握设备的要求,虚拟仿真则能很好地解决这个问题,让学生深入了解设备的基本构造、工作原理、运行方式。

实验设备在制药行业中起着至关重要的作用,要想实现制药行业虚拟仿真,首先要实现设备仿真。制药设备包括化学原料药制药设备、中药制药设备、生物制药设备和药物制剂设备。

以反应釜等为例,简述一下化学原料药设备的虚拟仿真。

1. **反应釜的初步认识** 反应釜的工作原理是通过向反应釜夹层注入恒温的(高温或低温)热溶媒介或冷却媒介,对反应釜内的物料进行恒温加热或制冷。同时可根据使用要求在常压或负压条件下进行搅拌反应。物料在反应釜内进行反应,并能控制反应溶液的蒸发与回流。反应完毕,物料可从釜底的出料口放出。图6-1是传统的反应釜结构图。

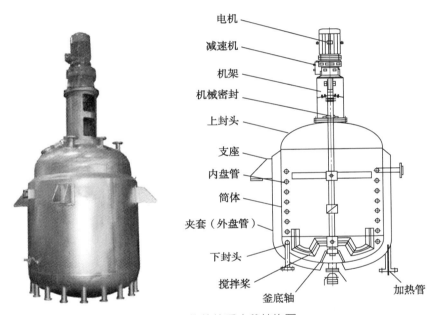

图 6-1 传统的反应釜结构图

传统反应釜从正面看,是一个圆柱腔体,腔体周围分布有管道接口,腔体上方连有机械搅拌配套装置。虚拟仿真可仿真出设备主要构造,以便操作者对每一个结构的名称、基本作用进行初步学习。

2. **建模** 所有的制药设备都是根据现场测量数据或实物照片通过 CAD 或 3DMAX 等软件,先将长、宽、高等参数进行输入,然后建立出的设备模型。仿真操作者可以从正、侧、俯方向全方位观察反应釜的结构,同时可对设备进行局部放大、缩小,可以更好地了解设备的细节,相比于课堂上语言描述、现场参观更加直观清楚。

3. **主要部件选择** 反应釜为双层釜体,中间夹层可添加不同的媒介,如油、水,不同的媒介有不同的使用条件,操作者要掌握不同媒介所能控制的温度范围;搅拌桨也有不同的规格、形状,操作者首先会学习不同类型的搅拌桨,然后根据生产工艺的要求,进行选择;温度计的选择;等等。腔体上方连接压力表、调速装置,下方连接放料阀。

4. 细节修饰 如阀门、仪表、材质、温度计套管等。

在日常生产中，由于看不到腔体内部的工作状态，在监测反应时往往需要从出料口放少许料液来判断反应进程，操作不便，但是在虚拟仿真中，可以通过透视实现内部状态的可视化，更直观地检测反应的进行。

三、工艺操作仿真模块

基于制药生产企业需要满足 GMP 相关要求，对不同的生产工艺需要不同的洁净度要求，所以在教学实习中，大多数制药企业不愿意接受学生进行参观及生产实习，所以通过仿真建模的方法，让学生了解相关制药工艺流程可以很好解决这个困境，符合国家对应用型人才的培养需要。

仿真生产操作规程应根据不同药物生产的工艺流程，以标准操作为基础，实现真实再现模拟，包括生产前准备、生产过程操作、生产结束及后处理等步骤或者环节。

工艺仿真能够在三维沉浸感的虚拟环境中真实再现一个具体的工艺过程，并且允许用户实时操作工艺设备或改变相关参数。它是产品设计与制造过程的有力辅助工具，它也允许用户在产品开发或生产规划阶段对产品的工艺过程进行仿真和评估，从而能够检验既定生产工艺和优化生产工艺。

1. 化学原料药工艺操作仿真 与教学、研究不同，工业原料药的合成一般是千克、吨级的，所以一般的玻璃仪器无法满足企业生产。在原料药生产企业，主要的反应工具是反应釜，结合管路设计进行原料药的合成。以下介绍化学原料药的合成工艺仿真。

首先应熟知化学原料药生产反应属于什么类型的反应、是否有什么特定的要求，例如，无氧、无水、高压等。然后根据反应类型进行工艺的确定。由于化学反应类型千差万别，此文不能一一详述，将以主要反应类型的工艺进行简要论述。

根据原料物性的不同，采取不同的工艺，固体物料主要通过加料口直接加样；液体、气体物料，通过管路进样先关闭所有阀门，打开真空阀，关闭真空阀，打开进料阀进料。仿真要求为：准确找出加料口位置、掌握各种阀门的开启顺序。常见的反应类型为加热回流反应，对于这类反应首先要了解反应条件的温度，以及溶剂的沸点，具体工艺要求是投料完成后，设置好反应温度，观察温度示数，达到所设温度后进行计时来确定反应时长，打开管道冷凝水，对于特殊要求的反应，例如，无水无氧反应需要在进行投料前进行反应器的充分干燥，然后进行氮气的置换，达到反应要求。仿真要求是：在给定反应中，操作者可以学习该反应所需要的反应条件，从而进一步了解所需要的工艺要求，然后给定一个常见的反应类型，模拟操作，从而掌握该工艺。

反应结束后，需要对反应液进行加工处理，得到纯净的产物。根据反应液的特性进行不同的工艺，对于固、液两相操作，先进行过滤分离，拿到粗产品，如果原料药在液体中，则进行减压蒸馏操作。对于原料药在固体中，往往采取重结晶操作拿到产物。对于均相反应液先进行萃取，之后进行减压蒸馏操作。拿到原料药的精制品后进行烘干，包装。仿真要求为：反应结束后操作者可以判断反应液的物性，选择正确的操作流程，然后进行下一步，在学习阶段辅以文字、语音提示。

2. 中药工艺操作仿真　中药的生产工艺仿真分为两个部分,第一部分是中药饮片生产工艺仿真,另一部分为对中药前处理生产工艺的仿真。

（1）中药材的初步处理:中药的种类有很多,有植物、动物、矿物等,需要根据所生产的中药类型进行工艺的处理。在具体仿真中,将显示出植物、动物、矿物等的具体处理方法,引导操作者进行学习,然后主要以其中一种类型进行考核。以下以植物用药为例进行阐述,首先在拿到一个植物类中药材后,将仿真判断是植物的什么部位入药,根、茎、叶等,然后对不可入药部位进行切除,当然全植株入药省略此步骤,之后对该部位进行清洗和简单消毒处理。

对于特殊中药材需要进行炮制,炮制药材可以产生解毒、抑制偏性、增强疗效的作用。常见的操作方法是火制、水制等,仿真模拟火制、水制的方法。以火制为例,火制分为炒、炙、煅、煨、烘焙等,操作者模拟进行火制操作,学习了解火制的目的。

（2）中药材的切制、粉碎:中药材的切制主要针对中药饮片来说的,主要是将药材简单切制后,达到《中药材生产质量管理规范》(good agricultural practice for Chinese crude drug, GAP)标准就可以进行包装出售。这部分主要仿真可以直接切制包装的药材,操作者在拿到中药材后,将药材放入到切制设备中,然后设置需要切制的厚度,启动设备得到所需要的中药饮片。

中药材的粉碎是对于那些不保留中药外形的中药来说的。设备仿真首先是对中药材粉碎设备的进一步认识,之后操作者将中药放入粉碎设备中,模拟开启,设定粉碎时间,粉碎时间的选择与中药粒径的需求相关,需要操作者进行自主选择,得到符合的要求的粒径粉末。

（3）中药材提取:中药的提取工艺也是错综复杂的,需要根据所要提取中药活性成分的主要性质进行提取。仿真现阶段中药提取主要工艺,如煎煮法、浸渍法、水提-醇沉法等,对这些方法进行浸入式学习。以水提醇沉工艺仿真为例,对于含有一些糖苷类、鞣质等强水溶性成分的中药,将粉碎好的中药加至提取罐中进行提取,设定提取温度,提取完成后加入适量的乙醇将一些淀粉、蛋白质等沉淀除去。放出提取液,对中药粉末进行二次、三次提取。提取液经过浓缩得到中药粗品。

（4）中药材的精制:中药材提取后需要进一步进行精制,除去其中的一些无效成分,可采用沉降、离心、滤过的分离方法。然后对精制后的提取液进行蒸发浓缩处理,得到高浓度的浓缩液或浸膏,灭菌包装处理。

操作者仿真模拟,进入车间,将中药粗品转移到浓缩罐中,设置浓缩时间、温度,判断是否需要进行减压。得到精制品后还需要对中药进行灭菌处理,操作者需要选择灭菌方式、灭菌时间、温度、压强等条件,最终得到中药浸膏。

3. 生物制药工艺操作仿真　相对于传统的制药技术来说,现代的生物制药技术很好地弥补了其存在的不足与缺陷,实现了制药技术水平的大幅度提高。现阶段,较为常见的生物制药技术有细胞工程制药、发酵工程制药及酶工程制药。

（1）细胞工程制药仿真:细胞工程制药是细胞工程技术在制药工业方面的应用,主要涉及细胞融合技术、细胞核移植技术、染色体改造技术、转基因技术和细胞大规模培养技术等。

仿真学习细胞工程制药在制药领域具有重要作用,可以让学生学习细胞工程是如何应用到药物合成上的。现阶段的细胞工程制药以单克隆抗体制药为主，仿真模拟单克隆抗体制药工艺。以鼠源性单克隆抗体的生产工艺为例（图6-2），操作者模拟给小鼠注射抗原，分离得到B淋巴细胞，将B淋巴细胞与骨髓瘤细胞在聚乙二醇作用下融合，在次黄嘌呤、氨基蝶呤和胸腺嘧啶核苷（hypoxanthine\aminopterin\thymidine，HAT）培养基中培养，得到杂交瘤细胞，进行抗体检测，对杂交瘤细胞进行筛选，只有能够产生特异性抗体的杂交瘤细胞才是抗体药物制备所需要的。得到的杂交瘤细胞进行培养，分为体外培养法和体内培养法。培养结束后进行分离纯化，将纯化后的单克隆抗体制备成诊断试剂或冻干粉针剂等剂型，供临床使用。

（2）发酵工程制药仿真：微生物发酵制药是在发酵罐中培养微生物，从发酵液中提炼药品的工艺。发酵制药工艺基本包括菌种选育、发酵培养、分离纯化三个基本工段。发酵制药工艺如图6-3所示。

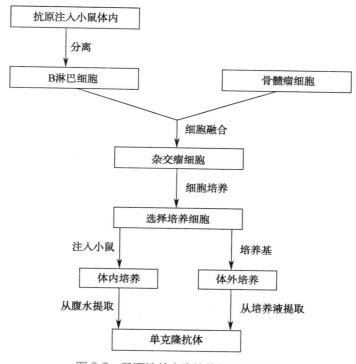

图6-2　鼠源性单克隆抗体的生产工艺

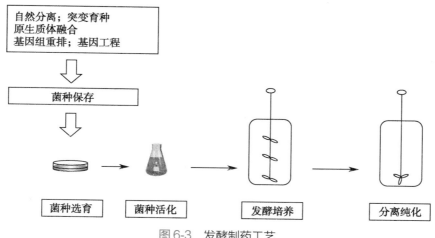

图6-3　发酵制药工艺

1）仿真学习发酵工艺的优点和适应特点，模拟发酵工程制药的基本工艺流程：操作者从科研单位获得生产菌种，仿真学习了解生产菌种与普通菌种的异同，以及生产菌种的获得方法。

2）对生产菌种进行活化处理：操作者将会模拟进行无菌操作，仿真学习无菌操作的方法和无菌条件的保证。

3）发酵培养：控制发酵温度、pH、罐体压力等，同时模拟定期取样检查菌种形态，产量测定，严防杂菌污染。

4）发酵完成后：对发酵液过滤或离心，纯化后进行质量检验包装。

操作者进入发酵车间，首先对全身进行消毒处理，对超净工作台消毒，准备好接种工具，灭菌处理两小时。之后模拟进行无菌操作，将菌种接种到培养基上。接种完成后将培养基放入恒温培养箱中培养，几天后对菌种进行观察，观察是否有杂菌生长，没有杂菌继续进行活化处理，将菌种无菌培养到锥形瓶中，放入恒温摇床中培养几天，观察菌种生长，没有杂菌生长就可以转移到发酵罐中。操作者首先对发酵罐进行整体消毒，然后将活化培养液倒入发酵罐中进行发酵培养。定期观察菌种生长情况，操作者模拟进行记录。培养结束后，操作者将发酵液取出，进行分离纯化处理，最终得到药物的精制品。

（3）酶工程制药仿真：酶工程制药是提取生物活细胞产生的具有特殊催化功能的一类生物活性物质，这种物质是可用于预防、治疗和诊断疾病的一类酶制剂。

仿真学习什么药物可以通过酶工程提取得到，然后模拟酶工程制药工艺流程（图6-4）。操作者会拿到一种生物材料，仿真学习已知酶在何种生物材料中含量最高，操作者学习之后将对一种生物材料进行预处理，生物材料拿到都是比较大的组织，需要绞碎、冷冻等处理以便于提取。预处理后模拟酶提取，主要有水溶液法、有机溶剂法、表面活性剂法，掌握每种操作的方法、特点。最后对酶进行纯化，经检测得到酶制剂成品。

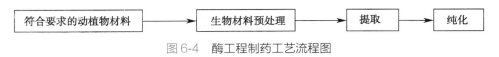

图6-4　酶工程制药工艺流程图

4. 制剂工艺操作仿真　制剂工艺仿真包含的种类繁多，主要分成四大类：固体制剂的制备工艺仿真、半固体制剂及其他制剂制备工艺仿真、液体制剂制备工艺仿真及灭菌和无菌制剂制备工艺仿真。以下将从这四个方面的仿真工艺进行阐述。

由于不同制剂生产工艺对于洁净度的要求不一，仿真实现各种洁净度等级，供操作者进行选择，在选择好洁净等级后才可以进行后一步操作。

（1）固体制剂制备工艺操作仿真：常见的固体制剂有散剂、片剂、胶囊剂和膜剂等，在药物制剂中约占70%。仿真实现各种剂型的特点，以及他们制备的要求是什么，供操作者进行学习。在学习结束后，操作者可以模拟完成整个工艺流程，以便更好地学习掌握。以下将以片剂的制备工艺仿真为例。

操作者模拟进入制剂生产车间，根据药物的性质选择制备方法。制粒压片法和直接压片法，仿真显示两种制备方法的特点供操作者学习。例如，选择湿法制粒压片法，是将药物和辅料的粉末混合均匀后加入液体黏合剂制备颗粒，后经过干燥压片得到成品，工艺流程图如图6-5所示。

（2）半固体制剂及其他制剂制备工艺操作仿真：半固体及其他制剂包括软膏剂、眼膏剂、

图 6-5 湿法制粒压片法工艺流程图

凝胶剂、栓剂、气雾剂等。

仿真半固体制剂的主要特点：操作者通过学习能够了解每一种剂型的归类，以及一般的制备方法。操作者可以选择某一个剂型，然后进行该剂型的生产模拟操作。例如，选择栓剂，将会仿真出栓剂的基本知识点、栓剂的定义和给药特点等，同时要求操作者进行模拟操作栓剂的三种制备工艺（搓捏法、热熔法、冷压法），最后了解栓剂的质量要求。

（3）液体制剂制备工艺操作仿真：液体制剂指药物分散在适宜的分散介质中制成的液体形态的制剂，可供内服或外用。液体制剂按照分散系统分为均相液体制剂和非均相液体制剂。

仿真显示均相液体制剂和非均相液体制剂的异同点和具体的制备工艺：以非均相液体制剂的乳剂为例，仿真学习乳剂的定义，即指两种互不相容的两相液体，其中一相液体以液滴状分散于另一相液体中形成的非均相液体制剂。根据定义来模拟学习制备工艺。由定义可知，有两相液体，工艺上分为油中乳化法、水中乳化法、油相水相混合加至乳化法及机械法。以油中乳化法为例，操作者根据药物性质，选择油中乳化法制备工艺，将乳化剂与油混合均匀，加入水，研磨形成初乳，再逐渐加水稀释至全量。

（4）灭菌和无菌制剂制备工艺操作仿真：灭菌与无菌制剂主要指直接注入人体或接触创伤面的一类药剂。

灭菌和无菌制剂主要分为注射剂、注射用粉针剂、滴眼剂等。仿真学习每种类型的药物特点，之后操作者模拟每种类型的操作工艺：以注射剂为例，首先对注射用水进行检查，检测是否符合制备要求，如热源、重金属等，之后操作者要学习主要的灭菌方法，然后选择合适的灭菌方法对制备原辅料等进行灭菌处理。准备工作完成后，进行工艺制备，先查看原辅料是否都符合《中国药典》（2020 年版）规定的质量检查标准与含量限度。经计算准确投料，搅拌混合，混合均匀后滤过处理，灌封，灭菌，检漏，质量检查，最后包装。其关键流程如图 6-6 所示。

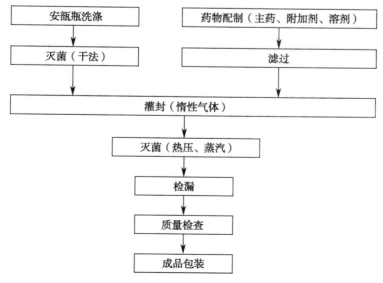

图 6-6 注射剂制备的关键流程

四、生产操作仿真模块

生产操作仿真模块是制药工程虚拟仿真实训软件的核心模块，一般是以工程设计为基础，通过 3D 设备和场景建模，以及后期的模型处理、场景渲染、交互开发，将药品生产过程中的质量管理、工艺执行等系统化知识点进行模拟与集成，配合制药工程本科教学中的化工原理、制药工程设备与车间设计、制药工艺学等课程及其专业实习与实践教学。

生产操作仿真一般有两种设计和使用方法：一是单元化工段操作仿真使用；二是基于闯关模式的全流程工艺操作仿真使用。前者主要以岗位的生产操作实训为主要教学目的，后者以完整的工艺流程为主线，在实现具体工艺岗位生产操作实训的同时，帮助学生建立从工艺、工程设计到药品生产质量管理的全流程概念，以实现培养学生综合设计实验的教学目标。

以中药三七总皂苷提取的生产流程为例，通过完整的厂级规模的生产流程，详细的岗位操作实训，让学生完整地了解和熟悉药品生产过程中的生产质量管理体系和新版 GMP 标准中对于人流、物流和工器具流的规范要求。全三维沉浸式立体交互模式可进一步方便学生提高对整个药品生产全过程的认知学习。

特色功能：

（1）基于厂级规模，具有闯关功能的三七总皂苷提取生产的岗位操作流程依次为：前处理→提取→过滤→一次浓缩→水沉→离心→脱糖/洗糖/洗脱→脱色二次浓缩→收膏→调配→喷雾干燥→收粉。

（2）在生产操作实训模拟过程中，能够动态接入相关的知识点（GMP、工艺数据、实景视频等）。

实训操作内容包括或不限于如下岗位标准操作规程（standard operating procedure，SOP）：①多功能提取；②双效浓缩；③水沉；④离心；⑤洗脱；⑥脱色；⑦球形浓缩；⑧收膏；⑨调配；⑩喷雾干燥；⑪收粉。

五、药品检验仿真模块

1. 药品检验仿真模块　通常包括：①中间体或成品的质量检测，检测内容可依据《中国药典》（2025 年版）的要求选择相关检测内容进行 3D 场景下的模拟；②药品生产过程中的主要验证内容进行 3D 场景下的模拟。

以固体制剂 GMP 药品检验仿真模块为例，一般是以固体制剂生产车间为环境主体，包含药品生产过程中最重要的三大验证：环境验证、水验证、中间体检测。重点如下。

（1）让学生了解和熟悉环境验证的验证内容及验证流程，并对其在药品生产过程中的重要作用有一个认知。

（2）让学生了解和熟悉药厂纯化水制备和注射用水制备过程中需要验证的内容和方法。

（3）中间体检测主要为了让学生了解药品检测的内容和检测方法。

检验模块的内容包括：①HVAC 环境系统验证；②水系统验证；③中间体检测。

HVAC 环境系统验证项目包括但不限于：①洁净房间悬浮粒子；②房间温、湿度/压差；

③房间浮游菌；④房间沉降菌；⑤不挥发性物。

水系统验证项目包括或不限于：①不挥发物测试；②酸碱度和电导率测试；③计数性培养基适用性检查；④培养基的制备；⑤微生物限度检查。

中间体检测项目包括或不限于：①片剂硬度检测；②溶出度检测；③脆碎度检测；④含量检测。

六、中控仿真模块

中控仿真模块是在 3D 场景下模拟实际药厂的中控室功能，通过大屏和数据检测与监控系统实现远程对设备运行、工艺执行的控制。其中，通过中控仿真模块模拟实训原料药生产的分散控制系统（decentralized control system, DCS）最为典型。

虚拟 DCS 具有与真实 DCS 完全一致的结构和功能，系统通过演示 DCS 控制系统的操作以及反馈动画效果，为学生提供了一个可以任意发挥的试验机。同时，其具有与真实机组相同的数据结构，能够复现真实 DCS 记录下的运行过程，提供运行分析的平台。利用 DCS 的分析研究功能，可有效加深运行人员对专业知识的理解，有效提高运行人员的操作技能、应变能力和熟练程度，使学生经培训后能熟练地掌握机组启停过程和维持正常运行的全部操作，掌握处理异常、紧急事故的技能，提高实际操作能力和分析判断能力，训练应急处理能力，确保实验安全运行。

七、考核模块

考核模块是虚拟仿真实训软件的基本功能。教师可通过评价考核系统组织学生进行仿真系统的学习和考核，学生也可进行自我鉴定。学生进入考核状态后，和自主学习模式不同，系统所有引导指令或提示全部取消，学生应通过所学知识，自主进行实验操作，系统对操作时间、操作准确程度进行相关分数评定（计入最终考核）。

该系统可进行机房内的仿真培训和考核，也可通过网络端的仿真试卷进行人员的集中或分散考核。根据学生操作和系统评分规则，仿真教室内，教师端远程控制学生机，以学生机的站号为主，所有操作都针对机器，启动软件、保存成绩与学生姓名无关，为了统计成绩方便，需要将站号与学生姓名对应。在仿真实验结束后，学生自主提交或者考核时间到后展示考核结果，可展现每一步操作的考核成绩。

良好的虚拟仿真考核模块应具备以下特征与功能：①具有灵活的题库扩展功能，支持用户进行自定义题库的导入与修改；②可以自动生产实训报告，包括用户软件使用过程中的行为记录、思考题的录入与编辑等。

第三节　制药工程虚拟仿真实训的综合案例

化学原料药生产实训、生物制药生产实训、中药提取生产实训、固体制剂 GMP 生产实训、液体制剂 GMP 生产实训等是制药工程虚拟仿真综合实训的常见 5 类软件产品。

为了辅助制药工程本科教学中的制药工程设备与车间设计、制药工艺学等课程及其专业实习与实践工作，这类产品通常可提供两大类功能：一是面向学生实践实习的仿真实训，提供非交互式的漫游式场景视频或仿真视频，使学生获得较为直观的、形象的制药生产企业及其生产线概况。二是面向专业设备与课程设计，以及制药工艺学的教学要求，提供多视角、多层面、多参数模拟的生产线、生产设备及其工艺过程，并在具体的过程中实现交互，使学生获得有关生产流程、设备构造、设备原理、设备性能的知识，以超越平面教材的生动、形象、直观的方式服务于教学工作。

由于产品涵盖工程设计、设备与工艺、生产操作、质量管理等专业学科，制药工程虚拟仿真具有明显的综合性能。制药工程虚拟仿真综合实训产品一般采用统一的系统架构，以便维护和服务。依据专业特点和教学目标要求，设置核心模块，包括工程设计模块、设备与工艺仿真模块、生产操作模块、系统管理与在线考试模块等。

下文将简要介绍制药工程虚拟仿真综合实训的常见 5 类软件产品的教学功能、系统功能，相同模块内容不做重复讲解。

一、化学原料药生产虚拟仿真综合实训软件

1. 产品简介　以缬沙坦的生产工艺为例，化学原料药生产虚拟仿真综合实训软件为基础，通过严格的制药工程设计流程，全三维高度沉浸式交互体验，重点展现化学合成原料药的生产工艺过程和药厂的生产质量规范及最新 GMP 标准。

产品功能由工程设计模块、厂区漫游模块、设备仿真模块、工艺仿真模块、生产操作仿真模块、生产验证 / 检验模块、考核模块、系统管理模块组成。由厂区（产品）初步设计说明开始，辅助使用者学习产品初步设计说明书、各专业图纸、物料衡算、暖通布局等知识；熟悉产品初步设计后，进入 3D 全仿真厂区漫游学习，学习车间布局、设备运转知识，同时辅助生产设备仿真模块熟悉药品生产过程装备的构成、运行原理，并能够利用工艺仿真模拟如氢化工艺、萃取工艺、结晶工艺等不同工艺流程，扩展知识领域，最后进入全仿真生产车间，完成模拟生产流程操作。

2. 功能介绍

（1）生产工艺：以缬沙坦化学原料药生产工艺为主线，通过严格的制药工程设计流程，全三维高度沉浸式交互体验，重点展现从氢化到外包等一系列生产工艺过程，以及药厂的生产质量规范及最新 GMP 标准。核心工艺和生产岗位包括但不限于：氢化→减压浓缩→萃取→减压浓缩（萃取后）→结晶→离心→干燥→脱色→结晶干燥→粉筛→总混→内包→外包。

（2）综合实训内容

1）辅助工程设计：提供化学原料药药厂（缬沙坦生产）整体设计方案、PID 图纸、厂区车间布置图纸等为学生提供工程教学素材。

2）设备原理与拆装：提供基于药品整体生产的原料药到制剂一体化三维设备库，能够通过该功能学习设备原理，了解设备组成，并能对设备进行简单的拆装组合。

3）工艺原理认知：提供如氢化工艺、萃取工艺、减压浓缩工艺、结晶工艺、脱色工艺等三

维动态展示，能够通过该功能完成工艺学习，了解设备的工作原理。

4）厂区漫游学习：提供原料药到制剂一体化的三维厂区漫游功能，能够通过该功能完成包含氢化至外包的整体生产线浏览，同时能够形象展示厂区布置、风向及设备信息等。

5）生产岗位实操：提供化学原料药生产完整的工艺岗位操作，能够通过该功能进行工艺规程认知学习、GMP 质量管理、岗位生产操作。

（3）支撑实验课程：化学原料药生产虚拟仿真综合实训软件支撑实验课程见表 6-1。

表 6-1　化学原料药生产虚拟仿真综合实训软件支撑实验课程

序号	实验课程名称	所开设实验项目名称	实验学时数	实验类型	每组人数/人
1	制药工艺学实验	氢化还原反应实验 化学药物合成工艺实验 离心工艺演示实验	2	综合性	40
2	制药机械与设备基础实验 药物合成实验	氢化反应釜实验 化学类药物的制备实验 化学药制备设备装置实验	3	综合性，验证性	
3	制药工程学实验 制药工艺学实验 GMP 管理工程实验	化学合成药厂区布局 化学原料药车间设计 生产 GMP 管理学习 厂区及车间实训见习	2	设计性，演示性	
4	制药工程实践	原料药工厂三维虚拟仿真生产实训	4	综合性，设计性	

3. 模块功能简述

（1）工程设计模块：借助于化学原料药厂房和车间生产线的工程设计中的相关设计规范、设计文档、工艺流程、辅助专业设计等资料，尽可能从基础设计理论、三维工程设计等多个角度帮助学生理解制药工程设计的概念，建立初步的工程设计认知能力。提供化学原料药生产工艺流程图和工艺流程框图、相关设计文档电子书（图 6-7），帮助学生加深化学原料药生产工艺设计流程的理解，并提供借鉴。

1）工程设计模块主要为学生提供化学原料药生产线工程设计的学习资料，包含产品设计说明、工艺流程图、施工图等。

2）工程设计模块作为制药工程教学的核心，主要通过工程设计图纸，为学生学习实际工程设计提供可参考的设计规范及图例规范。

（2）厂区漫游模块：学生自我操作，对厂区布置与布局、车间设备和生产线等进行漫游学习（图 6-8）。厂区规划漫游的重点主要包括辅助生产车间（如锅炉房）、仓库、化验检测、工厂管理、道路运输、废水处理、卫生绿化等设施。车间漫游的重点主要包括全厂布局漫游、生产车间漫游［氢化→减压浓缩→萃取→减压浓缩（萃取后）→结晶→离心→干燥→脱色→结晶干燥→粉筛→总混→内包→外包］。重点展示生产线上的代表性设备、设备布局、过程管道、物料流程、仪表控制等。

1）厂区 3D 漫游按照化学原料药药厂区布置原则，首先还原厂区外围环境，包括道路、绿化、生产区防火布局、公共设施区防火布局等。

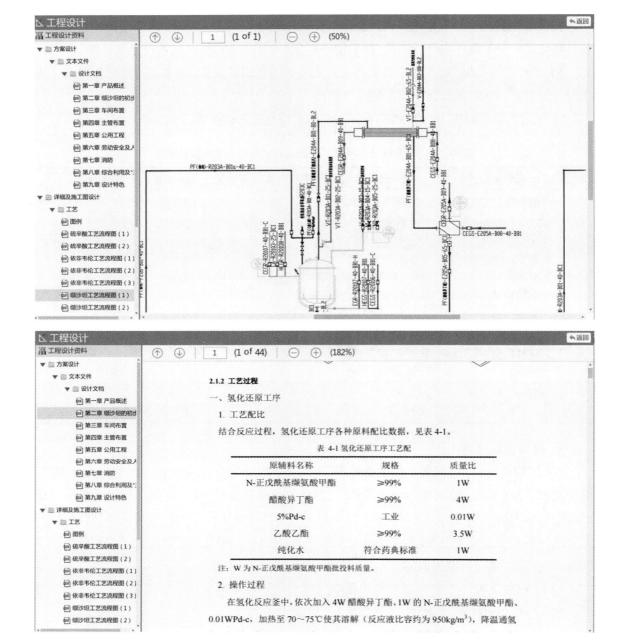

图 6-7　化学原料药生产工程设计模块图例

2）厂区 3D 漫游将厂区外围和实际生产线对接，学生通过走动可进入实际生产区或公共设施区；可对化学原料药生产线参观学习，利用语音和文字配对相应的车间以及设备介绍，帮助学生对真实车间生产有提前的认识。

（3）设备仿真模块：设备仿真模块（图 6-9）使用计算流体动力学（computational fluid dynamics，CFD）对于原料药关键的工艺设备进行模拟与展示，最大程度地真实展示设备的工作原理，提供对新版 GMP 洁净度等系列规范要求的理解，为教学提供可视化的深度解析。提供真实设备三维模型，可进行在线旋转、浏览等操作，提供设备日常运行注意事项等文字性辅助属性描述。

图6-8 厂区及工段漫游图例

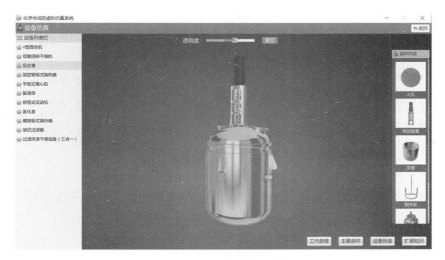

图6-9 设备仿真图例

1）设备库按照生产流程，根据化学原料药生产的不同工段和岗位提供全套设备三维模型。

2）设备库中每一种设备皆提供设备说明、零部件图。

（4）工艺仿真模块：在化学原料药生产工艺中选择数种典型的工艺模组单元进行工艺流程仿真，采用 CFD 流体动力技术和三维设备工艺操作相结合的方式，重点体现复杂工艺设备的安全规范的操作逻辑顺序，再现设备内部工艺反应。

通过阀门的开合或设备的启动首先展示管道介质动态流向（或设备启动后内部环境）；按照标准生产流程逐步通过三维模拟展示设备运转及内容介质的反应状态（图6-10），直至完整再现设备工艺流程。提供设备仿真模块接口，通过视频接入和交互效果的动态加载技术，实现每个工段操作的工艺系统实时相应。

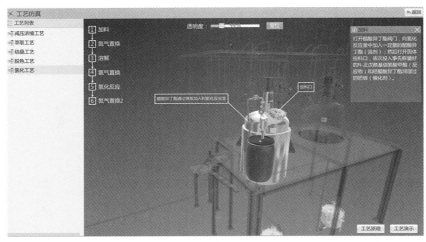

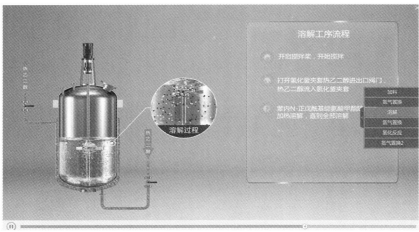

图6-10　实时状态图例

1）工艺仿真主要涵盖提取工艺、发酵工艺、氢化工艺、萃取工艺、结晶工艺等。

2）重点演示工艺原理及其在药厂药品生产总体工艺线路中的作用。

（5）生产操作仿真模块：以化学原料生产的工艺流程为主线，通过岗位场景的切换，涉及安全生产的各个工序环节，体现各种类型的药品生产过程中的生产质量管理体系和新版GMP标准中对于人流、物流和工器具流的规范要求。全三维沉浸式立体交互模式可进一步方便学生对药品生产全过程的认知学习。

1）生产操作仿真模块涵盖了化学原料药生产的所有的工艺岗位操作。

2）软件按照 SOP 标准操作流程，提供步骤引导方式，全景再现化学原料药的实际生产操作流程（图 6-11）。

图 6-11　单元操作图例

（6）考核模块：预设了数种化学原料药生产和工艺操作过程中的常见故障，让学生进行排除，并根据执行的逻辑操作进行自动考核评分。建立了与生产安全、工艺知识点、工艺操作相关的理论题库，服务端可选择自动生成考卷，组织一次或多次考试，并对答卷自动评分和成绩打印（图 6-12）。

1）考试系统主要分为学生端和教师端，将系统与学校现有虚拟仿真平台集成，完成在线成绩考评并分析结果，为老师后续教学调整提供数据支持。

2）考试分为文字题目和实训操作两种方式。

二、生物药生产虚拟仿真综合实训软件

1. 产品简介　生物制药生产虚拟仿真综合实训软件以干扰素的生产工艺为主线，通过严格的制药工程设计流程，全三维高度沉浸式交互体验，重点展现生物制药（干扰素）的生产工艺过程和药厂的生产质量管理规范。

产品功能由工程设计模块、厂区漫游模块、设备仿真模块、工艺仿真模块、生产操作仿真模块、考核模块、系统管理模块组成。由厂区（产品）初步设计说明开始，辅助使用者学习产品初步设计说明书、各专业图纸、物料衡算、暖通布局等知识；熟悉产品初步设计后，进入 3D 全仿真厂区漫游学习，学习车间布局、设备运转知识，同时辅助生产设备仿真模块熟悉药品生产过程装备的构成、运行原理，并能够利用工艺仿真模拟如发酵工艺、离心工艺、纯化工艺等不同工艺流程，扩展知识领域，最后进入全仿真生产车间完成模拟生产流程操作。

2. 教学功能介绍

（1）生产工艺：生物制药以重组干扰素的发酵提取工艺为主线，通过严格的制药工程设

图 6-12　虚拟仿真考试系统图例

计流程,全三维高度沉浸式交互体验,重点展现了"发酵→离心澄清→裂解离心→超滤除菌→层析纯化→超滤浓缩"系列生产工艺过程。

（2）综合实训内容

1）辅助工程设计:提供生物制药(重组干扰素)原料药生产线整体设计方案、PID图纸、厂区车间布置图纸等为学生提供工程教学素材。

2）设备原理与拆装:提供生物制药(重组干扰素)原料药生产线的三维设备库,能够通过该功能学习设备原理,了解设备组成,并能对设备进行简单的拆装组合。

3）工艺原理认知:提供如发酵工艺、离心工艺、纯化工艺等三维动态展示,能够通过该功

图6-20 设备库组成图例

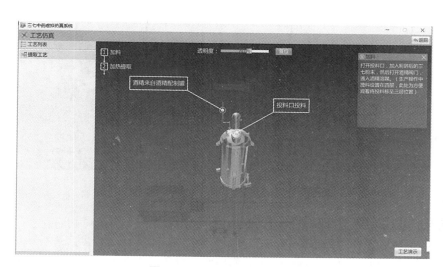

图6-21 工艺操作动态图例

1）工艺仿真主要涵盖多功能提取工艺、洗脱工艺、喷雾干燥工艺、浓缩工艺。

2）重点演示工艺原理及其在药厂药品生产总体工艺线路中的作用。

（5）生产操作仿真模块：以中药提取生产的工艺流程为主线，通过岗位场景的切换，涉及安全生产的各个工序环节，充分体现各种类型的药品生产过程中的生产质量管理体系和新版GMP标准中对于人流、物流和工器具流（图6-22）的规范要求。全三维沉浸式立体交互模式可进一步方便学生对药品生产全过程的认知学习。

1）生产操作仿真模块涵盖了中药提取原料药生产的所有工艺岗位操作。

2）软件按照SOP标准操作流程，提供步骤引导方式，全景再现实际生产操作流程。同时基于现代化设备生产，集成PLC操作，为学生提供最新生产流程操作仿真学习。

图 6-22　中药提取工段卸料仿真图例

四、固体制剂 GMP 生产虚拟仿真综合实训软件

1. **产品简介**　固体制剂 GMP 生产虚拟仿真综合实训软件以依非韦伦片剂和缬沙坦胶囊的生产工艺为主线,通过严格的制药工程设计流程,全三维高度沉浸式交互体验,重点展现固体制剂的生产工艺过程和药厂的生产质量规范及最新 GMP 标准。

产品功能由工程设计模块、厂区漫游模块、设备仿真模块、生产操作模块、验证模块、考核模块、系统管理模块组成。由厂区(产品)初步设计说明开始,辅助使用者学习产品初步设计说明书、各专业图纸、物料衡算、暖通布局等知识;熟悉产品初步设计后,进入 3D 全仿真厂区漫游学习,学习车间布局、设备运转知识,同时辅助生产模拟生产过程检验风系统、水系统及中间体检测流程,扩展知识领域,最后进入全仿真生产车间完成模拟生产流程操作。

2. **教学功能介绍**

(1)生产工艺:固体制剂 GMP 生产仿真以依非韦伦片和缬沙坦胶囊生产为主生产流程,利用全三维高度沉浸式交互体验,重点展现片剂(粉筛→湿法制粒→总混→压片→包衣→瓶包线→外包)、胶囊剂(粉筛→湿法制粒→总混→胶囊填充→铝塑包装线→外包)的生产流程。

（2）综合实训内容

1）辅助工程设计：提供固体制剂（缬沙坦胶囊和依非韦伦片）整体设计方案、PID图纸、厂区车间布置图纸等为学生提供工程教学素材。

2）设备原理与拆装：提供基于片剂和胶囊生产一体化三维设备库，能够通过该功能学习设备原理，了解设备组成，并能对设备进行简单的拆装组合。

3）厂区漫游学习：提供固体制剂药品整体生产的物净流程到外包三维厂区漫游功能，能够通过该功能完成物净措施至外包的整体生产线浏览，同时能够形象展示厂区布置、风向及设备信息等。

4）生产岗位实操：提供固体制剂生产完整的工艺岗位操作，能够通过该功能进行工艺规程认知学习、GMP质量管理、岗位生产操作。

5）检测/验证实操：提供D级洁净区空气净化系统的验证，包括或不限于洁净房间悬浮粒子的检测、房间温湿度与压差的检测、房间浮游菌的检测、房间沉降菌的检测。

6）工艺用水系统验证包括或不限于酸碱度、培养基的制备、计数性培养基适用性检查、微生物限度、不挥发物、电导率等检测。

7）中间体的检测项目包括或不限于片剂硬度检测、脆碎度检测、含量检测。

（3）支撑实验课程：固体制剂GMP生产虚拟仿真综合实训软件支撑实验课程见表6-4。

表6-4　固体制剂GMP生产虚拟仿真综合实训软件支撑实验课程

序号	实验课程名称	所开设实验项目名称	实验学时数	实验类型	每组人数/人
1	制药工艺学实验	制剂流程工艺实验 制剂水系统分配实验	2	综合性	40
2	制药机械与设备基础实验	制剂类设备设计实验	3	综合性，验证性	
3	制药工程学实验 制药工艺学实验 GMP管理工程实验	制剂车间工程设计 GMP管理工程实验 厂区及车间漫游见习	2	设计性，演示性	
4	制药工程实践 药物制剂实践	制剂生产实训 制剂车间设计	4	综合性，设计性	
5	药剂学实验 制药工艺学实验 药物制剂工艺实验	湿法制粒实验 干法制粒实验 片剂压片实验 胶囊充填实验 药品生产内外包装实验	4	演示性，验证性，综合性	
6	药物分析实验 药品与生物制品检验实验	药品含量测定实验 片剂崩解度检测实验 片剂脆脆度检测实验 高效液相色谱实验	4	演示性，验证性，综合性	

3. 模块功能简述

（1）工程设计模块：提供固体制剂厂房和车间生产线工程设计中的相关设计规范、设计文档、工艺流程、辅助专业设计等资料，尽可能从基础设计理论、三维工程设计等多个角度帮助学生理解制药工程设计的概念，建立初步的工程设计认知能力。提供工艺流程图和工艺流程框图、相关设计文档电子书（图6-23），帮助学生加深对药厂工艺设计流程的理解，并提供借鉴。

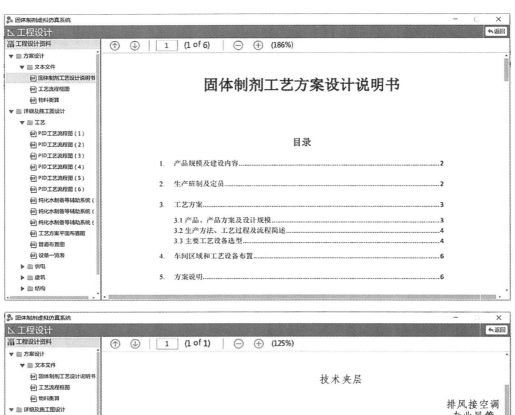

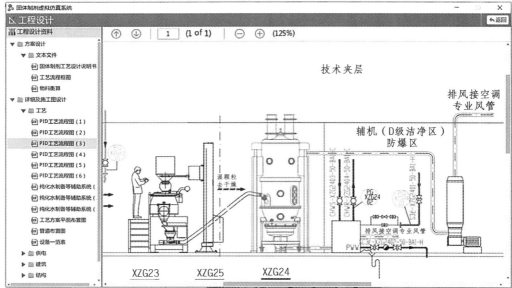

图 6-23　固体制剂生产工程设计模块图例

1）工程设计主要为学生提供固体制剂片剂和胶囊剂生产的相关工程学习资料，包含产品设计说明、工艺流程图、施工图等。

2）工程设计模块作为制药工程教学的核心，主要通过工程设计图纸，为学生学习实际工程设计提供可参考的设计规范及图例规范（设计图纸必须是最新的设计规范和方式，而非陈旧的设计方式）。

（2）厂区漫游模块：重点对厂区布置与布局、车间设备和生产线等进行漫游学习（图6-24）。厂区规划漫游的重点主要包括辅助生产车间（如锅炉房）、仓库、化验检测、工厂管理、道路运输、废水处理、卫生绿化等设施。车间漫游的重点主要包括制剂（包装）生产线片剂（粉筛→湿法制粒→总混→压片→包衣→瓶包线→外包）、胶囊剂（粉筛→湿法制粒→总混→胶囊填充→铝塑包装线→外包）的生产流程。重点展示生产线上的代表性设备、设备布局、过程管

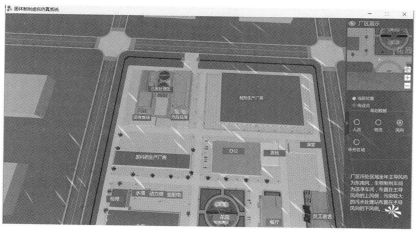

图 6-24　固体制剂厂区及车间漫游图例

道、物料流程、仪表控制等。

1）厂区 3D 漫游按照固体制剂厂区布置原则，首先还原厂区外围环境，包括道路、绿化、生产区防火布局、公共设施区防火布局等。

2）厂区 3D 漫游将厂区外围和实际生产线对接，学生通过走动可进入实际生产区或公共设施区；可对固体制剂生产线参观学习，同时配对相应的车间及设备介绍，帮助学生对真实车间生产有提前的认识。

（3）设备仿真模块：设备仿真使用 CFD 技术对固体制剂生产中的关键的工艺设备进行模拟与展示，最大程度真实展示设备的工作原理，提供对新版 GMP 洁净度等系列规范要求的理解，为教学提供可视化的深度解析。提供真实设备三维模型，可进行在线旋转、浏览等操作，提供设备日常运行注意事项等文字性辅助属性描述。

1）设备库按照生产流程，根据不同工段和岗位提供全套设备三维模型。

2）设备库中每一种设备皆提供设备说明、零部件图（图 6-25）。

（4）生产操作仿真模块：以固体制剂生产的工艺流程为主线，通过岗位场景的切换，涉及安全生产的各个工序环节，充分体现各种类型的药品生产过程中的生产质量管理体系和新版 GMP 标准中对于人流、物流和工器具流的规范要求。全三维沉浸式立体交互模式可进一步

图 6-25　制剂设备库图例

方便学生对药品生产全过程的认知学习。

　　1）生产操作仿真模块涵盖了固体制剂生产所有的工艺岗位操作。

　　2）软件按照 SOP 标准操作流程，提供步骤引导方式，全景再现实际生产操作流程。同时基于现代化设备生产，集成 PLC 操作（图 6-26），为学生提供最新生产流程操作仿真学习。

图 6-26　制剂生产与 PLC 控制融合图例

（5）验证模块：提供固体制剂生产过程中的环境验证、水验证和中间体检测。空气净化系统的验证包括但不限于洁净房间悬浮粒子的检测、房间温湿度与压差的检测、房间浮游菌的检测、房间沉降菌的检测。

工艺用水系统验证包括但不限于酸碱度、培养基的制备、计数性培养基适用性检查、微生物限度、不挥发物、电导率等检测。

中间体的检测项目包括但不限于片剂硬度检测、溶出度检测、脆碎度检测、含量检测（含量检测须提供完整实验流程，含流动相配置、供试品和对照品比对及大型设备高效液相仪的操作）。

1）验证仿真主要涵盖风系统验证、纯水系统验证和中间体检测等。

2）重点演示生产时各项检验过程（图6-27）。

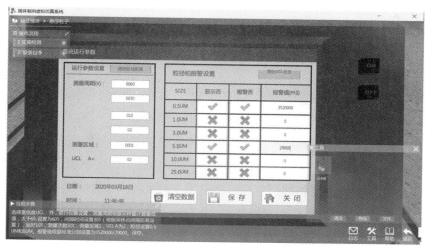

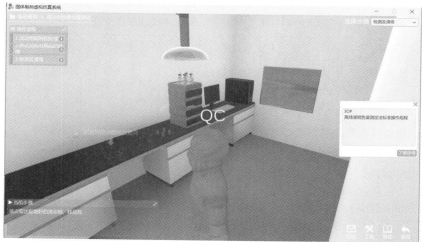

图6-27　系统验证模拟图例

五、液体制剂 GMP 生产虚拟仿真综合实训软件

1. 产品简介　液体制剂 GMP 生产虚拟仿真综合实训软件以大输液、小容量注射液和冻干粉针剂的生产工艺为主线，通过严格的制药工程设计流程，全三维高度沉浸式交互体验，重

点展现化学合成原料药的生产工艺过程和药厂的生产质量规范及最新 GMP 标准。

产品功能由工程设计模块、厂区漫游模块、设备仿真模块、生产操作仿真模块、生产验证模块、考核模块、系统管理模块组成。由厂区(产品)初步设计说明开始,辅助使用者学习产品初步设计说明书、各专业图纸、物料衡算、暖通布局等知识;熟悉产品初步设计后,进入 3D 全仿真厂区漫游学习,学习车间布局、设备运转知识,同时辅助生产模拟生产过程检验风系统、水系统流程,扩展知识领域,最后进入全仿真生产车间完成模拟生产流程操作。

2. 教学功能介绍

(1)生产工艺:液体制剂 GMP 生产仿真以小容量注射液、大输液和冻干粉针制剂为主生产流程,利用全三维高度沉浸式交互体验,重点展现小容量注射液(浓稀配→洗烘→灌封→检漏灭菌灯检→外包)、大输液(配液→制袋灌装→水浴灭菌→灯检→外包)、冻干粉针剂(配液→半成品配置→洗烘→灌装冻干→轧盖)的生产流程。

(2)综合实训内容

1)辅助工程设计:提供液体制剂整体设计方案、PID 图纸、厂区车间布置图纸等为学生提供工程教学素材。

2)设备原理与拆装:提供基于液体制剂生产的一体化三维设备库,能够通过该功能学习设备原理,了解设备组成,并能对设备进行简单的拆装组合。

3)厂区漫游学习:提供液体制剂药品整体生产配液到外包三维厂区漫游功能,能够通过该功能完成配液至外包的整体生产线浏览,同时能够形象展示厂区布置、风向及设备信息等。

4)生产岗位实操:提供液体制剂生产完整的工艺岗位操作,能够通过该功能进行工艺规程认知学习、GMP 质量管理、岗位生产操作。

(3)支撑实验课程:液体制剂 GMP 生产虚拟仿真综合实训软件支撑实验课程见表 6-5。

表 6-5　液体制剂 GMP 生产虚拟仿真综合实训软件支撑实验课程

序号	实验课程名称	所开设实验项目名称	实验学时数	实验类型	每组人数/人
1	制药工艺学实验	大输液流程工艺实验 小容量注射液流程工艺实验 冻干粉针剂制剂流程工艺实验	2	综合性	40
2	制药机械与设备基础实验	液体制剂类设备认知实验	1	综合性,验证性	
3	制药工程学实验 制药工艺学实验 GMP 管理工程实验	制剂车间工程设计 GMP 管理工程实验 厂区及车间漫游见习	2	设计性,演示性	
4	制药工程实践 药物制剂实践	液体制剂生产实训 液体制剂车间设计	4	综合性,设计性	
5	制药工艺学实验	浓稀配认知实验 大输液灌封认知实验 小容量注射液灌封认知实验 冻干粉针剂灌封认知实验 冻干认知实验 药品生产内外包装实验	4	演示性,验证性,综合性	

3. 模块功能简述

（1）工程设计模块：提供液体制剂厂房和车间生产线工程设计中的相关设计规范、设计文档、工艺流程、辅助专业设计等资料，尽可能从基础设计理论、三维工程设计等多个角度帮助学生理解制药工程设计的概念，建立初步的工程设计认知能力。提供工艺流程图（图6-28）和工艺流程框图、相关设计文档电子书，帮助学生加深对药厂工艺设计流程的理解，并提供借鉴。

1）工程设计主要为学生提供大输液、小容量注射液、冻干粉针剂生产的相关工程学习资料，包含建筑暖通布置图、工艺流程图、施工图等。

2）工程设计模块作为制药工程教学的核心，主要通过工程设计图纸，为学生学习实际工程设计提供可参考的设计规范及图例规范（设计图纸必须是最新的设计规范和方式，而非陈旧的设计方式）。

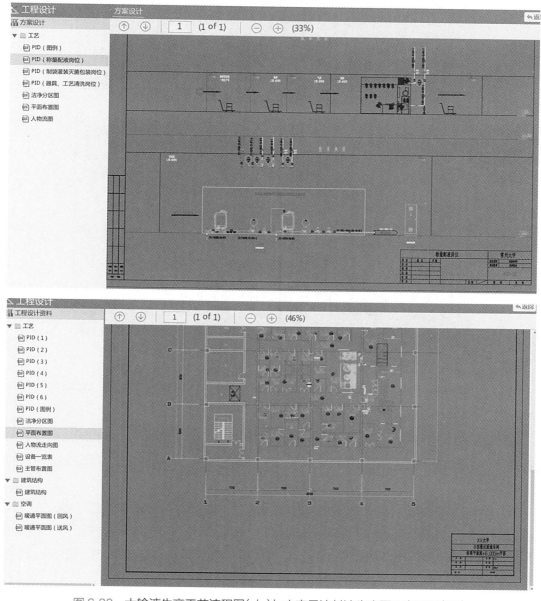

图6-28 大输液生产工艺流程图（上）与小容量注射液生产平面布置图（下）

（2）厂区漫游模块：重点对厂区布置与布局、车间设备和生产线等进行漫游学习（图6-29）。厂区规划漫游的重点主要包括辅助生产车间（如锅炉房）、仓库、化验检测、工厂管理、道路运输、废水处理、卫生绿化等设施。车间漫游的重点主要包括小容量注射液"浓稀配→洗烘→灌封→检漏灭菌灯检→外包"、大输液（配液→制袋灌装→水浴灭菌→灯检→外包）、冻干粉针剂（配液→半成品配置→洗烘→灌装冻干→轧盖）的生产流程。

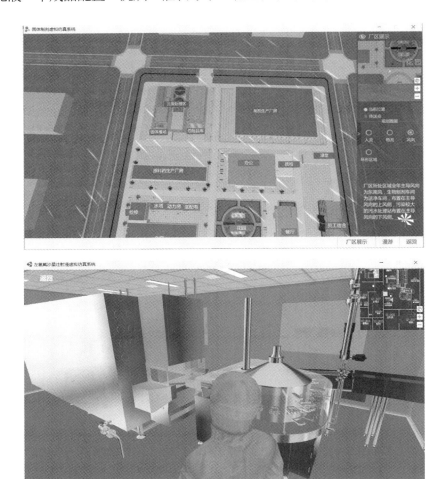

图6-29　液体制剂厂区及车间局部漫游图例

1）厂区 3D 漫游按照液体制剂厂区布置原则，首先还原厂区外围环境，包括道路、绿化、生产区防火布局、公共设施区防火布局等。

2）厂区 3D 漫游将厂区外围和实际生产线对接，学生通过走动可进入实际生产区或公共设施区；可对液体制剂生产线参观学习，同时配对相应的车间及设备介绍，帮助学生对真实车间生产有提前认识。

（3）设备仿真模块：设备仿真使用 CFD 技术对液体制剂生产的关键工艺设备进行模拟与展示，最大限度真实展示设备的工作原理，提供对新版 GMP 洁净度等系列规范要求的理解，为教学提供可视化的深度解析。提供真实设备三维模型（图6-30），可进行在线旋转、浏览等操作，提供设备日常运行注意事项等文字性辅助属性描述。

1）设备库按照生产流程，根据不同工段和岗位提供全套设备三维模型。

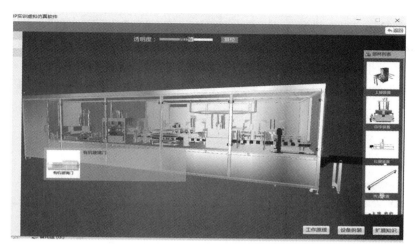

图 6-30　罐装设备仿真图例

2）设备库中每一种设备皆提供设备说明、零部件图。

3）设备建模采用技术为 CADWorx 设备建模，按照工业级设计标准进行设备建模，参数化控制设备力求最大化还原真实设备参数。

（4）生产操作仿真模块：以液体制剂生产的工艺流程为主线（图 6-31），通过岗位场景的

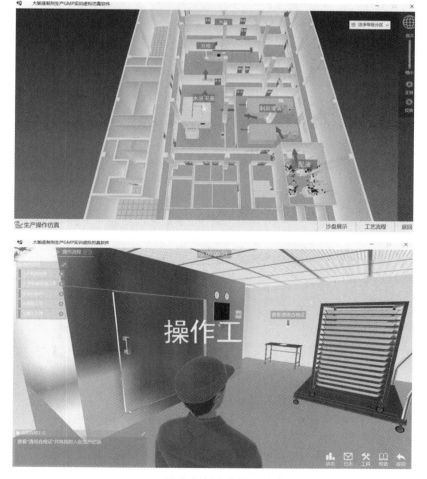

图 6-31　液体制剂生产流程仿真图例

切换，涉及安全生产的各个工序环节，充分体现各种类型的药品生产过程中的生产质量管理体系和新版 GMP 标准中对于人流、物流和工器具流的规范要求。全三维沉浸式立体交互模式可进一步方便学生对药品生产全过程的认知学习。

1）生产操作仿真模块涵盖了液体制剂生产所有的工艺岗位操作。

2）软件按照 SOP 标准操作流程，提供步骤引导方式，全景再现实际生产操作流程。同时基于现代化设备生产，集成 PLC 操作，为学生提供最新生产流程操作仿真学习。

参考文献

[1] 时雅滨，田明，赵丽洁，等.新工科背景下的化工仿真实验课程教学探究[J].化工时刊，2021，35（10）：44-46.

[2] 吴若霞，刘慧萍，李玲，等.建设虚拟仿真实验平台的意义与内容初探[J].中国中医药现代远程教育，2017，15（5）：48-49.

[3] 张敏.虚拟仿真实验的设计与教学应用[M].北京：高等教育出版社，2021.

[4] 宋婧.普通高校化工仿真实训实验室建设与管理[J].科技视界，2015（9）：118.

[5] 李俊朋，李振华，田文德，等.基于氧氯化法制二氯乙烷工艺的化工实习虚拟仿真软件开发[J].青岛科技大学学报（自然科学版），2017，38（S1）：84-86.

[6] 赵临襄，赵广荣.制药工艺学[M].北京：人民卫生出版社，2014.

[7] 周鹏，宋晨，池仕红，等.中药提取工艺研究进展[J].中兽医医院杂志，2022，41（5）：37-43.

[8] 袁雪.生物制药技术在制药工艺中的应用分析[J].化工管理，2020（2）：108-109.

[9] 崔福德.药剂学[M].7 版.北京：人民卫生出版社，2011.

第七章　制药过程测量仪表与自动控制

第一节　自动控制系统概述

自动控制系统是指用一些自动控制装置，对生产中某些关键性参数进行自动控制，使它们在受到外界干扰（扰动）的影响而偏离正常状态时，能够被自动地调节而回到工艺所要求的数值范围内。

自动化控制系统主要由控制器、执行机构、测量仪表和受控对象四个部分组成（图 7-1）。为了简化分析，有时定义"广义"受控对象时，会将执行机构、测量仪表与受控对象"合并"在内。

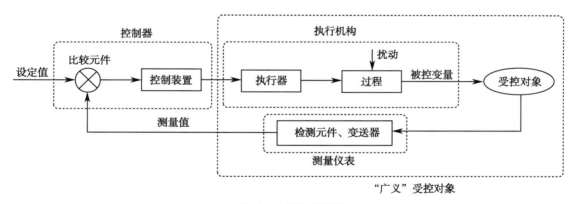

图 7-1　自控系统简图

一、自动控制系统的分类

1. 按控制原理分类　按照控制原理进行分类，自动控制系统分为开环控制系统、闭环控制系统和复合控制系统。

（1）开环控制系统：按时序进行逻辑控制的称为顺序控制系统，是一种开环控制方式，其由顺序控制装置、检测元件、执行机构和被控工业对象所组成。主要应用于机械、化工、物料装卸运输等过程的控制，以及机械手和生产自动线的控制。在开环控制系统中，系统输出只受输入的控制，控制精度和抑制干扰的特性都比较差。

（2）闭环控制系统：也称反馈控制系统。闭环控制系统是建立在反馈原理基础之上的，利用输出量同期望值的偏差对系统进行控制，可获得比较好的控制性能。顺序控制系统与闭环控制系统是相互交替的，其底层仍然会包含很多反馈控制单元，以便准确地实现顺序控制指令。

（3）复合控制系统：复合控制是闭环控制和开环控制相结合的一种方式。它是在闭环控制等基础上增加一个干扰信号的补偿控制，以提高控制系统的抗干扰能力（图7-2）。增加干扰信号的补偿控制作用，可以在干扰对被控量产生不利影响时及时提供控制作用以抵消此不利影响。纯闭环控制则要等待该不利影响反映到被控信号之后才引起控制作用，对干扰的反应较慢。两者的结合既能得到高精度控制，又能提高抗干扰能力。

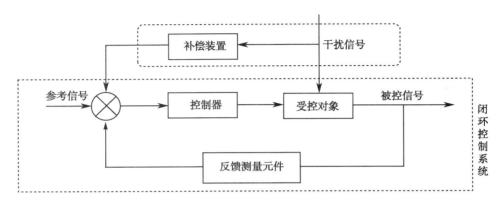

图7-2　复合控制系统框图

2. 按控制对象分类　自动控制系统按其控制对象的不同，分为运动控制系统和过程控制系统两大类。一类具有运动性质，须由电动机拖动来实现，称为运动控制系统（或称传动控制系统），而将运动控制系统的工作过程称为运动控制。另一类的控制对象是如温度、压力、流量、物料、成分、液位和酸碱度等工业生产过程中的量，比如精馏塔中化工产品的生产控制、锅炉中的蒸汽温度的控制等，控制这类对象的自动控制系统称为过程控制系统，而将过程控制系统的工作过程称为过程控制。

一般在过程控制中常伴有物体的流动和能量的流动，控制好物量流和能量流的大小，可以达到过程控制目标的要求。运动控制的执行元件是电动机，过程控制的执行元件是调节阀。无论是运动控制还是过程控制，它们均适用于相同的自动控制理论。但是，由于被控对象不相同的特点，两类控制系统在响应特性上也呈现出不同的特征。例如，运动控制系统的调节时间短、响应速度快；而过程控制系统中常含有大惯性环节、大延时环节等，调节时间长，响应速度慢。在应用控制理论解决具体控制问题时，会存在一定的差异。

在这两大类控制系统中，根据控制对象的具体要求、输入信号的特征、信号传输过程是否连续、参数是否时变、系统中是否含有非线性元件等，还可将控制系统作进一步的分类（表7-1）。

表7-1　控制系统的其他分类

类别	分类
系统功用	温度控制系统、压力控制系统、位置控制系统
系统性能	线性系统和非线性系统，连续系统和离散系统，定常系统和时变系统，确定性系统和不确定性系统
输入量变化规律	恒值系统、随动系统和程序控制系统等
元件类型	机械系统、电气系统、机电系统、液压系统、气动系统和生物系统等

3. 按计算机控制分类　按计算机的应用水平不同,计算机自动控制系统可分为操作指导控制系统、直接数字控制系统、计算机监控系统和分散控制系统。

（1）操作指导控制系统（operating and conducting control system,OCCS）：又称为开环计算机监控系统。在这个系统中,计算机的输出并不直接作用到执行机构上,也不直接作为其他控制回路的设定值,而只是输出一些数据,由操作人员按照这些数据去操作（通常也是给计算机输入指令）。其特点是比较灵活和安全;对计算机给出的操作指导,操作人员如认为不合格,可以不采用。因此,这种控制方案常被用于控制规律尚未彻底了解的生产过程,也常被用于计算机控制系统设置的初期阶段,或用于试验新的闭环控制方案和调试新的控制程序时。与之类似的还有数据采集与监控系统（supervisory control and data acquisition,SCADA）。

（2）直接数字控制系统（direct digital control system,DDC system）：是指计算机通过检测单元对一个或多个过程参数进行巡回检测,并经过输入通道将检测的数据输入计算机,按照一定控制规律,计算机输出控制信息达成控制目的。

（3）计算机监控系统（supervisory computer control system,SCC system）：通过专门的监督计算机根据原始参数和现场参数,结合被控过程数学模型,计算产生最优值用以控制。相比DDC,这种方式会根据实际情况产生不同的控制值（设定值）参数。

（4）分散控制系统（distributed control system,DCS）：分散控制系统也可称为分布式计算机控制系统,是新一代仪表控制系统。是以微处理器为基础,采用控制分散、操作和管理集中的基本设计思想,采用多层分级、合作自治的结构形式。其主要特征是它的集中管理和分散控制。DCS在电力、冶金、石化等各行各业都获得了极其广泛的应用。

二、自动控制系统建模与分析

控制系统设计过程的第一步通常是要建立受控对象的数学模型,常用的数学模型有微分方程、差分方程、传递函数、脉冲传递函数和状态空间表达式等。这些模型可以从物理定律或实验数据中得出,一般采用解析法或实验法来建立。而解析法是依据系统各变量之间所遵循的基本定律,列写出变量间的数学表达式,从而建立系统的数学模型。建立控制系统的数学模型是由具体的物理问题、工程问题,从定性的认识上升到定量的精确认识的关键。

（1）机理建模（mechanism modeling）：通过受控对象本身的物理特性来建立。如机械领域依据牛顿力学三大定律（使用质量、弹性和阻尼三个要素来描述）,电气领域依据电学定律、欧姆定律、基尔霍夫定律（使用电阻、电感和电容三种元件）,化工与制药领域依据质量守恒定律、热量守恒定律、动量守恒定律、流体力学定律等。

（2）实验建模：也称为系统辨识（system identification）。其方法是对系统施加一定的激励（输入）,测得它的输出,根据输入输出的数据（或曲线）结果,通过一定的数学处理方法,得到能反映系统输入、输出关系的数学模式。

在工业领域,主要采用线性微分方程来描述动态特性,可进而将受控对象的动态特性分为比例、惯性、振荡、一阶、二阶等类型。

由于线性微分方程（组）的计算和求解比较繁杂、困难,故自动控制领域常将描述受控对象乃至整个控制系统的线性微分方程通过拉普拉斯变换转化为线性代数方程,形成受控对象、控制系统的传递函数。

控制系统传递函数的引入,将直接的时域问题转化为间接的复数域(频域)问题,从微分方程转换为某一变量的代数方程,简化了计算、求解,最后将得到微分方程求解的变量的拉普拉斯变换表达式,然后进行反拉普拉斯变换(查拉普拉斯变换表),即得到时域中的微分方程的解。

以连续进出物料的加热器数学模型说明其用途。

当进料温度 θ_i 改变时,欲保持器内液体温度 θ 稳定该怎么办?换言之,θ_i 变化,蒸汽供热量 q 应如何变化,才能保持 θ 稳定?自然想到选用积分控制规律。

假设加热器进料量等于出料量,且温度稳定,在此稳定状态下,加热器的热量平衡关系为

$$0 = F\rho c_P(\theta_{i,0} - \theta_0) + q_0 \qquad 式(7-1)$$

式中,F、ρ、c_P 为过程物料的流量、密度、热容;$\theta_{i,0}$、θ_0、q_0 为稳态值。

假如进料温度 θ_i 作阶跃增加,温度 θ 上升,θ 随时间怎样变化将由器内瞬时能量平衡得出,即:

$$V\rho c_P \frac{\mathrm{d}\theta}{\mathrm{d}t} = F\rho c_P(\theta_i - \theta) + q \qquad 式(7-2)$$

式(7-2)减去式(7-1)得

$$V\rho c_P \frac{\mathrm{d}(\theta - \theta_0)}{\mathrm{d}t} = F\rho c_P[(\theta_i - \theta_{i,0}) - (\theta - \theta_0)] - (q - q_0) \qquad 式(7-3)$$

因 θ_0 是常数,则 $\mathrm{d}(\theta - \theta_0)/\mathrm{d}t = \mathrm{d}\theta/\mathrm{d}t$。由于 θ_i 变化的影响,产生偏差 $e = \theta - \theta_0$。需要适当地控制加热量 q 的值,使偏差 $e = 0$。比如选择了积分控制规律的控制器,使 q 与偏差的积分成比例变化。即:

$$q = -\frac{K_e}{T_i} \int_0^t (\theta - \theta_0)\mathrm{d}t + q_0 \qquad 式(7-4)$$

将式(7-4)代入式(7-3)得到系统的粗略数学模型。

$$V\rho c_P \frac{\mathrm{d}e}{\mathrm{d}t} = F\rho c_P[(\theta_i - \theta_{i,0}) - e] - \frac{K_e}{T_i} \int_0^t e\mathrm{d}t \qquad 式(7-5)$$

令 $K_e/T_i = \alpha'$,解微分方程(7-5)得出最好的 α' 值,便可保持加热器温度稳定。

三、自动控制系统理论设计与工程实践

自动控制系统的三个性能指标是稳定性、快速性和准确性。

（1）稳定性：对恒值系统要求，当系统受到扰动后，经过一定时间的调整能够回到原来的期望值。

（2）快速性：对过渡过程的形式和快慢提出要求，一般称为动态性能。比如稳定高射炮射角随动系统，虽然炮身最终能跟踪目标，但如果目标变动迅速，而炮身行动迟缓，仍然抓不住目标。

（3）准确性：用稳态误差来表示。当系统达到稳态后，其稳态输出与参考输入所要求的期望输出之差称为给定稳态误差。显然，这种误差越小，表示系统的输出跟随参考输入的精度越高。

在建立了控制系统的数学模型（无论是机理建模或者系统辨识）并进行了系统分析后，就可以获得系统特性的改进思路。其中，串联系统的传递函数等于各元件传递函数之积（HA×HB），并联系统则为各元件传递函数之和（HA+HB），而反馈系统为 HA/（1+HA×HB）。

对于由"广义"受控对象、控制器、执行机构组成的控制系统（图 7-3），调整、改变受控对象的特性通常比较困难，故主要工作常常集中在借助调整控制器的特性以达成整个控制系统特性的改善。或者说，需要设计一个合理的控制器，让这个被控对象在该控制器下按照指定的输入信号来达成特定的动态响应。

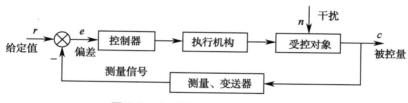

图 7-3　自动控制系统的典型方框图

通常，可以使用位式、比例、积分、微分等控制算法来构造基本控制器，进而通过控制器的组合实现串级、比值、前馈-反馈、分程、选择等复杂控制系统。

在前文的介绍中，隐含了这样一个基本假设——受控对象（系统）的性质和特性已知，由此进行数学建模。但是，对于工程实践而言，一个工程系统的（动态）特性在其运转之前是不可能"精确"知道的。因此，在工程项目开车、试生产前自动控制理论方法构建的受控对象模型、控制器模型大概率距离真实状况很远，很难接近实际工况，需要进行大量的现场参数测量与控制器调试，方可满足实际生产需要。

在医药化工领域，面对获取"精密"对象模型的挑战，工程师们有以下三个途径来应对。

（1）途径一：继续加强化工典型设备、过程的动态建模研究，例如，在 Aspen plus、Hysys、Pro/Ⅱ 等化工模拟软件中的稳态、动态模拟，由此获得基本可用的受控对象初始模型。

（2）途径二：引入新的控制理论，把控制看成一个过程，从控制器与受控对象的互动过程中主动提取动态信息，用于优化控制，如钱学森先生提出的"工程控制论"等。

（3）途径三：使用对受控对象模型参数变化不敏感的控制器——幸运的是，基于比例、积分、微分三种控制算法构建的 PID 控制器具有这种特性（工业界称之为"不依赖受控对象具体数学模型"），通常估计，95% 以上的过程控制、90% 以上的航空航天控制都是基于 PID 控制的。

第二节　传感仪表与执行机构

自动控制系统主要由控制器、受控对象、执行机构和测量仪表四个部分组成,测量仪表(传感器)是数据采集的源头,各种电动、气动、液压机构则是控制指令的主要执行者。在制药过程中,工艺设计工程师负责对仪表、执行结构的正确设计和选型,这都是十分重要的。

一、典型传感仪表

流程工业中广泛使用温度、压力、流量、液位、成分等五大类仪表(仪器),其中液相体系的成分测量比较复杂。通常,传感器属于机械一级学科的精密仪器专业,在自控中起到举足轻重的作用。

1. 温度传感器　温度传感器是指能感受温度,并转换成可用输出信号的传感器。温度传感器是温度测量仪表的核心部分,品种繁多。按测量方式可分为接触式和非接触式两大类,按照传感器材料及电子元件特性分为热电阻和热电偶两大类。常用温度传感器的性能与应用情况见表 7-2 所示。

表 7-2　常用温度传感器的性能与应用

性能与应用	温度范围(大约)/℃	线性	准确性	优点	缺点	典型应用
热电偶(T/C)	−270～1 800	较差	好	自供电,坚固耐用	非线性,需要参考数值,最不稳定,最不敏感	极端温度传感,如烤箱、测试设备
热敏电阻	0～100	最差	依赖校准	快速响应温度变化,灵敏度高	非线性,有限的温度范围,需要电流源	低精度,中等温度范围,如吹风机、保护电路
热电阻(RTD)	−250～900	好	最好	准确,稳定	需要电流源,电阻变化小,响应慢	高精度,延长温度范围,如气体和流体流动
芯片型	−55～150	最好	好	线性表现良好,可以支持数字接口	需要电源,自加热	计算机,可穿戴设备和数据记录

在工业设施内,90% 以上甚至更多的温度监测都由热电阻(resistance temperature detector, RTD)和热电偶(thermocouple, T/C)完成。

常用的热电偶从 −50～1 600℃均可连续测量,某些特殊热电偶最低可测到 −270℃(如金铁镍铬),最高可达 2 800℃(如钨-铼)。

RTD 通常由铂制成,所以 RTD 也称为铂电阻,也有部分是由镍或铜制成。RTD 可以采用许多不同的形状,例如绕线、薄膜等。RTD 是最精确和最稳定的温度传感器,它的线性度优于热电偶和热敏电阻,但 RTD 的响应速度比较慢,属于价格较贵的温度传感器。

因此,对于制药过程的温度测量,首选 RTD;热电偶虽然更便宜,但其标称的精度是针对其满量程的（如，$-50\sim1\,600℃$，量程为$1\,650℃$，其1%的精度对应于$16.5℃$，显然难以接受，需要使用$1‰$的精度才行），最适合对精度有严格要求，而速度和价格不太关键的应用领域。

2. 流量传感器　流量是工业生产中一个重要参数。在制药生产过程中为了有效生产和控制，需要测量生产过程中液体、气体及蒸汽等介质的流量。单位时间内流过管道某一截面的流体数量，称为瞬时流量。瞬时流量有体积流量和质量流量之分。流量传感器是测量流体流量的传感器。

按照检测原理不同，流量计可以分为体积计量、速度计量和质量计量。

（1）体积计量：体积计量传感器主要有差流压量式和容流积量式两种，具体原理及仪表特征见表7-3。

表7-3　体积计量的原理及仪表特征

类别		工作原理	仪表名称		可测流体种类	适用管径/mm	测量精度/%	安装要求特点
体积计量	差流压量式	流体流过管道中的阻力件时产生的压力差与流量之间有确定关系，通过测量差压值求得流量	节流式	孔板	液、气、蒸汽	50～1 000	±(1～2)	需直管段，压损大
				喷嘴		50～500		需直管段，压损中等
				文丘里管		100～1 200		需直管段，压损小
			均速管		液、气、蒸汽	25～9 000	±1	需直管段，压损小
			转子流量计		液、气	4～150	±2	垂直安装
			靶式流量计		液、气、蒸汽	15～200	±(1～4)	需直管段
			弯管流量计		液、气	25～2 000	±(0.5～5)	需直管段，无压损
	容流积量式	直接对仪表排出的定量流体计数确定流量	椭圆齿轮流量计		液	10～400	±(0.2～0.5)	无直管段要求，须装过滤器，压损中等
			腰轮流量计		液、气			
			刮板流量计		液		±0.2	无直管段要求，压损小

转子流量计是医药化工行业使用最广泛的体积计量之一。在一根由下向上扩大的垂直锥管中，圆形横截面的浮子的重力是由液体动力承受的，浮子可以在锥管内自由地上升和下降。在流速和浮力作用下上下运动，与浮子重量平衡后，通过磁耦合传到刻度盘指示相应流量。具体工作原理如图7-4所示。

一般分为玻璃和金属转子流量计。金属转子流量计是工业上最常用的，对于小管径腐蚀性介质通常用玻璃材质，由于玻璃材质本身具有易碎性，关键的控制点也有用全钛材等贵重金属制成的转子流量计。

（2）速度计量：常见的速度式流量计有涡街流量计、涡轮流量计、电磁流量计、超声波流量计等。主要是通过测量管道截面上流体平均流速来测量流量。具体原理及仪表特征见表7-4。

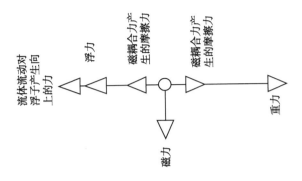

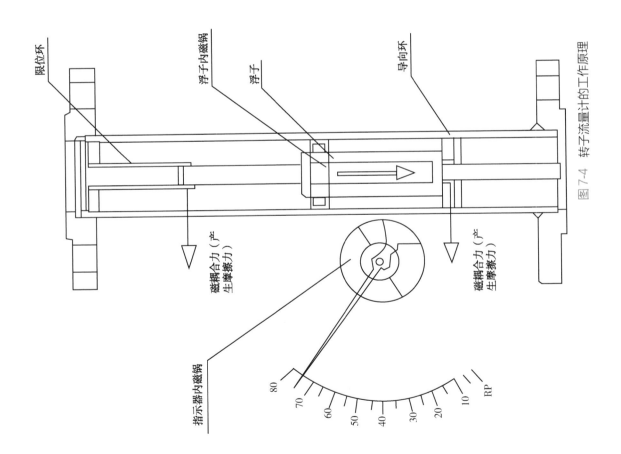

图7-4　转子流量计的工作原理

表7-4　速度计量的原理及仪表特征

类别	工作原理	仪表名称	可测流体种类	适用管径/mm	测量精度/%	安装要求特点
速度计量	通过测量管道截面上流体平均流速来测量流量	涡轮流量计	液、气	4~600	±0.1~0.5	需直管段,装过滤器
		涡街流量计	液、气	150~1 000	±0.5~1	需直管段
		电磁流量计	导电液体	6~2 000	±0.5~1.5	直管段要求不高,无压损
		超声波流量计	液	>10	±1	需直管段,无压损

以超声波流量计(图7-5)为例。超声波在流动的流体中传播时就会载上流体流速的信息。因此,通过接收到的超声波就可以检测出流体的流速,从而换算成流量。目前,超声波流量计大致可分为传播速度差法(包括直接时差法、时差法、相位差法、频差法)、波束偏移法、多普勒法、相关法、空间滤波法及噪声法等类型。其中,以噪声法原理及结构最简单,便于测量和携带,价格便宜但准确度较低,适于在流量测量准确度要求不高的场合使用。

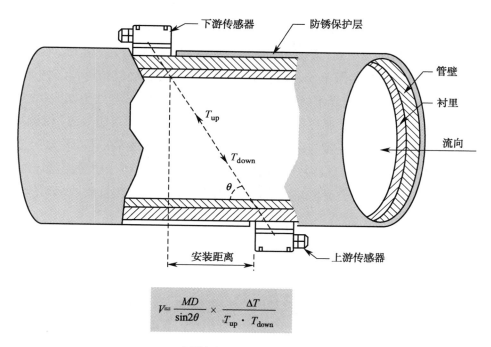

$$V = \frac{MD}{\sin 2\theta} \times \frac{\Delta T}{T_{up} \cdot T_{down}}$$

V: 介质流速
θ: 声速与液体流动方向的夹角
M: 声束在液体中的直线传播次数
D: 管道内径
T_{up}: 声束在顺流时的传播时间
T_{down}: 声束在逆流时的传播时间
$\Delta T = T_{up} - T_{down}$

图7-5　超声波流量计结构示意图

超声波流量计和电磁流量计一样,因仪表流通通道未设置任何阻碍件,均属无阻碍流量计,是适于解决流量测量困难的一类流量计,特别在大口径流量测量方面有较突出的优点,它是发展迅速的一类流量计之一。

(3)质量计量:质量流量计是采用感热式测量,通过分体分子带走的分子质量多少来测量流量，因为是用感热式测量，所以不会因为气体温度、压力的变化影响测量的结果。质量流量计是一个较为准确、快速、可靠、高效、稳定、灵活的流量测量仪表，在石油、化工、医药等领域将得到更加广泛的应用。具体原理及仪表特征见表7-5。

表7-5　质量计量的原理及仪表特征

类别		工作原理	仪表名称	可测流体种类	测量精度/%
质量计量	直接式	直接检测与质量流量成比例的量来计算质量流量	热式质量流量计	气	±1
			冲量式质量流量计	固体粉料	±0.2～2
			科氏质量流量计	液、气	±0.15
	间接式	同时测体积流量和流体密度来计算质量流量	体积流量经密度补偿的差压式流量计	液、气	±0.5
			温度、压力补偿的涡街流量计		

以科氏质量流量计为例，流体在旋转的管内流动时会对管壁产生一个力，它是科里奥利在1832年研究轮机时发现的，简称科氏力。质量流量计以科氏力为基础，测量部分主要由弹性测量管、激振单元、拾振单元、闭环自激放大单元等组成，其传感器结构如图7-6所示。工作原理为：弹性激振单元维持以弹性测量管为主的敏感结构处于谐振状态，测量管做"弯曲主振动"；当质量流量流过振动的测量管时，所产生的"科氏效应"使测量管在上述"主振动"的基础上，产生直接与所流过的"质量流量"相关的"扭转副振动"；通过检测测量管的"复合振动"就可以直接得到流体的质量流量。显然，科氏质量流量计能够稳定、可靠工作的关键是要保证处于理想的振动状态，即在实际应用中要抑制或尽可能减小其他影响。

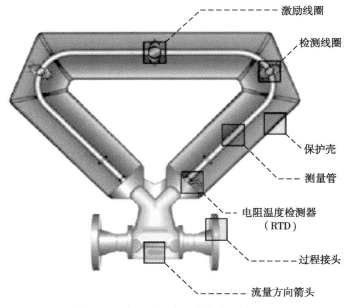

图7-6　科氏质量流量计传感器结构图

二、典型执行机构

在制药自动化过程中，主要使用电动机、继电器、控制阀等来执行控制指令，并作为执行机构的重要组成部分起到了十分关键的控制作用。

1. 电动机　电动机的控制主要是在精确的转速、位置控制上，在控制系统中作为"执行机构"。按照结构和工作原理，电动机可分成直流电动机、异步电动机、同步电动机三大类（图7-7）。

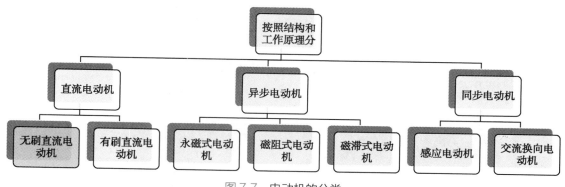

图 7-7　电动机的分类

无刷直流电动机（brushless direct current motor，BLDC）由电动机主体和驱动器组成，是一种典型的机电一体化产品。由于无刷直流电动机是以自控式运行的，它不会像变频调速下重载启动的同步电机那样在转子上另加启动绕组，也不会在负载突变时产生振荡和失步。

通过无刷电动机与普通变频电动机对比可得（如图7-8所示），BLDC具备高可靠性、低振动、高效率、低噪声、节能降耗等性能优势，并可在较宽调速范围内实现响应快、精度高的变速效果，充分契合终端应用领域对节能降耗、智能控制、用户体验等越来越高的要求。

2. 继电器　继电器，也称电驿，是一种电子控制器件，它具有控制系统（又称输入回路）和被控制系统（又称输出回路），通常应用于自动控制电路中，在电路中起着自动调节、安全保护、转换电路等作用。

（1）固态继电器：固态继电器（solid state relay，SSR）是由微电子电路、分立电子器件、电力电子功率器件组成的无触点开关。控制端与负载端的隔离用光电耦合或脉冲信号。固态继电器的输入端用微小的控制信号，直接驱动大电流负载，结构原理如图7-9所示。它是用半导体器件代替传统电接点作为切换装置的具有继电器特性的无触点开关器件，单相SSR为四端有源器件，其中两个输入控制端，两个输出端，输入输出间为光隔离，输入端加上直流或脉冲信号到一定电流值后，输出端就能从断态转变成通态，具有高寿命、高可靠性、高灵敏度、控制功率小、电磁兼容性好、快速转换、电磁干扰小等特点。

（2）电磁继电器：电磁继电器是一种电子控制器件，实际上是利用低电压和弱电流电路的通断，来控制高电压和强电流的一种"自动开关"。电磁继电器是利用电磁铁控制工作电路通断的开关，一般由铁芯、线圈、衔铁、触点簧片等组成（图7-10）。在线圈两端加上一定的电压，线圈中就会流过一定的电流，从而产生电磁效应，衔铁就会在电磁力吸引的作用下克服返

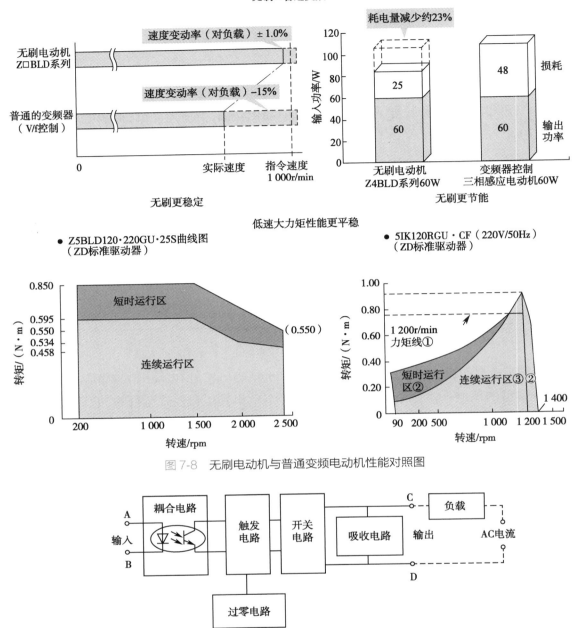

图 7-8　无刷电动机与普通变频电动机性能对照图

图 7-9　固态继电器工作原理图

回弹簧的拉力吸向铁芯，从而带动衔铁的动触点与静触点（常开触点）吸合。当线圈断电后，电磁的吸力也随之消失，衔铁就会在弹簧的反作用力返回原来的位置，使动触点与原来的静触点（常闭触点）吸合。这样吸合、释放，从而达到在电路中的导通、切断的目的。对于继电器的"常开、常闭"触点，可以这样来区分，继电器线圈未通电时处于断开状态的静触点，称为"常开触点"；处于接通状态的静触点称为"常闭触点"。

（3）温度继电器：当外界温度达到给定值时而动作的继电器。该产品为通接触感应式密封温度继电器，具有体积小、重量轻、控温精度高等特点，通用性极强。

它是将两种热膨胀系数相差悬殊的金属或合金彼此牢固地复合在一起形成碟形双金属

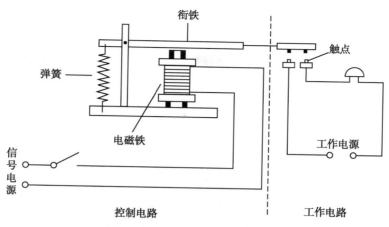

图 7-10 电磁继电器工作原理图

片,当温度升高到一定值时,双金属片就会由于下层金属膨胀伸长大,上层金属膨胀伸长小而产生向上弯曲的力,弯曲到一定程度便能带动电触点,实现接通或断开负载电路的功能;温度降低到一定值,双金属片逐渐恢复原状,恢复到一定程度便反向带动电触点,实现断开或接通负载电路的功能。温度继电器断开状态时的工作原理如图 7-11 所示。

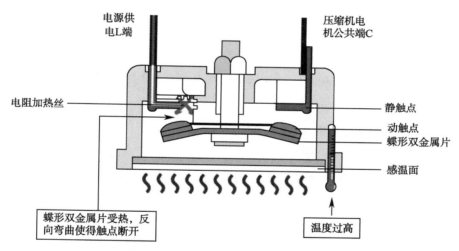

图 7-11 温度继电器断开状态原理图

3. 控制阀 控制阀由执行机构和阀门部件组成。按其能源方式不同可分为气动控制阀、电动控制阀、液动控制阀等。它们的差别在于所配的执行机构不同、能源不同,阀门组件也不同。

（1）气动控制阀:在气动系统中,气动控制阀用来调节压缩空气的压力、流量和流动方向,确保系统安全,并且为部分系统提供低于气源压力的压缩空气。气动控制阀有很多种,按功能可分为压力控制阀、流量阀和方向控制阀三大类。

气动隔膜阀是一种特殊形式的截断阀(图 7-12)。它的启闭件是一块用软质材料制成的隔膜,把阀体内腔与阀盖内腔及驱动部件隔开,故称气动隔膜阀。气动隔膜阀最突出的特点是隔膜把下部阀体内腔与上部阀盖内腔隔开,使位于隔膜上方的阀杆、阀瓣等零件不受介质腐蚀,省去了填料密封结构,且不会产生介质外漏。

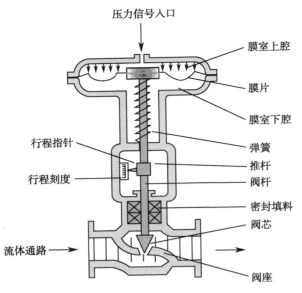

图 7-12　气动隔膜阀结构原理图

（压力信号入口、膜室上腔、膜片、膜室下腔、弹簧、行程指针、行程刻度、推杆、阀杆、密封填料、阀芯、流体通路、阀座）

　　隔膜阀仅由阀体、隔膜和阀盖三个部分组成，结构非常简单，仅通过压缩空气就可实现对阀的工作状态和运行速度的控制和调节。在整个运行中，物料只与阀体内的隔膜发生接触，与其他部件的接触被隔膜有效隔绝。因此，采用隔膜阀输送一些敏感的物料会起到很好的效果。

　　（2）电动控制阀：电动控制阀简单地说就是用电动执行器控制阀门，它不仅可以实现开关作用，还可以实现阀位调节功能。

　　电动球阀是工业自动化控制系统中的重要执行机构。电动球阀是阀瓣绕阀杆的轴线做旋转运动的阀门。阀座通口的变化与阀瓣行程成正比关系，主要用于截断或接通管路中的介质，亦可用于流体的调节与控制，是工业自动化过程控制的一种管道压元件（图 7-13）。电动球阀是由旋塞型球阀和电动执行器组合而来，球阀阀体结构为旋转 90° 的阀芯，电动执行器为输入 0～10mA 的标准信号，电机组带动齿轮蜗轮蜗杆转角力矩，以开关盒调节阀门。

　　电动球阀构造简略，只由少数几个零件组成，资料耗用省；体积小、重量轻、安装尺寸小，驱动力矩小，操作简便、敏捷，只需旋转 90° 即可快速启闭；还同时具有良好的流量调节功效和封闭密封特性，在大中口径、中低压力的应用范畴，电动球阀是主导的阀门形式。

　　电动球阀不需要人工操作，只需要智能操作。在生产过程中，环境决定一切。电动球阀适用于高压、高温或低压、低温环境，但使用过程中应注意以下几点：

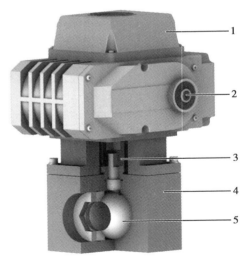

1. 执行器；2. 手动旋口；3. 联轴器；4. 阀体；
5. 阀芯。

图 7-13　电动球阀结构图

1）对于低温低压，材料不需要调整太多。

2）在高压和高温的情况下，应选用耐高温的材料作为电动球阀材料，如不锈钢、合金等。

3）电动球阀其内部部件需要更换，以减少对阀芯的损坏，同时也有利于介质的流动，避免电动球阀结焦和堵塞。

4）当电动球阀开启时，可以安装一些机械以避免振动，防止电动球阀芯开启时内部结构受到损坏。

（3）液压控制阀：液压控制阀是指液压传动系统或液压控制系统中用来控制液体压力、流量和方向的元件。液压控制阀的选定，主要是考虑压力和流量。液压控制阀都有其额定压力，选择时要求各种控制阀的额定压力大于（至少等于）液压系统的最高工作压力。对于压力控制阀，还要选择压力调节范围或压力控制范围，其压力调节范围应大于或等于系统要求的调节范围。

溢流阀属于液压控制阀其中的一种，是一种液压压力控制阀，在液压设备中主要起定压溢流、稳压、系统卸荷和安全保护作用。主要分为直动式溢流阀和先导式溢流阀两种。

从直动式溢流阀结构（图7-14左）可知，当进油口液压油的压力小于溢流阀设定压力时，阀芯被弹簧压在液压油的流入口，溢流阀进油口处于闭合状态，液压油无法进入阀体内，也不能从出油口流向油箱。随着液压系统压力不断升高，当液压油的压力超过其设定压力时，即液压油作用在阀芯上的力大于弹簧压力时，阀芯被液压油顶起，溢流阀开启，液压油从进油口流向出油口，至油箱。进油口液压油的压力越大，阀芯被液压油顶起得越高，溢流阀油口开启面积越大，液压油经溢流阀流回油箱的流量也就越大，如液压油的压力小于或等于弹簧压力，则阀芯在弹簧力的作用下，重新复位，封住液压油进口，溢流阀再次闭合。

从先导式溢流阀结构（图7-14右）可知，当系统液压油进入先导式溢流阀进油口后，会随之由节流小孔进入先导阀进油口，这个节流小孔很重要，同时液压油也进入了主阀芯的上腔体内，当进油口液压油的压力小于先导阀设定压力时，先导阀芯被弹簧压在先导阀的流入口，先导阀进油口处于闭合状态，此时节流小孔内没有液压油流动，节流小孔两侧的液压油压力是相等的，主阀芯上下作用的液压油压力也是相等的，主阀芯在主阀弹簧的作用下，顶在主阀进油口，液压油不能从进油口流向出油口。

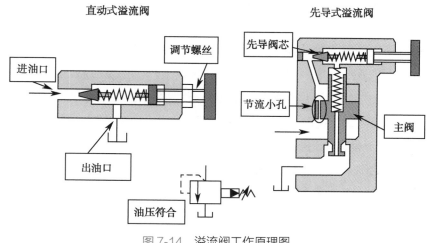

图7-14　溢流阀工作原理图

当进油口液压油的压力大于先导阀设定压力时,先导阀芯开启,液压油从先导阀进油口流经出油口至油箱,先导阀进油腔油量减少,主阀进油口的液压油就会通过节流小孔流进来,补充流失的液压油,此时节流小孔内就产生了液体流动。当液体通过节流小孔时,压力就会降低,即此时主阀进油口的液压油压力大于先导阀进油口的压力,先导阀进油口的压力又与主阀上腔体内压力相等。此时,主阀进油口的液压油压力大于主阀上腔体内压力,即作用于主阀芯下端面的压力大于作用于主阀芯上端面的发力,主阀芯被抬起,主阀进油口与出油口连通,起到溢流稳压的作用。

第三节　位式控制和 PID 控制系统

在工业生产过程中,人工调节劳动强度大、人为误差无法达到控制要求、产品质量不易保证、对于高危岗位存在安全风险等,鉴于这些不利因素,研究设计并制造出了各种各样的仪器、仪表、调节设备、控制装置等来替代人在调节中的作用,这样就从人工调节发展到自动调节。

在工业过程控制中,位式控制(on-off control)和 PID 控制(proportional integral derivative control)是两种常见的自动调节方式,其中 PID 控制是工业应用最广泛、最经典的控制算法。

一、位式控制

位式控制是决定一个被控变量的给定值,然后根据实际值与给定值的偏差符号,来决定调节变量两种状态选取的工作过程,即位式控制的控制动作就是"开"和"关"两种状态的交替。位式调节器按输出断续信号的控制作用可分为二位调节器、三位调节器、时间比例调节器、断续作用比例积分调节器(proportional-integral controller, PI 调节器)等。通常位式调节器输出的断续信号是接通或切断电源的开关信号,故又称开关式调节器。

1. 二位式控制　二位式调节也称通断式控制,是将测量值与设定值相比较之差值放大处理后,对调节对象作开或关控制的调节。二位式控制只有高位和低位状态,即控制输出只有100% 输出和 0 输出两种状态。

以二位调节器控制电加热高温反应罐的温度调节系统为例。当反应系统温度未达到给定值时,开关处于"低"的位置。接通电源,炉温很快上升。当反应系统温度达到给定值时,开关处于"高"位置,加热电阻停止加热,反应系统温度还会继续上升一段时间,随后下降。当反应系统温度下降至给定值时,开关又接通电源,这时反应系统温度继续下降一段时间,然后逐渐上升,如此周而复始地进行。在调节器的作用下,反应系统温度在给定值附近波动。

这种控制作用的缺点在于不能消除偏差,温度控制精度不高,控制输出信号往往在"高"和"低"之间频繁转换,导致执行部件的触点频繁开关动作,易产生干扰及缩短执行部件的寿命。

2. 三位式控制　三位式控制输出具有三个离散值,分别是高值、中值和低值。当偏差的绝对值小于某个界限值时,控制器输出取中值;当偏差的绝对值大于该界限值时,视偏差的极性(正、负)而取高值或低值。

从图 7-15 可知,状态值(PV)低于设定值(SV)一定比例(一般 10%)时 OUT1 和 OUT2 同时起控制作用,控制对象全功率运行;PV 在 SV 的正负 10% 范围时,OUT1 单独作用,工作于半功率状态;PV 达到或超过 SV 时 OUT1 和 OUT2 都停止输出,控制对象停止工作。以电炉加热为例,三位式调节可以用两个继电器的触点组成"升温加热"、"恒温调节"及"停止加热"三种输出状态。

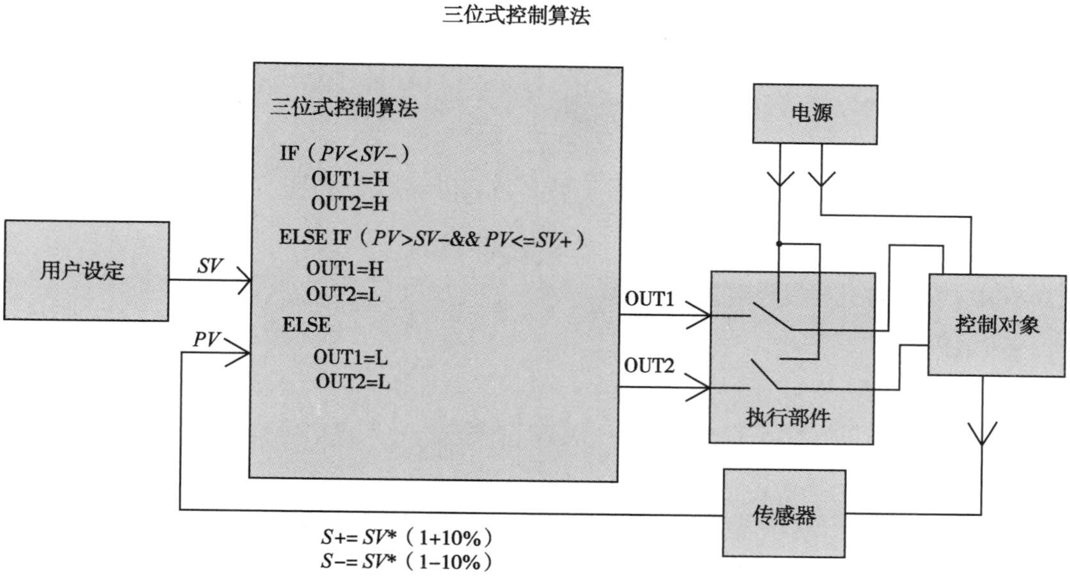

图 7-15　三位式控制系统图

相对二位式控制算法,三位式控制算法对控制对象的当前状态值做了简单的分析,并根据不同的当前状态值输出不同的控制信号,能够较好地对输出产生控制效果。

二、PID 控制

按被控对象的实时数据采集的信息与给定值比较产生的误差的比例(proportion,P)、积分(integral,I)和微分(differential,D)进行的控制,简称 PID 控制或 PID 调节。

当被控对象的结构和参数不能完全掌握,或得不到精确数值,或控制理论的其他技术难以采用时,系统控制器的结构和参数必须依靠经验和现场调试来确定,这时应用 PID 控制技术最为方便。即当不完全了解一个系统和被控对象,或不能通过有效的测量手段来获得系统参数时,最适合用 PID 控制技术。因此,PID 调节以结构简单、稳定性好、工作可靠、调整方便而成为工业控制的主要技术之一。

PID 控制在实际中也有 PI 和 PD 控制。PID 调节器就是根据系统的误差,利用比例、积分、微分计算出控制量进行控制的。

1. PID 控制原理　PID 是比例、积分、微分的缩写,分别代表了三种控制算法。通过这三个算法的组合可有效地纠正和调整被控制对象的偏差,从而使其达到一个稳定的状态。常规 PID 控制系统原理如图 7-16 所示。

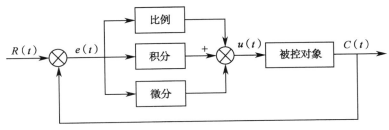

图 7-16　PID 控制系统原理框图

PID 控制输入 $e(t)$ 与输出 $u(t)$ 的关系为

$$u(t) = Kp\left[e(t) + 1/T_1 \int_0^t e(t)\mathrm{d}t + T_D^* \mathrm{d}_e(t)/\mathrm{d}t \right]$$　　　　式(7-6)

式(7-6)中,积分的上下限分别是 0 和 t。

传递函数为

$$G(s) = \frac{U(s)}{E(s)} = K_p\left[1 + \frac{1}{T_1^* S} + T_D^* S \right]$$　　　　式(7-7)

式(7-7)中,K_p 为比例系数;T_1 为积分时间常数;T_D 为微分时间常数。

在很多情况下,不一定需要全部三个单元,可以取其中的 1～2 个单元,但是比例控制单元(P)是必不可少的。

(1)比例控制(P):比例控制是一种最简单的控制方式,其调节器的输出与输入偏差信号呈比例关系。通俗地说,比例就是输入偏差乘以一个系数。当仅有比例控制时,系统输出存在稳态误差。

(2)积分控制(I):控制器的输出与输入误差信号的积分成正比。对一个自动控制系统,如果在进入稳态后存在稳态误差,则称这个控制系统是有稳态误差的或简称有差系统。为了消除稳态误差,在控制器中必须引入“积分项”。积分项相对误差取决于时间的积分,随着时间的增加,积分项会增大。这样,即便误差很小,积分项也会随着时间的增加而加大,它推动控制器的输出增大,使稳态误差进一步减小,直到等于零。因此,比例+积分(PI)控制器,可以使系统在进入稳态后无稳态误差。

(3)微分控制(D):在积分控制中,调节器的输出与输入偏差信号的积分成正比。通俗地讲,微分就是对输入偏差进行微分运算。控制系统在克服误差的调节过程中可能会出现振荡甚至失稳,其原因是存在有较大惯性组件或有滞后组件,具有抑制误差的作用,其变化总是落后于误差的变化。解决的办法是使抑制误差的作用变化“超前”,即在误差接近零时,抑制误差的作用就应该是零。这就是说,在控制器中仅引入“比例”项往往是不够的,比例项的作用仅是放大误差的幅值,而目前需要增加的是“微分项”,它能预测误差变化的趋势,具有比例+微分（PD）的控制器，就能够提前使抑制误差的控制作用等于零，甚至为负值，从而避免了被控量的严重超调。所以对有较大惯性或滞后的被控对象，PD控制器能改善系统在调节过程中的动态特性。

总之，PID是基于一个偏差实现控制过程的。比例控制使系统趋向目标值，但是存在稳态误差；积分控制是偏差对时间的积分，可以消除稳态误差；微分控制是偏差对时间的微分，即偏差的变化速率，可避免系统产生超调。

2. PID控制参数的选择 PID控制器的参数设定是控制系统设计的核心内容，如果假设控制参数的选择不合理，就无法保障实际控制效果的合理性。可根据过程特性确定PID控制原理的比例系数、积分时间和微分时间的大小，常用工业参数PID参数取值范围，见表7-6。

表7-6 不同工业参数PID参数取值范围

参数类型	参数取值范围
流量控制	比例取20%～80%，积分时间取60～300s
温度控制	比例取20%～80%，积分时间取180～600s，微分时间取3～180s
液位控制	比例取20%～80%，积分时间取60～300s
压力控制	比例取30%～70%，积分时间取24～180s

另外，实际生产过程中还存在诸多因素的影响，再加上并不是所有的因素都需要控制，所以如果考虑所有的影响因素，在参数控制的过程中很难保障控制的实效性，同时许多的控制程序也并不是非常必要的。对此，在参数控制的过程中，需要先对生产的工艺进行详细的分析，并寻找到生产中对产品质量、对生产安全影响最为突出的因素。同时，明确这一些因素是否可以借助人为的方式控制。

PID控制器参数整定的方法很多，概括起来有两大类：一是理论计算整定法。它主要是依据系统的数学模型，经过理论计算确定控制器参数。这种方法所得到的计算数据未必可以直接用，还必须通过工程实际进行调整和修改。二是工程整定方法。它主要依赖工程经验，直接在控制系统的试验中进行，方法简单、易于掌握，在工程实际中被广泛采用。PID控制器参数的工程整定方法主要有临界比例法、反应曲线法和衰减法，其共同点都是通过试验，然后按照工程经验公式对控制器参数进行整定。但无论采用哪一种方法所得到的控制器参数，都要在实际运行中进行最后调整与完善。

第四节　可编程逻辑控制器与分散控制系统

在工业控制领域，可编程逻辑控制器（programmable logic controller，PLC），是一种具有微处理机的数字电子设备，是用于自动化控制的数字逻辑控制器，能够将控制指令随时载入内存进行储存与执行，从而实现对工业过程的自动化控制。分散控制系统（distributed control system，DCS），是相对于集中式控制系统而言的一种新型计算机控制系统，它是在集中式控制系统的基础上发展、演变而来的。它是一个由过程控制级和过程监控级组成的以通信网络为纽带的多级计算机系统。

一、可编程逻辑控制器控制系统

PLC是专为工业生产设计的一种数字运算操作的电子装置，它采用一类可编程的存储器，用于其内部存储程序、执行逻辑运算、顺序控制、定时计数与算术操作等面向用户的指令，并通过数字或模拟式输入/输出控制各种类型的机械或生产过程，是工业控制的核心部分。

PLC采用"顺序扫描，不断循环"的方式进行工作。即在PLC运行时，中央处理器（central processing unit，CPU）根据用户按控制要求编制好并存于用户存储器中的程序，按指令步序号（或地址号）做周期性循环扫描，如无跳转指令，则从第一条指令开始逐条顺序执行用户程序，直至程序结束。然后重新返回第一条指令，开始下一轮新的扫描。在每次扫描过程中，还要完成对输入信号的采样和对输出状态的刷新等工作。

PLC控制系统具有两个主要功能，一个是在化工自动化的控制中具有控制工艺流程的功能，另一个是具有采集数据的功能。①在控制工艺的流程中，对于在控制顺序这方面，主要是通过使PLC控制系统所具有的可选组级与单项的控制相结合，从而独立运行对各个组级的控制。如果是在程序自动执行时出现了运行故障，其控制系统会马上发出中断信号，并且在生产的运行程序当中立刻中断，从而可以保障自动化控制一直处在相对安全的状态中，并且在中控屏幕上也会出现故障的具体原因。②数据采集功能主要是体现在自动化的控制系统中必须要按照要求对其模数的精度进行转换，包括显示扫描周期及模块速度。同时，它也可以通过图表、曲线及文字等不同种类形式进行相关的处理和采集，并且形成不同生产工艺流程，再通过液晶显示屏，显示相应的画面，方便操作员及时掌握实况。

PLC控制系统主要由中央处理器，输入、输出模块，编程器，存储器等组成（图7-17）。其控制系统也可以对开关进行有效控制，从而实现顺序控制的目的。通常情况下，PLC控制系统可以作为编程的控制器，因为它可以编制不同的程序。因此，PLC控制系统大量地应用在医药化工工艺的单机及多机群中，对于在医药化工生产中所产生的流量、压力及温度等方面的指标可进行有效控制。在医药化工自动化生产系统中，PLC控制系统主要是通过开关逻辑进行控制处理，所以在生产过程中实现了自动化，同时也可降低在生产中造成的失误，避免事故的发生。此外，在这个生产过程中，在指标的有效控制下，可以减少原料消耗，提高利用率，也延长了设备的使用期限。

以发酵罐作为被控对象为例，实施PLC控制系统控制方案初步设计如图7-18。PLC控制系统需要完成1个薄板冷却器和1只发酵罐的自动控制。高于90℃的热麦汁先经过冷却器冷却成8℃左右的冷麦汁进入发酵罐，加入酵母以后麦汁开始发酵。在发酵过程中会释放热量和CO_2，导致酒液温度和灌顶压力升高，因此需要对酒液温度和罐顶压力进行控制。酒液温度通常采用自上而下的分段控制，分段数量视罐大小和罐体结构而定。本例中假设罐体有3个温度控制点和1个压力控制点，不包含发酵过程中诸如酵母添加、麦汁冲氧、出酒、在线清洗、调pH等其他工序的控制。

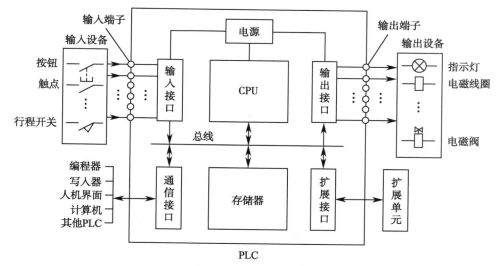

图 7-17　典型 PLC 控制系统组成方框图

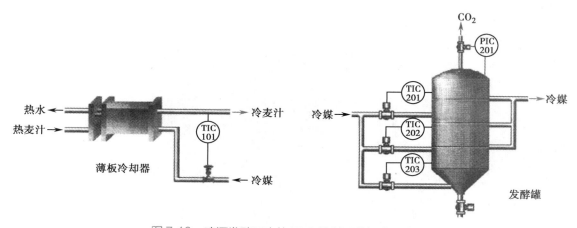

图 7-18　啤酒发酵工序的 PLC 控制系统初步设计图

从图 7-18 可知,在薄板冷却器的温度控制回路中,需要 1 个温度传感器、1 台调节阀。发酵罐需要 3 个温度传感器和 1 个压力变送器。由于罐顶压力的控制要求较低,通过电磁阀采用二位控制通常就可以满足要求;而温度对象的时滞较大且控制要求很高,一般采用多模态 PID 控制,但执行器通常也多采用开关式的电磁阀。变送器量程、执行器口径等仪表参数要根据实际工艺参数来确定。

二、分散控制系统

分散控制系统以微处理器为基础,是采用控制功能分散、显示操作集中、兼顾分而自治和综合协调的设计原则的新一代仪表控制系统,其主要特征是它的集中管理和分散控制。

1. DCS 的功能　DCS 的功能大体分为 4 个部分:实时监控、自动控制、警报功能、过往记录。实时监控就是 DCS 的管理系统对当时生产的一个过程进行即时的记录,类似于现场直播,当时什么样的数据采集出来就是什么样的数据,还要根据当时采集的每个数据进行讨论和处理,根据计算机显示出来的准确生产情况,对生产进行合理有效的控制,从而来保障生产的安全性质。自动控制就是要对医药化工生产过程里的自动控制 PID 参数进行一定的调整，只有这样，DCS 才可以保障在医药化工生产时带来的精确程度，同时也可提高产品的整个质量和整个企业的生产效率，还可对周围环境进行保护，给医药化工生产带来更加可观的经济效益。对于整个生产过程的警报功能具体是指 DCS 对于医药化工生产过程运行情况进行一个即时的报警，相关的技术人员可以对警报值进行设定，经过设定后，DCS 就会对出现的故障进行报警，从而能及时地发现问题的存在并进行解决。还可以根据警报所发现的问题对它的 PID 参数进行一定的调整，对过程中的记录进行统计，为后期的维修提供可靠的数据。某厂混合单元操作的 DCS 的人机操作界面如图 7-19 所示。

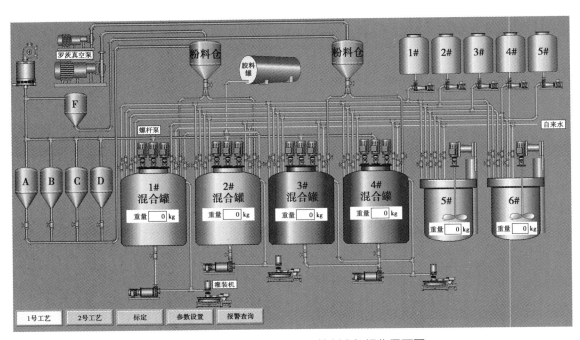

图 7-19　某厂混合过程 DCS 控制人机操作界面图

2. 软硬件体系

（1）硬件结构：在不同的 DCS 中，过程控制级的控制装置各不相同，如过程控制单元、现场控制站、过程接口单元等，但它们的结构形式大致相同，可以统称为现场控制单元。过程管理级由工程师站、操作员站、管理计算机等组成，完成对过程控制级的集中监视和管理，通常称为操作站。

现场控制单元的结构是许多功能分散的插板（或称卡件）按照一定的逻辑或物理顺序安装在插板箱中，各现场控制单元及其与控制管理级之间采用总线连接，以实现信息交互。现场控制单元的硬件配置需要完成以下内容。

1）插件的配置：根据系统的要求和控制规模配置主机插件（CPU 插件）、电源插件、输入/输出（input-output，I/O）插件、通信插件等硬件设备。

2）硬件冗余配置：对关键设备进行冗余配置是提高 DCS 可靠性的一个重要手段，DCS 通常对主机插件、电源插件、通信插件和网络、关键 I/O 插件都可以实现冗余配置。

3）硬件安装：不同的 DCS 对于各种插件在插件箱中的安装，会在逻辑顺序或物理顺序上有相应的规定。另外,现场控制单元通常分为基本型和扩展型两种,所谓基本型就是各种插件安装在一个插件箱中,但更多的时候需要可扩展的结构形式,即一个现场控制单元还包括若干数字输入/输出扩展单元,相互间采用总线连成一体。

操作站是用来显示并记录来自各控制单元的过程数据,是人与生产过程信息交互的操作接口。典型的操作站包括主机系统、显示设备、键盘输入设备、信息存储设备和打印输出设备等,主要实现强大的显示功能(如模拟参数显示、系统状态显示、多种画面显示等)、报警功能、操作功能、报表打印功能、组态和编程功能等。

另外,DCS 操作站还分为操作员站和工程师站。从系统功能上看,前者主要实现一般的生产操作和监控任务,具有数据采集和处理、监控画面显示、故障诊断和报警等功能。后者除了具有操作员站的一般功能以外,还应具备系统的组态、控制目标的修改等功能。从硬件设备上看,多数系统的工程师站和操作员站合在一起,仅用一个工程师键盘加以区分。

(2)软件结构:DCS 的软件体通常可以为用户提供相当丰富的功能软件模块和功能软件包,控制工程师利用 DCS 提供的组态软件,将各种功能软件进行适当的"组装连接"(即组态),生成满足控制系统要求的各种应用软件。

现场控制单元的软件主要包括以实时数据库为中心的数据巡检、控制算法、控制输出和网络通信等。

实时数据库起到中心环节的作用,在这里进行数据共享,各执行代码都与它交换数据,用来存储现场采集的数据、控制输出及某些计算的中间结果和控制算法结构等方面的信息。数据巡检模块用以实现现场数据、故障信号的采集,并实现必要的数字滤波、单位变换、补偿运算等辅助功能。DCS 的控制功能通过组态生成,不同的系统需要的控制算法模块各不相同,通常会涉及以下一些模块:算术运算模块、逻辑运算模块、PID 控制模块、变型 PID 模块、手自动切换模块、非线性处理模块、执行器控制模块等。控制输出模块主要实现控制信号及故障处理的输出。

DCS 中的操作站用以完成系统的开发、生成、测试和运行等任务,这就需要相应的系统软件支持,这些软件包括操作系统、编程语言及各种工具软件等。一套完善的 DCS,在操作站上运行的应用软件应能实现如下功能:实时数据库、网络管理、历史数据库管理、图形管理、历史数据趋势管理、数据库详细显示与修改、记录报表生成与打印、人机接口控制、控制回路调节、参数列表、串行通信和各种组态等。

3. PLC 与 DCS 的区别　DCS 是分散控制系统,PLC 是可编程逻辑控制器,两者区别较大,具体体现在以下几方面。

(1)DCS 更侧重于过程控制领域,PLC 则侧重于逻辑控制。

(2)DCS 适用于模拟量大于 100 个点以上的情况,PLC 适用于模拟量在 100 个点以下的情况。

(3)DCS 网络是整个系统的中枢神经,DCS 通常采用的国际标准协议《传输控制协议/互联网协议》(transmission control protocol/internet protocol, TCP/IP)。它是安全、可靠、双冗余的高速通信网络,系统的拓展性与开放性更好。PLC 因为基本上都为单个小系统工作,在与别的 PLC 或上位机进行通信时,所采用的网络形式基本都是单网结构,网络协议也经常与国际标准不符。

（4）DCS 系统所有 I/O 模块都带有 CPU，可以实现对采集及输出信号品质判断与标量变换，故障带电拔，随机更换。而 PLC 模块只是简单电气转换元，没有智能芯片，故障后相应单元全部瘫痪。

（5）DCS 硬件和软件丰富，如上位机、网络、控制器、I/O 接口、现场仪表等，以及上位机组态软件、控制器编程软件、通信接口软件、操作及设计人机接口软件等。PLC 则只有单一控制器和控制器编程软件。

第五节　典型自动化控制实例

由于医药化工生产流程复杂，涉及的单元操作类型多，同时还具有一定的高温、高压、腐蚀、易燃爆等危险性及操作环境等不利因素，使得医药化工自动化控制技术的应用成为可能，其目的在于：①提升医药化工行业经济发展，增加工业产品规模，减少人为因素带来的产品质量的不稳定性；②降低劳动强度，优化操作环境，让人远离危险源，降低生产风险，防止事故发生。

常规的自动化系统模式一般由系统监控层、控制层及仪表执行器层三个部分共同构成。其中的系统监控层是由操作员站与打印机设备组成，与工业以太网相连。控制层是由 PLC 或 DCS、远程 I/O 站、触摸屏、变频器，总线阀岛等部分构成，与控制总线相连，集中安装在控制箱柜中。仪表执行器层包含的多为一些机械部件。

一、流体输送单元操作自动化控制

流体主要包括液体和气体两大类。制药生产中的原料、中间体、产物等物料多数为流体，按照工艺要求实现它们在各设备之间的输送是制药生产中的重要环节。为流体提供机械能，实现将流体由总比能低处送到总比能高处的设备称为流体输送设备，简单而言物料从输送设备中获得机械能，克服物料流动阻力，补偿送料点到受料点的能位差，实现物料的输送。其中，泵是流体输送设备，离心压缩机或风机是气体输送设备。

1. 离心泵自控方案　离心泵是由叶轮旋转时产生的离心力来输送液体的泵，是最常见的液体输送设备。离心泵的控制主要是为了满足工艺需求流量，将流量稳定在某一个特定的数值上。离心泵的流量控制主要包括直接节流法、转速控制法和旁路控制法三种。

（1）直接节流法：通过改变泵与阀门连锁来控制流量（图 7-20），阀门的开关直接影响调节阀两端的压降，从而改变管路阻力来控制流量。当泵出口流量经流量计测定与给定流量出现偏差时控制器发出信号，阀门根据流量的偏差调节阀门开启度，控制流量回到给定值。

离心泵的排量（Q）与扬程（H）是离心式水泵的主要设计与运行参数，两个参数之间相互影响，共同决定泵的性能，二者之间的对应关系如图 7-21 所示。不同流量下，泵能产生的扬程是不一样的，泵提供的扬程必须能够克服管路阻力，随着扬程的增大泵的流量随之增大。图 7-21 中，曲线 1、2 和 3 为不同的管路特性，曲线 A 为泵的流量特性，C_1、C_2、C_3 为泵的工作

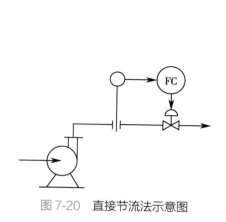

图7-20 直接节流法示意图

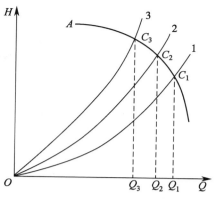

图7-21 直接节流法排量(Q)与
扬程(H)关系图

点。当泵正以管路特性曲线1工作时,它的工作点为C_1,此时的流量为Q_1,若此时泵的流量不符合工艺要求,控制器发出调节流量的信号后,泵后的阀门开启度发生变化。由于泵的转速是恒定的,泵的特性曲线没有发生变化仍然为A,但管路上的阻力却发生了变化,由1变为了2或者3,那么泵的工作点就由C_1调整为C_2或者C_3,出口流量也随之发生变化,由Q_1改变为Q_2或者Q_3。通过改变管路特性曲线,从而变更离心泵的工作点,实现出口流量变化就是节流调节的原理。

控制阀门在安装时应安装在泵的出口管线上,如果装在入口管线上,将导致泵入口压力比无阀门时要低,使输送的液体部分气化,导致泵出口压力降低,流量减小,甚至使出口流量为零,导致"气缚"现象的发生。同时,液体夹带着蒸气压到出口又集聚冷凝,冲蚀着翼轮和泵壳,造成"气蚀"。"气缚"和"气蚀"都会对泵造成不良的影响,极大缩短泵的使用寿命。

通过改变泵与出口阀门的开度,控制泵流量的方法操作简单,是现在工业上使用最多的方案。但是,随着阀门开度的减小,阀门上的压降逐渐增大,对于大功率的泵损耗的功率相当大,因此是不经济的。

(2)转速控制法:通过改变泵的转速来调节泵的流量(图7-22),是通过改变泵的特性曲线来实现的。由图7-23可知,曲线1、2和3为不同流量特性曲线,分别对应泵的转速n_1、n_2和n_3,在相同流量Q_1条件下,随着转速由n_1下降至n_2和n_3,泵的扬程(H)也随之下降,在特

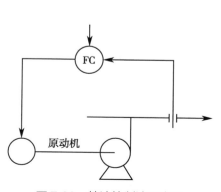

图7-22 转速控制法示意图

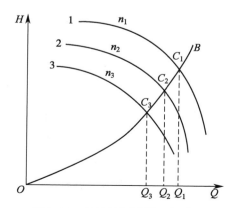

图7-23 转速控制法排量(Q)与
扬程(H)关系图

定管路曲线 B 的条件下,泵的工作点也由 C_1 移至 C_2 和 C_3,流量也由 Q_1 下降至 Q_2 和 Q_3。

此种方法调节流量效果明显,方便快捷,安全可靠,可延长泵的使用寿命。相对于直接节流法机械效率更高、更经济。但是,改变泵的转速,需要通过变频技术改变原动机的转速,原理复杂,投资较大。

(3)旁路控制法:旁路控制法是通过改变管路特性的原理来调节流量的(图 7-24)。将泵部分排出的量重新送回到吸入管路,用改变旁路阀门开启度的方法来控制泵的实际出口流量。

本方法控制阀装在支路上,压差大但流量小,因此控制阀的选用尺寸要比主管路上的小得多,但旁路法会消耗一部分高压液体能量,使总机械能效率降低,不经济。

2. 离心式压缩机自控方案 离心式压缩机是利用叶轮高速旋转时,在离心力的作用下,气体不断地吸入并甩出,保持气体的连续流动的设备。由于它结构紧凑、重量轻、排气连续、易损件少、省油、转速高、调节方便等优势被广泛使用。它的控制系统包括气量控制系统、入口压力控制系统、出口压力控制系统、防喘振控制系统等,本节主要介绍离心式压缩机的气量控制系统。控制方法包括出口节流法、入口节流法、转速控制法、旁路控制法和控制导向叶片角度法。

(1)出口节流法:出口节流法是通过在离心式压缩机出口设置控制阀门(图 7-25),改变出口压缩机的管路阻力,使管路特性曲线发生改变,以达到调控流量的目的。本方法虽然控制简单,但不适用于压缩机特性曲线较陡峭的设备。

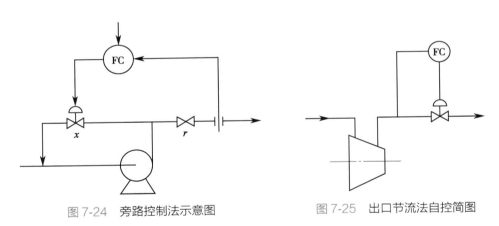

图 7-24　旁路控制法示意图　　　　图 7-25　出口节流法自控简图

(2)入口节流法:本方法是将控制阀设置在离心式压缩机入口管线的位置,通过改变压缩机入口控制阀的开合度,调节压缩机的进气状态,从而改变压缩机的性能曲线,通过改变压缩机工作点来达到压缩机的工况调节的目的。

此方法控制简单,是离心式压缩机常用的控制方法之一。它经济性较好,完成同样的控制任务,入口节流时进入压缩机的容积流量要大些。根据压缩机的性能曲线,容积流量大的,压力比较小,压缩机的功耗也较小,所以"入口节流控制"时压缩机的功耗比"出口节流控制"时小。特别是在压缩机性能曲线比较陡时,两者的差别就更为明显。此外,离心式压缩机在入口节流控制后,其喘振流量向小流量方向移动,使压缩机可以在更小的流量下工作。

但是,采用入口节流阀仍会带来一定的节流损失。在控制阀关小时,会在压缩机入口端引入负压,这就意味着吸入同样容积的气体,其质量流量变少了。当流量降低到额定值的50%以下时,负压严重,压缩机效率大为降低。此时,可采用分程控制方案来改变此种情况,如图7-26所示。出口流量控制器FC操纵两个执行器。吸入阀1只能关小到一定开度,如果需要的流量更小,则应打开旁路阀2,以避免入口端负压严重。两个执行器的工作特性如图7-27所示。

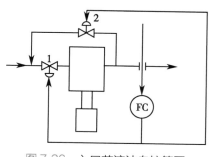

图7-26　入口节流法自控简图

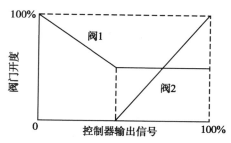

图7-27　执行器的工作特性图

（3）转速控制法:压缩机的流量也可以通过调节原动机的转速实现(如图7-28所示)。从离心式压缩机的特性曲线可知,在压缩机压缩比p_2/p_1不变时,改变压缩机转速N,其出口流量Q就会发生改变,这种方法最节能,改变转速也最容易实现,但是调速机构一般比较复杂。

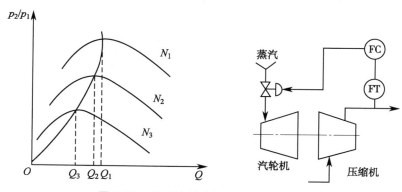

图7-28　转速控制法简图及其特性曲线

（4）旁路控制法:它和泵的控制方案相同,如图7-29所示。对于压缩比很高的多段压缩机,从出口旁路直接回到入口是不适宜的。因为这样会造成阀前后压差太大,功率损耗太大。为解决这个问题,可在中间某段安装控制阀,使其回到入口端,可满足一定工作范围的需要。

（5）控制导向叶片角度法:为了减少阻力损失,对于大型压缩机往往不用控制吸入阀的方法,而是改用控制导向叶片角度的方法,如图7-30所示。通过改变出口导向叶片的角度,改变气流方向,从而改变流量大小。出口导叶控制比进口导叶控制节省能量,但要求压缩机出口有导向叶片装置,结构较复杂。

二、氯化工艺过程自动化控制

氯化反应一般指将氯元素引入化合物中的反应。作为制药生产工艺上的重要反应,氯化

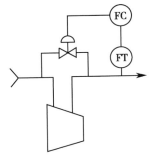
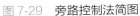

图 7-29 旁路控制法简图

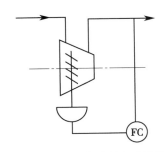

图 7-30 控制导向叶片角度法简图

反应在实际生产过程中被广泛使用。生产中最常用的氯化剂为氯气,但是由于氯气不宜贮存和控制,一般将其进行液化贮存在钢瓶内。在氯化反应过程中,一般先将液氯钢瓶内的液氯加热气化,气化后的气先进入缓冲罐,然后由缓冲罐进入氯化反应器与其他物质进行反应,得到产品或中间品,在整个过程中产生工艺要进行尾气吸收。

1. 氯化反应工艺过程危险性分析

(1)常用的氯化剂氯气、氯化氢等都在一定压力下贮存,本身为有毒化学品,如果在氯化过程出现一些故障性氯气、事故性氯气,可能会导致氯化剂中毒。

(2)多数氯化工艺采用液氯生产是先气化再氯化,在液氯气化过程中,如果气化温度过高,气化速度就会过快,氯气可能会回流至液氯钢瓶,也可能使过多的氯气进入缓冲罐而产生超压,如果压力过高,而缓冲罐没有一定的指示装置和控制装置,可能会发生超压爆炸。

(3)氯化反应是一个放热过程,尤其在较高温度下进行氯化,反应更为剧烈,速度快,放热量较大,产生的热量大多是通过盘管或被夹套中的冷媒带走,如果加料速度过快,加热温度过高或过快,搅拌不及时,冷媒换热的运行效果不佳,可能会使热量积聚,导致冲料,严重的可致爆炸。

(4)在氯化反应尾气没有进行回收时,易形成爆炸性混合物。

(5)常用氯化剂氯气随产地和制备工艺等不同,成分有所不同,其中杂质如水、氢气、氧气、三氯化氮等,在使用中易发生危险,特别是三氯化氮积累后,容易引发爆炸危险。

2. 氯化反应工艺过程安全控制方案 氯化反应过程安全控制方案需要重点监控:①氯化剂贮存罐及氯化反应釜温度、压力和液位;②氯化反应釜搅拌速率;③反应物料的配比;④氯化剂进料流量;⑤冷却系统中冷却介质的温度、压力和流量;⑥氯化反应尾气组成;⑦氯气杂质含量(水、氢气、氧气、三氯化氮等)。

安全控制的基本要求包括:①反应釜温度和压力的报警和联锁;②反应物料的比例控制和联锁;③搅拌的稳定控制;④进料缓冲器;⑤紧急进料切断系统;⑥紧急冷却系统;⑦安全泄放系统;⑧事故状态下氯气吸收中和系统;⑨可燃和有毒气体检测报警装置。具体如图7-31所示。

本装置主要由液氯钢瓶、排管式气化器、氯气缓冲罐等组成。液氯由钢瓶出来经气动调节阀进入排管式气化器气化,其流量根据系统工艺需要由氯气缓冲罐上的压力变送器5反馈自行调节,并装有压力报警(PICA)装置,超压时操作室会发出警报。异常情况下,系统超压而不能自动泄压时可导致超压爆炸。因此,为了安全,在缓冲罐顶部要安装安全阀10进行安全保

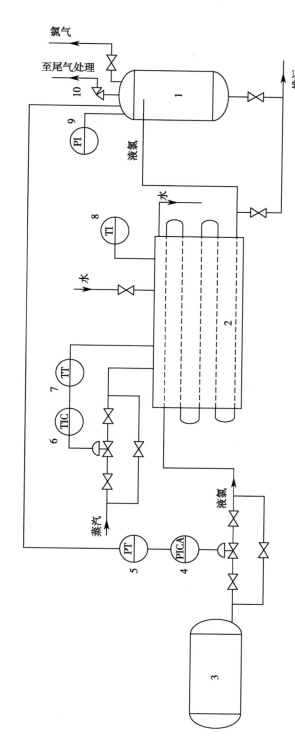

图 7-31　液氯气化装置简图

1. 氯气缓冲罐；2. 排管式气化器；3. 液氯钢瓶；4. 压力调节显示；5. 压力变送器；6. 温度调节显示系统；7. 温差变送器；8. 温度现场指示；9. 压力现场指示；10. 安全阀。

护。一旦压力超过安全阀设置的极限压力,安全阀就会起跳,外泄氯气用管道引入事故碱破坏塔处理。氯气化器用热水加热,其热水温度控制在 40～45°C,由温度变送器 7 显示温度并通过气动调节阀 6 调节蒸汽通量。这样,可避免因误操作(即关闭后系统阀门,使液氯气化系统形成一个独立的封闭系统,而仍在通氯和加热)导致超压爆炸的危险,同时还可使液氯气化稳定可靠,操作简单。在氯气罐底设有排污阀,将底部残余尾气或者发生事故需要导出的尾气导入吸收处理装置。

在氯化反应釜(如图 7-32)上设计压力表、温度计等,在搅拌器上设置电流报警器,对反应釜夹套设置压力报警器。当氯气流量偏离设定值时,通过流量控制器 FIC 联锁关自动控制阀 V₄ 进行流量大小的调节。当反应釜压力过高或者过低超过设定值报警,通过压力报警装置 PICA(H)/温度报警装置 TICA(H)连锁关闭氯气进料自动控制阀,停止氯气进入反应釜。当搅拌器突然停电或故障时,通过电流指示报警器 IIA 进行报警。当反应釜夹套内压力过高时,可通过压力指示报警器 PIA 进行报警。

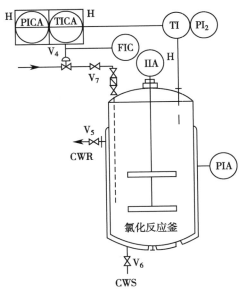

图 7-32　氯化反应装置图

三、抗生素发酵生产自动化控制

抗生素的发酵工艺是抗生素生产中的关键步骤,需要利用生物、化学和工程学等方面的理论和技术。现代的发酵技术是通过计算机控制调控发酵时的环境因素及工艺参数,例如温度、pH、溶氧量等,使菌种的代谢变化沿着最佳方向进行,具体实施的自动化控制方案简述如下。

1. 温度　温度是发酵环境中最重要的条件,温度升高能加强酶的活性,从而影响微生物的生长速率,但是温度如果高于酶的最佳温度,微生物的生长就会迅速下降,而高于微生物的承受极限,微生物会在短时间内迅速死亡。最佳温度依据抗生素发酵阶段的不同而不同。通常情况下,为保证测量和控制的不间断性,需要在发酵大罐设置两个测量点,对于 150m³ 及 150m³ 以上的大罐按上/下方式布置,对于 150m³ 以下的大罐按同一水平方向布置,两只传感器能反映发酵罐内温度均匀程度,而且只要其中任何一只传感器能可靠工作,就能保证生产正常运行。另外,为监测冷却水的冷却效果,在冷却水进口和出口分别设有温度传感器。为提高温度检测的精度和增强抗干扰能力,尤其是采用变频搅拌的罐体,强烈建议选用一体化温度变送器,把温度信号就地变换成电流信号后远传给控制室的控制器或相应仪表(图 7-33)。

发酵大罐的温控一般仍然采用传统的调节阀方式。对于有多种冷却水的大罐,为充分节能降耗,在工程实践中可以采用多个自动阀分别安装在各自对应管路上,由控制系统自动根据设定发酵温度调节培养温度。

2. pH　在抗生素发酵过程中,微生物分解利用各种营养物质,产生各种分解产物,也会迅速改变发酵液的 pH。而对于大多数抗生素而言,最适宜菌丝体生长和抗生素合成的 pH 应

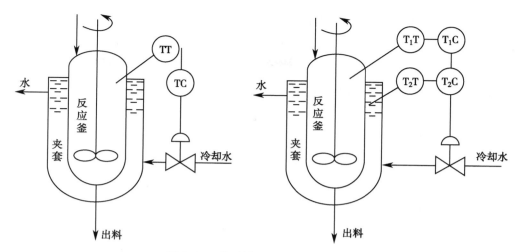

图 7-33　发酵罐温度自控设计简图

是接近中性的。因此，欲使抗生素高产，提高发酵单位，就必须把发酵液的 pH 稳定在一个合适的范围。

为了减少对发酵罐定容的影响，一般采用液氨作为调节 pH 的物质，并通过空气总管流入。同时为了提高系统关键点的可靠性，采用一个常闭阀和一个常开阀串接的控制方式，即正常情况下，常闭阀作为液氨加入的主控阀调节其加入量，而常闭阀则作为保护性阀门，当主控阀失效时自动关闭以防止因过量液氨的加入而造成的灾难性后果。

发酵过程中，酸碱度的检测采用 pH 传感器，这种传感器必须能够经受发酵罐的高温灭菌，并可准确、连续不断地测量发酵罐内酸碱度的变化。

3. 风量、搅拌、溶氧　在发酵中微生物的生物氧化过程需要供给足够量的氧，供氧不足会严重影响微生物的生长与代谢产物的合成。在发酵罐中，氧的供给是通过向发酵中通入无菌空气并利用机械搅拌混合，提高氧的溶解能力。由于微生物生长的各个阶段对于氧气的需求量不同，在发酵的后期氧气的需求量逐步降低。因此，在发酵的各个时期，可以采用不同的供氧量（通风量），以达到降低成本、减少泡沫的目的。要调节发酵罐中溶解氧浓度也必须通盘考虑搅拌器转速和通气量，才能取得更好的效果。为了降低成本和避免染菌，空气流量计和控制空气流量的调节阀均安装在进气管上预过滤器前。

4. 罐压　发酵罐内维持一定的正压，其主要目的是防止外界空气进入发酵罐内，造成污染；另一个目的是增加氧分压，增加氧的溶解度。罐压用压力变送器将发酵罐的压力转化为电信号接入控制系统。

5. 搅拌转速和搅拌功率　对于采用变频系统的发酵罐，其转速、电机电流和搅拌功率等参数可以从变频器通过标准信号或通信方式获取；对于无变频系统的发酵罐，转速和电流、搅拌功率采用独立传感器进行测量。

四、化学药物生产过程自动化控制

结合药物合成工艺，在设计完成带控制点的工艺流程图的基础上，进一步实施单元操作和过程的自动化控制设计,借助于 PLC 和 DCS,从工艺的不同特性角度,可实现药物合成过程的自动化操作。

1. **某药物合成岗位工艺流程设计**　通常在药物合成岗位都具有一些共性的单元操作,如计量、加料/放料、搅拌、加热/冷却、物料转运等,同时,针对一些带压操作,也会设计一些安全措施和环节,保障生产的顺利进行。以某药物合成工段为例,在带控制点的工艺流程设计基础上,对于典型单元操作进一步实施自动化控制设计,为制药专业的自动化综合设计实训提供良好的借鉴和指导,具体如 ER 7-2 所示。

ER 7-2　某药物合成的工艺流程设计及自动化控制方案图

图中多处设置了流量控制阀 FC/FO、自控切断阀门 XV、温度自控阀门 TV 等,以及压力指示联锁报警(PISA)、温度指示联锁报警(TISA)、温度指示报警(TIA)、分析指示联锁报警(AISA)、称量指示联锁报警(WISA)、液位指示联锁报警(LISA)等,为实现操作过程自动化控制奠定了软硬件基础。

2. **自控功能方案设计**　结合药物合成工艺情况,可从固体上料/投料、液体物料进料、搅拌、温度、滴加、压力/真空、称重计量、转料、接收罐转料和安全连锁多层面实现生产环节的自动化过程控制。

(1)固体上料/投料控制(单体设备自控):本节点配置了 1 台固体放料单体设备、1 台放料切断阀。流程以成套单体设备(固体投料机)的自控为主,DCS 与单体设备之间以通信的方式进行数据交互。同时,反应釜的进出料开关阀可根据工艺需求进行互锁设定。

(2)液体物料进料控制:本节点配置了 4 台进料开关阀。流程包含来自罐区/物料间的进料控制、来自上一个反应节点完成后的物料接收控制,同时预留 2 个快接口便于接收同层物料的控制。

(3)搅拌控制:本节点需要电气端的控制回路接入 DCS,主要实现反应釜搅拌的远程启停及调转速控制。搅拌转速可根据工艺需求按预设的控制策略进行自动调节。

(4)温度控制

1)本节点主要控制釜温,配置了反应釜夹套管路上 6 个开关阀和 1 个调节阀,反应釜及夹套管路上配置温度传感器,夹套管路循环泵的控制接入 DCS。主要通过调节反应釜夹套内温来达到控制釜内温度的目的。

2)本节点主要控制冷凝液温度,配置了冷凝器夹套管路上 1 个开关阀及冷凝器出口温度检测器,用于控制冷凝器出口冷凝液温度。

(5)滴加控制:本节点配置了调节阀、开关阀,主要用于实现滴加过程的可控。滴加速度通常根据工艺需求进行设定,同时会跟夹套的温控程序进行联动(如滴加会造成釜内温度上升幅度较大时)。

(6)压力(真空)控制:本节点配置了微压氮气阀、氮气阀、真空阀、尾气阀及压力传感器,主要用于在进出料时实现控制釜内/接收罐内的压力平衡,实现同层反应釜之间的氮气压料,实现减压蒸馏时维持真空及破真空。

(7)称重计量控制:本节点配置了反应釜上的称重传感器,主要用于配合进出料时的重量计量。

（8）转料控制：本节点特指反应釜的出料控制，配置了分析仪、反应釜搪瓷釜底开关阀、调节阀、重相/轻相出料开关阀，用于实现分层出料控制。

（9）接收罐转料控制：本节点配置了接收罐的液位传感器，输送泵控制回路接入DCS，主要用于实现接收罐液位的自动控制，可设置高液位自动打料、低液位自动停止输送或每次打料的量。

（10）安全连锁：根据工艺安全需求，可设置一些互锁，如反应釜的进料和出料开关阀不能同一时刻打开、氮气和真空阀不能同时打开、夹套冷媒和热媒不能同时打开等。

参考文献

[1] 李先允.自动控制系统[M].2版.北京：高等教育出版社，2010.
[2] 金杰.制药过程自动化技术[M].北京：中国医药科技出版社，2009.
[3] 中国寰球化学工程公司，中国五环化学工程公司.自动化仪表选型设计规定：HG/T 20507—2014.[S/OL].[2025-01-06].https://max.book118.com/html/2017/0610/113315942.shtm.
[4] 陈淑梅.液压与气压传动（英汉双语）[M].2版.北京：机械工业出版社，2013.
[5] 赵宝明.智能控制系统工程的实践与创新[M].北京：科学技术文献出版社，2014.
[6] 张宏建，张光新，戴连奎，等.过程控制系统与装置[M].北京：机械工业出版社，2012.